"十四五"职业教育国家规划教材
"十三五"职业教育国家规划教材
高等职业教育农业农村部"十三五"规划教材

食品加工机械

第二版

提伟钢 刘一 主编

中国农业出版社
北 京

内容提要

本教材紧密结合我国食品工业发展和高职高专食品类专业学生的工作实际，较为详尽地介绍了食品企业常用加工机械设备的基本结构、工作原理及操作与维护的注意事项等。全教材包括绪论和十一个项目，前六个项目主要根据食品生产的操作单元编排，包括输送、杀菌、蒸发浓缩、干燥、包装和制冷机械与设备；后五个项目讲解专用机械与设备，包括水处理设备及面食制品、肉制品、乳制品和果蔬制品的加工机械与设备。

本教材图文并茂，内容形象具体，所选用的图片都较为清晰，便于理解和学习；原理和结构的讲解深入浅出，学习者可以触类旁通、举一反三。教材内容以当前食品企业广泛使用的机械为主，紧密联系生产实践，突出实用性，兼顾一些新机械、新技术。

本教材可供高职高专食品加工技术、农产品加工、食品工程等专业使用，也可作为食品企业专业技术人员的参考资料。

第二版编审人员名单

主　编　提伟钢　刘　一
副主编　孙群英　焦　镭
编　者　(以姓氏笔画为序)
　　　　刘　一　刘　正　孙群英　沈雍徽
　　　　金俊艳　贾健辉　唐丽丽　黄永洁
　　　　提伟钢　焦　镭
审　稿　潘玉昆

第一版编审人员名单

主　编　刘　一（杨凌职业技术学院）

副主编　郑华艳（吉林农业科技学院）

参　编　焦　镭（河南农业职业学院）

　　　　金　濯（江苏畜牧兽医职业技术学院）

　　　　黄　涛（锦州医学院畜牧兽医学院）

审　稿　郝　婧（北京农业职业学院）

第二版前言

目前,我国正加快建设世界重要人才中心和创新高地,促进人才区域合理布局和协调发展,着力形成人才国际竞争的比较优势。青年强,则国家强。广大青年要坚定不移听党话、跟党走,怀抱梦想又脚踏实地,投身科技攻关的主战场、食品安全保障的第一线,自信自强、守正创新,踔厉奋发、勇毅前行,立志成为大国工匠,为我国食品工业的高质量发展贡献力量,为全面建设社会主义现代化国家、全面推进中华民族伟大复兴而团结奋斗。

本教材是根据高职高专食品类专业人才培养目标和基本要求编写的。对常用食品加工机械的构造、工作原理、工作过程有着较为系统的讲解,力求培养学生的能力,使其做到触类旁通、举一反三,真正将所学的知识融会贯通,并具备一定的分析问题、解决问题的能力。在每个项目内容前增加内容描述、学习目标和能力目标,使学生在学习过程中明确目的。教材内容贴近高职学生工作实际,强化设备结构、工作原理和运行过程的讲解,弱化参数计算的比重。此外,每个项目增加了一部分实验实训内容,增强学生动手能力的培养。本教材内容丰富,重点突出,图文并茂,与我国食品加工企业的生产现状紧密契合,具有较强的实用性。

本教材由提伟钢、刘一任主编,孙群英、焦镭任副主编,具体分工如下:绪论、项目五和项目六任务四及实验实训部分由辽宁水利职业学院提伟钢编写,项目一和项目七由杨凌职业技术学院刘一编写,项目二和项目九由山东畜牧兽医职业学院孙群英和沈阳双汇食品有限公司刘正编写,项目三由黑龙江农业经济职业学院贾健辉编写,项目四由黑龙江农业职业技术学院金俊艳编写,项目六任务一、二、三由辽宁水利职业学院黄永洁编写,项目八和项目十一由河南农业职业学院焦镭编写,项目十由杨凌职业技术学院唐丽丽和辽宁辉山乳业集团有限公司沈雍徽编写。教材由提伟钢统稿,辽宁水利职业学院副院长潘玉昆教授审稿。教材在编写过程中得到相关院校领导和老师的大力帮助和支持,在此深表感谢。

本教材适合作为高职高专食品相关专业教材,也可以作为食品行业一线技术人员的参考书。由于编者水平有限,加之食品机械新技术不断发展,教材中难免有不妥之处,敬请读者批评指正。

编 者

2018年3月

第一版前言

食品加工机械是食品加工、食品工程（非机械类）、农（畜、果蔬）产品加工类专业的专业课之一，在加工类专业教学体系中占有重要的地位。

本教材前七章介绍食品加工中通（共）用的输送、杀菌、浓缩、干燥、包装、制冷、水处理所用的机械设备，后四章分别介绍面食制品、肉制品、乳制品和果蔬制品加工专用机械设备，教材前后内容相互联系，形成一个完整的体系。在后四章介绍某一制品加工机械设备前，对制品的工艺流程及所用机械设备用简图做一简要介绍，使学生对每一制品所用的机械设备有一个总体认识。这样，学生把所学的机械设备能够有机地联系起来，组成生产流水线，使学生对各种机械设备在食品加工中的作用有了进一步的认识，提高学生的学习兴趣。

本教材以介绍当前生产中使用的机械设备为主，兼顾新机械、新设备，突出了实用性，使学生在工作中能够直接使用机械设备。加强了实践教学，使学生在课堂上听得懂，实践中摸得着，工作中用得上。

本教材本着由浅入深、由易到难的原则编写，对每种机械设备从性能特点、用途、机械构造、工作原理到使用维护、调整等进行系统的介绍，使学生在学习中对每一种机械设备有一个完整的认识。

本教材绪论、第一、七、十章由刘一编写，第二、五章由郑华艳编写，第三、四章由金濯编写，第六、九章由黄涛编写，第八、十一章由焦镭编写，全书由北京农业职业学院郝婧同志审稿。

本教材在编写过程中，得到了所有参编人员所在院校的大力支持，同时也参考了许多的同类书籍，在此对给予本教材支持的所有院校和参考文献的作者一并表示感谢。

本教材涉及面广，机械设备种类多，加之编写时间仓促，书中难免存在缺点和不妥之处，恳请有关专家和读者批评指正。

编　者

2006年2月

目 录

第二版前言
第一版前言

绪论 ··· 1
  一、食品加工机械在食品工业中的作用 ·· 1
  二、食品机械的基本构成与类型 ·· 2
  三、本课程的任务和学习方法 ·· 2

项目一 输送机械与设备 ··· 3

任务一 固体物料输送机械与设备 ·· 3
  一、带式输送机 ··· 3
  二、斗式升运机 ··· 6
  三、刮板输送机 ··· 9
  四、螺旋输送机 ··· 11
  五、气力输送装置 ··· 13

任务二 流体物料输送机械与设备 ·· 18
  一、离心泵 ··· 18
  二、螺杆泵 ··· 20
  三、滑片泵 ··· 21

复习思考题 ··· 22
实验实训一 张紧装置的调整 ·· 23
实验实训二 离心泵的拆装及使用 ·· 23

项目二 杀菌机械与设备 ··· 24

任务一 概述 ··· 24
  一、杀菌机械与设备的分类和特点 ·· 24
  二、杀菌机械与设备的发展趋势 ·· 24

任务二 罐头制品间歇式热杀菌设备 ·· 25
  一、卧式杀菌锅 ·· 25
  二、回转式杀菌机 ·· 26

三、间歇式热杀菌设备的使用维护 ·· 28
任务三　罐头制品连续式杀菌机 ·· 29
　　一、常压连续杀菌机 ·· 29
　　二、水封式连续杀菌机 ·· 30
任务四　流体物料超高温瞬时杀菌装置 ·· 31
　　一、间接加热超高温瞬时杀菌装置 ·· 31
　　二、直接蒸汽喷射式超高温瞬时杀菌装置 ·· 35
　　三、自由降膜式超高温瞬时杀菌装置 ·· 36
任务五　电磁波辐射杀菌装置 ·· 37
　　一、微波杀菌装置 ·· 37
　　二、紫外线杀菌装置 ·· 38
复习思考题 ·· 38
实验实训一　杀菌锅的使用 ·· 38
实验实训二　片式超高温瞬时杀菌装置的构造观察与维护 ···································· 39

项目三　蒸发浓缩设备 ·· 41

任务一　蒸发浓缩设备的类型 ·· 41
　　一、概述 ·· 41
　　二、蒸发浓缩设备的组成 ·· 41
任务二　真空浓缩设备 ·· 49
　　一、概述 ·· 49
　　二、真空浓缩设备的操作流程 ·· 49
　　三、真空浓缩设备的常见故障 ·· 52
复习思考题 ·· 53
实验实训　小型真空浓缩设备的结构观察与使用 ·· 53

项目四　干燥机械与设备 ·· 55

　　一、干燥食品的分类 ·· 55
　　二、食品干燥设备的分类 ·· 55
任务一　对流型干燥设备 ·· 56
　　一、厢式干燥器 ·· 56
　　二、洞道式干燥机 ·· 57
　　三、网带式干燥机 ·· 58
　　四、流化床干燥机 ·· 60
　　五、气流干燥机 ·· 64
　　六、喷雾干燥机 ·· 67
任务二　传导型干燥设备 ·· 70
　　一、滚筒干燥机 ·· 70
　　二、真空干燥箱 ·· 71

三、带式真空干燥机 ………………………………………………………………………………… 72
　任务三　电磁辐射型干燥设备 ……………………………………………………………………… 73
　　一、微波辐射干燥 ………………………………………………………………………………… 73
　　二、远红外热辐射干燥 …………………………………………………………………………… 77
　复习思考题 …………………………………………………………………………………………… 79
　实验实训一　实验室小型喷雾干燥设备的观察和使用 …………………………………………… 79
　实验实训二　实验室电热恒温干燥箱的观察和使用 ……………………………………………… 83

项目五　包装机械 …………………………………………………………………………………… 85

　任务一　灌装机械 …………………………………………………………………………………… 85
　　一、灌装机械的分类 ……………………………………………………………………………… 85
　　二、灌装机械的主要工作装置 …………………………………………………………………… 86
　　三、旋转式等压灌装压盖机 ……………………………………………………………………… 93
　任务二　充填包装机 ………………………………………………………………………………… 97
　　一、容积式充填机 ………………………………………………………………………………… 97
　　二、称重式充填机 ……………………………………………………………………………… 100
　　三、计数充填机 ………………………………………………………………………………… 101
　任务三　多功能包装机 …………………………………………………………………………… 102
　　一、袋成型—充填—封口包装机 ……………………………………………………………… 102
　　二、热成型—充填—封口包装机 ……………………………………………………………… 106
　任务四　无菌包装机械 …………………………………………………………………………… 107
　　一、制袋式无菌包装机 ………………………………………………………………………… 107
　　二、给袋式无菌包装机 ………………………………………………………………………… 109
　任务五　刚性容器封口机械 ……………………………………………………………………… 111
　　一、旋盖封口机 ………………………………………………………………………………… 111
　　二、皇冠盖压盖封口机 ………………………………………………………………………… 112
　　三、卷边封口机 ………………………………………………………………………………… 114
　任务六　贴标机械 ………………………………………………………………………………… 115
　　一、真空转鼓贴标机 …………………………………………………………………………… 116
　　二、圆罐自动贴标机 …………………………………………………………………………… 117
　　三、贴标机械的使用维护 ……………………………………………………………………… 118
　复习思考题 ………………………………………………………………………………………… 119
　实验实训一　旋转式等压灌装压盖机的构造观察与使用维护 ………………………………… 119
　实验实训二　袋成型—充填—封口包装机的构造观察与使用维护 …………………………… 120

项目六　制冷机械与设备 ………………………………………………………………………… 121

　任务一　制冷原理认知 …………………………………………………………………………… 121
　　一、单级压缩制冷循环 ………………………………………………………………………… 121
　　二、双级压缩制冷循环 ………………………………………………………………………… 122

任务二　制冷剂与载冷剂 ··· 123
　　　　一、制冷剂 ··· 123
　　　　二、载冷剂 ··· 124
　　任务三　制冷机械与设备的工作部件 ·· 125
　　　　一、制冷压缩机 ··· 125
　　　　二、蒸发器 ··· 128
　　　　三、冷凝器 ··· 131
　　　　四、膨胀阀 ··· 132
　　　　五、制冷机械的附属设备 ·· 135
　　　　六、制冷机械的使用维护 ·· 137
　　任务四　食品速冻设备 ··· 138
　　　　一、空气冻结法冷冻设备 ·· 138
　　　　二、间接接触式冻结设备 ·· 142
　　　　三、直接接触式冻结设备 ·· 143
　　复习思考题 ·· 145
　　实验实训　制冷设备的结构观察与使用 ·· 145

项目七　水处理设备 ·· 147
　　任务一　水净化处理设备 ··· 147
　　　　一、混凝设备 ··· 147
　　　　二、过滤设备 ··· 148
　　任务二　水软化处理设备 ··· 150
　　　　一、离子交换器 ··· 150
　　　　二、反渗透器 ··· 153
　　　　三、电渗析器 ··· 156
　　复习思考题 ·· 158
　　实验实训一　砂滤芯过滤器的使用维护 ·· 158
　　实验实训二　反渗透器的拆装 ·· 159

项目八　面食制品加工机械与设备 ·· 160
　　任务一　方便面加工机械 ··· 160
　　　　一、和面机 ··· 161
　　　　二、熟化机 ··· 164
　　　　三、压延机械 ··· 165
　　　　四、切条折花自动成型装置 ·· 167
　　　　五、蒸面机 ··· 168
　　　　六、定量切块及自动分路装置 ·· 168
　　　　七、方便面干燥设备 ·· 169
　　　　八、冷却机 ··· 171

九、检测器 …………………………………………………………………………………… 171
 任务二　饼干加工机械与设备 …………………………………………………………………… 172
　　一、饼干生产工艺流程 ………………………………………………………………………… 172
　　二、饼干生产机械 ……………………………………………………………………………… 173
 复习思考题 ………………………………………………………………………………………… 180
 实验实训　参观面食制品厂 ……………………………………………………………………… 180

项目九　肉制品加工机械与设备 …………………………………………………………… 181

 任务一　原料前处理设备 ………………………………………………………………………… 181
　　一、绞肉机 ……………………………………………………………………………………… 181
　　二、斩拌机 ……………………………………………………………………………………… 183
 任务二　腌制设备 ………………………………………………………………………………… 184
　　一、盐水注射机 ………………………………………………………………………………… 184
　　二、滚揉机 ……………………………………………………………………………………… 186
 任务三　灌制与熏制设备 ………………………………………………………………………… 187
　　一、灌肠机 ……………………………………………………………………………………… 187
　　二、熏制设备 …………………………………………………………………………………… 188
 任务四　肉制品生产线简介 ……………………………………………………………………… 192
　　一、午餐肉罐头生产线 ………………………………………………………………………… 192
　　二、香肠生产线 ………………………………………………………………………………… 192
 复习思考题 ………………………………………………………………………………………… 194
 实验实训　肉制品加工机械的观察与使用 ……………………………………………………… 194

项目十　乳制品加工机械与设备 …………………………………………………………… 196

 任务一　概述 ……………………………………………………………………………………… 196
　　一、超高温瞬时灭菌乳生产工艺流程 ………………………………………………………… 196
　　二、酸乳生产工艺流程 ………………………………………………………………………… 198
　　三、奶油生产工艺流程 ………………………………………………………………………… 200
 任务二　奶油生产机械与设备 …………………………………………………………………… 202
　　一、奶油分离机 ………………………………………………………………………………… 202
　　二、奶油制造机 ………………………………………………………………………………… 206
 任务三　乳粉加工机械与设备 …………………………………………………………………… 208
　　一、离心净乳机 ………………………………………………………………………………… 208
　　二、均质机 ……………………………………………………………………………………… 209
　　三、乳粉生产线 ………………………………………………………………………………… 213
　　四、速溶乳粉生产设备 ………………………………………………………………………… 216
　　五、乳粉生产设备常见故障分析及排除 ……………………………………………………… 217
 复习思考题 ………………………………………………………………………………………… 218
 实验实训一　稀奶油分离机的使用、调整与维护 ……………………………………………… 218

实验实训二　高压均质机的使用、调整与维护 ………………………………………… 219

项目十一　果蔬制品加工机械与设备 …………………………………………………… 220

任务一　概述 ………………………………………………………………………………… 220
　　一、糖水橘子罐头生产线 ………………………………………………………………… 220
　　二、番茄酱生产线 ………………………………………………………………………… 221
　　三、蘑菇罐头生产线 ……………………………………………………………………… 222
　　四、果汁生产线 …………………………………………………………………………… 223

任务二　清洗机械 …………………………………………………………………………… 225
　　一、果蔬清洗机械 ………………………………………………………………………… 225
　　二、包装容器清洗机械 …………………………………………………………………… 228

任务三　果蔬分级分选机械与设备 ………………………………………………………… 233
　　一、滚筒分级机 …………………………………………………………………………… 234
　　二、摆动筛 ………………………………………………………………………………… 235
　　三、三辊筒式分级机 ……………………………………………………………………… 237

任务四　原料切割机械与设备 ……………………………………………………………… 238
　　一、蘑菇定向切片机 ……………………………………………………………………… 238
　　二、菠萝切片机 …………………………………………………………………………… 239
　　三、青刀豆切端机 ………………………………………………………………………… 239

任务五　原料分离机械与设备 ……………………………………………………………… 241
　　一、果蔬原料去皮机 ……………………………………………………………………… 241
　　二、打浆机 ………………………………………………………………………………… 244
　　三、榨汁机械 ……………………………………………………………………………… 246

任务六　果汁过滤与脱气设备 ……………………………………………………………… 248
　　一、果汁过滤设备 ………………………………………………………………………… 248
　　二、果汁脱气设备 ………………………………………………………………………… 250

　复习思考题 ………………………………………………………………………………… 252
　实验实训一　螺旋式榨汁机的使用 ……………………………………………………… 252
　实验实训二　参观果蔬制品加工厂 ……………………………………………………… 252

参考文献 …………………………………………………………………………………… 254

绪 论

随着社会的进步和经济的发展，人们对工业化加工食品的需求和要求越来越高，对食品的安全、营养要求也在不断提升，与此同时，劳动力成本不断提高，这些都给食品加工行业带来了新的机遇和挑战，同时也促进了食品加工机械的应用与发展，各类食品的加工方式由劳动密集型向技术密集型不断转变。

近年来，食品工业不断快速发展，已成为我国国民经济的支柱产业；食品机械行业伴随着食品工业的发展而不断突破，2015年我国食品机械主营业务收入1 482.86亿元，比上年增长10.44%。先进的食品加工机械是现代化的食品工业的有力支撑和保障。

一、食品加工机械在食品工业中的作用

在现代食品工业中，生产工艺和加工设备相辅相成，先进的加工机械是生产工艺的保证。

（一）增加食品产量，降低生产成本，提高劳动生产率

2016年食品工业规模以上企业主营业务收入达11.1万亿元，同比增长6.8%，随着食品工业的发展，利用工业化发展的成果，各种先进的新技术和新设备不断投入使用，极大地提高了食品行业的劳动生产率，如原来需要大量人力完成的物料输送和食品包装过程，现在基本都由相应的自动化机械设备完成，提高了生产速度，降低了劳动强度。

（二）精确控制生产工艺，提升产品质量

使用加工机械设备，可以实现对食品加工工艺参数如热处理温度、时间、物料比例等的精确控制，从而实现食品生产过程的标准化。先进的食品加工机械为很多先进的生产工艺提供有力的保障，如超高温瞬时灭菌设备广泛地应用于牛乳的杀菌，在保证安全的同时，较好地保存了牛乳的营养；喷雾干燥技术、流态化技术应用于乳粉的生产，提升了乳粉的溶解性，降低了营养成分的损失。

（三）保证加工食品符合卫生要求，确保食品安全

民以食为天，食以安为先，食品加工必须符合卫生安全的要求，食品加工设备的使用可以为食品卫生提供有效保障。采用机械设备，可以减少工作人员与食品物料的接触，使食品生产在相对封闭和卫生的条件下运行，如在超高温灭菌牛乳生产过程中，从鲜乳的验收、预处理到杀菌、均质和无菌灌装，整个加工过程都是在封闭条件下进行，产品不受外界污染，从而保证产品符合卫生要求。

（四）加快农产品转化，促进产业结构升级

食品工业原料的主要来源是农产品，提升农产品深加工的质量和比例是食品工业的重要任务，也是实现农业供给侧改革的重要途径。先进食品加工机械的使用可以有效地提升农产

品深加工的水平和效率，丰富农产品衍生产品的种类，有助于农产品生产的规模化、品牌化，提升附加值，促进农业产业结构升级，迎合消费者的需求。

二、食品机械的基本构成与类型

食品加工机械种类一般由以下几部分组成：

（1）动力部分，动力部分是完成能量转换的部分，如电能转化机械能，化学能转化为热能。

（2）传动部分，完成运动方式的转换，如变速、变向、旋转等。

（3）执行部分，直接完成作业功能，如切割、破碎、过滤、混合、乳化。

（4）支撑部分，将设备各部分有机连接在一起，并确定它们的位置关系。

（5）连接部分，与前后相关设备连接在一起，如进出料、定向、排序装置。

（6）控制部分，用于控制设备的工作状态和操作过程，如控制柜、开关、安全保护装置。

1984年发布的中华人民共和国机械工业部标准JB 3750-84，按照功能、加工对象，把食品机械分为28类，包括制糖机械、饮料加工机械、糕点加工机械、蛋品加工机械、蔬菜加工机械、果品加工机械、乳品加工机械、豆制品加工机械、糖果加工机械、水产品加工机械、油脂深度加工机械、调味品加工机械、方便食品加工机械、屠宰和肉食加工机械、酿酒机械、果蔬保鲜机械、烟草机械、罐头食品加工机械、食品粉碎设备、食品混合和搅拌机械、食品浓缩设备、均质机械、杀菌机械、干燥机械、洗刷机械、分选机械、热交换器和不锈钢饰品槽罐。

本教材突出食品加工机械的功能、工作原理、特点，结合高职食品相关专业学生的就业和工作需要，主要讲解输送机械与设备、杀菌机械与设备、蒸发浓缩设备、干燥机械与设备、包装机械、制冷机械与设备、水处理设备、面食制品加工机械与设备、肉制品加工机械与设备、乳制品加工机械与设备、果蔬制品加工机械与设备。

三、本课程的任务和学习方法

食品加工机械是食品类专业的重要专业课，主要学习食品加工机械的构造、工作原理、工作过程、适用范围及如何正确地使用和维护机械设备，为以后在工作中正确地使用机械设备打好基础。在本门课程之前，学生应学习过机械基础、机械制图、食品工程原理等课程。

本课程的学习包括课堂讲授、课后作业、实验实训和教学实习四个环节。课堂讲授主要学习食品加工机械的构造、工作原理、工作过程等，从理论上对所学的机械设备有一个全面、系统的认识；课后作业，对课堂所学知识进行巩固，并锻炼分析问题、解决问题的能力；实验实训是在理论学习的基础上，通过对机械设备的构造进行观察、实际操作、调试和维护设备，进一步加深对机械设备构造、原理、工作过程的理解和掌握；教学实习是综合性实习，可以到工厂参观或以顶岗实习的方式，实际参与企业生产，较长时间使用和维护食品机械和设备，进一步加强对本门课程的了解。

项目一

输送机械与设备

【素质目标】
通过本项目学习，培养学生爱国守法、爱岗敬业的意识，使其具备食品从业者必备的职业道德、责任意识及保障食品安全、粮食安全的责任担当。

【知识目标】
掌握输送机械与设备的基本类型，了解各种输送机械与设备的基本结构、工作原理及性能特点。

【能力目标】
掌握食品输送机械与设备的用途和使用方法，并能根据具体的食品加工工艺流程，合理选择相应的输送机械与设备。

党的十八大以来，我国输送机械设备取得了长足的进步，提升了整体制造水平和工业实力。国务院、国家发改委等部门发布了扶持设备制造行业发展的政策，如《产业结构调整目录（2019）》《制造业设计能力提升专项行动计划（2019—2022年）》《国务院关于印发全国国土规划纲要（2016—2030年）》《机械工业"十三五"发展纲要》《中国制造2025》等，促进了整个行业技术水平和竞争力的显著提升。2021年全球输送设备市场规模达到374.04亿元，其中我国输送设备市场规模达到129.31亿元。展望未来，在党的二十大精神引领下，我国输送机械设备将继续按照科技强国的建设要求，不断提高核心竞争力，为我国制造业的发展创造良好条件。

任务一　固体物料输送机械与设备

常用的固体物料输送机械与设备有带式输送机、斗式升运机、刮板输送机、螺旋输送机和气力输送装置。

一、带式输送机

带式输送机是食品加工中常用的一种连续输送机械。它适用于输送块状、粒状及各种包装件物料，同时还可用于原料选择检查台、原料清洗、预处理操作台及成品包装仓库等。带式输送机一般用于水平输送，如用于倾斜输送时，倾斜角不大于25°。

带式输送机的工作速度范围广（0.02~4.00 m/s），生产效率高，输送能力大，对被输送的产品损伤小，工作平稳，构造简单，使用维护方便，能够在运载段的任何位置进行装料或卸料。但是在输送轻质粉状物料时易飞扬。

（一）带式输送机的构造

带式输送机如图1-1所示，主要由输送带、驱动装置、托辊（支持滚轮）、卸料装置及张紧装置等组成。

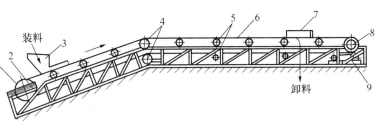

图1-1 带式输送机
1. 张紧滚筒　2. 张紧装置　3. 装料斗　4. 改向滚筒　5. 托辊　6. 输送带
7. 卸料装置　8. 驱动滚筒　9. 传动装置

1. 输送带　输送带是带式输送机的主要工作部件。它的功用是承载运送物料。带式输送机对输送带的要求：强度高，挠性好，本身重量轻，延伸率和吸水性小，对分层现象的抵抗力强，耐磨性好。常用的输送带有橡胶带、纤维编织带、钢带、网状钢丝带和塑料带等。

橡胶带是使用最广泛的输送带。它是用橡胶浸透帆布或编织物材料，并经过硫化处理制成的。其表面敷盖橡胶层，称为覆盖层。帆布或编织物可以增强输送带的机械强度和传递动力，而覆盖层的作用是保护编织物不受损伤，并防止潮湿及外部介质的侵蚀。国内生产的橡胶带宽度主要规格有300 mm、400 mm、500 mm、650 mm、800 mm、1 000 mm、1 200 mm和1 600 mm。

橡胶带的连接方式有皮线缝纽法、胶液冷黏缝纽法、加热硫化法和金属搭接法等。加热硫化法接合处无缝，表面平整，强度可达原来的90%。金属搭接法又称卡子接头，这种形式接合方便，但强度降低很多，只有原来的35%~40%。

2. 驱动装置　它的功用是将电动机的动力传递给输送带。驱动装置一般安装在输送机的卸料端，由电动机、减速器、驱动滚筒组成。电动机的动力通过三角皮带经减速器带动驱动滚筒。驱动滚筒直径较大，以使滚筒与输送带有足够的接触面积，保证良好的驱动性能。也可利用张紧轮来增加输送带与驱动滚筒的接触面积。

驱动滚筒通常是用钢板焊接制成。为了增加滚筒和输送带之间的摩擦力，可在滚筒表面包上木材、皮革或橡胶。滚筒的宽度应比输送带宽100~200 mm。驱动滚筒一般做成腰鼓形，即中间部分直径比两端直径稍大，以便自动校正输送带的跑偏。

3. 托辊　它的功用是支承输送带及其上面的物料，保证输送带平稳运行。托辊分为上托辊（即运载托辊）和下托辊（即空载托辊）两种。上托辊有平形托辊和槽形托辊（由1个固定托架和3个或5个辊柱组成）之分，如图1-2所示，而空载段的下托辊则用平行托辊。

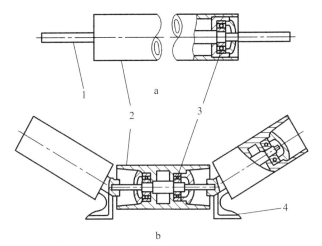

图1-2 带式输送机托辊
a. 平形托辊　b. 槽形托辊
1. 托辊轴　2. 托辊　3. 轴承　4. 支架

托辊用两端加上凸缘的无缝钢管制造。在托辊的端部有加润滑剂的沟槽。定型的托辊直径采用 89 mm、108 mm、159 mm 等。托辊的长度应比输送带宽度大 100～200 mm。

4. 卸料装置 它的功用是从输送带上卸下所输送的物料。物料可以从输送带的端部卸下，也可以由刮板或卸料器卸下。卸料器可以移动到输送带上的任何位置，从输送带的任一侧面卸料，如图 1-3 所示。

5. 张紧装置 它的功用是调整输送带的松紧度。由于输送带在拉力作用下会被拉长，而且湿度和温度的变化也会引起输送带的收缩与膨胀，因此必须设置张紧装置。张紧装置一般设在末端的张紧滚筒上，也可以设置在张紧轮上。常用的张紧装置有螺旋式和重锤式两种，如图 1-4 所示。

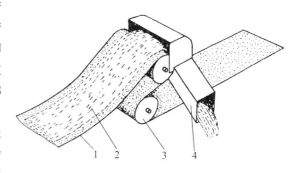

图 1-3 卸料装置
1. 输送带 2. 物料 3. 改向滚筒 4. 出料斗

（1）螺旋式张紧装置外形尺寸小，结构紧凑，但须经常检查调整，张力大小不易控制。它适用于输送带宽度小于 800 mm、输送距离小于 30 m 的输送机。

（2）重锤式能够维持输送带张力恒定，受外界影响小，但外形尺寸较大。它适用于输送带宽度大，输送距离长的固定式输送机。

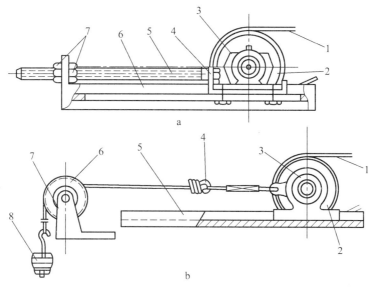

图 1-4 张紧装置
a. 螺旋式张紧装置：1. 输送带 2. 张紧滚筒 3. 轴承座 4. 滑铁 5. 螺杆 6. 滑道 7. 调整螺母
b. 重锤式张紧装置：1. 输送带 2. 张紧滚筒 3. 轴承座 4. 拉绳 5. 滑道 6. 滑轮 7. 支架 8. 重锤

（二）带式输送机张紧装置的调整

带式输送机的输送带经过一段时间使用后，由于拉伸、零部件的磨损、温湿度的变化等因素，会使输送带变长，使载料段两两托辊之间传送带长度增大，造成输送带和输送的物料下沉，形成一个个下沉凹坑。这样就会造成输送负荷增大，输送功率增加，物料运行不平稳，如果输送成品包装物件时，还可能对物品造成冲击损坏。因此，对输送带要定期进行检查调整。

1. 螺旋式张紧装置　由于输送带拉长后不能自行调整保证恒定的张紧力，故必须定期检查调整。调整时，先松开调整螺母 7 右边的螺母，如图 1-4a 所示，再松开张紧滚筒 2 另一边相同位置的调整螺母。然后拧紧调整螺母 7 左边的螺母，通过螺杆 5 拖动轴承座 3 和张紧滚筒 2 向左移动，将输送带拉紧。调整时如果两个人同时拧紧张紧滚筒两边的调整螺母，则张紧滚筒两边平行向左移动，调整效果好。如果张紧滚筒两边的调整螺母分开拧紧，则不能一次将一边调到位再调整另一边，而两边应该分数次交叉拧紧，且两边螺母拧紧的圈数应该相同，以保证调整时张紧滚筒两边接近于平行移动，使两边张紧力相等。

调整后应检查并测量张紧滚筒两边向左的移动量，两边移动量应该相同，以保证输送带两边张紧力相同。检查完后，再把调整螺母右边的调整螺母拧紧。

调整完成后，应启动输送机空载试运行，检查运行是否平稳，输送带有无跑偏情况等。如有跑偏情况，说明调整后的张紧滚筒与驱动滚筒不平行，应再次调整。试运行正常后，即可投入使用。

2. 重锤式张紧装置　只要在使用前选择合适的重锤重量（通过增减重锤数量），可得到合适的张紧力，且能保证张紧力为一恒定的常数，使输送带一直处于张紧中，因此，在工作中不需要再进行调整。

（三）带式输送机的使用维护

（1）在安装输送机时，必须事先评估工作效率，仔细计算工作参数，设计输送带和输送支架，避免流水线运行时间过长，造成皮带松弛，保证驱动辊的应用方向与输送带的方向一致，保证了输送力的平衡。

（2）开机前应润滑各运动部件和传动机构。检查减速机润滑油面高度，必要时应及时添加。减速机内的润滑油要定期更换。

（3）根据输送物料的性质选择合适的输送带类型，在保证输送物料的前提下，使输送机处于最佳工作状态。

（4）每工作一段时间后，应检查输送带的松紧度，必要时应调整。张紧滚筒两边的张力要相同，否则输送带在工作中会出现跑偏现象。如果驱动辊与输送带之间摩擦力不足，导致滚筒驱动空转，可以提高重锤的质量，增加皮带和传动滚筒之间的预紧力，使得输送带能正常工作，重锤的重量不宜过大，否则容易使输送带承受很大的应力，在连续运行到时候，输送带的使用寿命会大大缩短。

（5）输送带背面应保持清洁，不能沾染油类，以免打滑，影响传动。

（6）输送机停止工作前应卸掉输送带上的物料再停机，以减轻启动负荷，减少输送带变形。较长时间不使用输送机时，应放松张紧装置，使输送带处于松弛状态，下次使用前重新调整输送带的松紧度。

二、斗式升运机

在各种连续加工生产中，需要在不同高度输送物料，使物料由一台设备运送到另一台设备上，或由地面运送到不同的高度等，一般都采用斗式升运机输送。如玉米淀粉的加工、番茄酱生产线等，都采用斗式升运机。

斗式升运机占地面积小，运行平稳无噪声，工作速度（0.8～2.5 m/s）和效率较高，提升高度大（30～50 m）。但斗式升运机对过载较敏感，要求供料均匀一致。

斗式升运机按用途不同可分为倾斜斗式升运机和垂直斗式升运机；按牵引构件分，有带式斗式升运机和链式斗式升运机（单链式斗式升运机和双链式斗式升运机）两种；按工作速度分为高速斗式升运机和低速斗式升运机。

（一）斗式升运机的构造

倾斜斗式升运机和垂直斗式升运机构造如图1-5和图1-6所示，主要由壳体、支架、料斗、牵引部件、驱动装置和张紧装置等组成。

1. 壳体与支架 壳体的功用是密封输送机。斗式升运机可以封闭在一个壳体中（图1-6），也可以安装在两个竖管中，回程竖管与上升竖管应保持一段距离。壳体一般用薄钢板制造，断面为矩形。对于倾斜斗式升运机，由于回程边垂度较大，不采用封闭的外壳。为适应不同的升运高度，倾斜斗式升运机的支架可以做成能自由伸缩的活动支架（图1-5）。

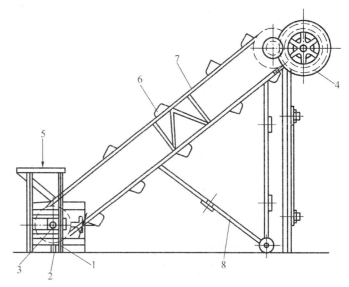

图1-5 倾斜斗式升运机
1. 装料斗支架 2、8. 斗式升运机支架 3. 张紧滚筒（链轮）
4. 驱动装置 5. 装料斗 6. 输送斗 7. 牵引带（链）

2. 料斗 它是斗式升运机的承载部件，用于载运物料。一般用2～6 mm的不锈钢板、薄钢板或铝板等焊接、铆接或冲压制成。根据被运送物料的性质和斗式升运机的构造特点，料斗有深斗、浅斗和尖角形斗三种形状，如图1-7所示。

深斗的斗口呈65°的倾角，深度较大，适用于输送干燥及流动性好的粒状和粉状物料。

浅斗的斗口呈45°的倾角，深度较小，适用于输送流动性较差的粒状及块状物料。

尖角形斗的侧壁延伸到底板外，使侧壁成为挡边。卸料时，物料可沿挡边和底板之间形成的槽卸出。料斗呈密集排列，适用于流动性差的物料。

料斗用特种头部的螺钉和弹簧垫片固定在输送带（链）上，料斗在输送带（链）上的布置方式有间隔式和密集式两种，如图1-8所示。

3. 牵引部件 它的功用是固定料斗，并带动料斗升运物料。牵引部件常采用橡胶带或链条。橡胶带与带式输送机的橡胶带相同。橡胶带的宽度一般要比料斗大35～40 mm。

链条常用的有钩形链、衬套链和套筒滚子链。其节距有150 mm、200 mm、250 mm等。当料斗的宽度为160～250 mm时，可用一根链条固定在料斗后壁上。深斗和浅斗可以用角钢和螺钉固定在链条上。

倾斜斗式升运机一般采用带滚轮的牵引链在导轨上运动，减少摩擦阻力。

4. 驱动装置与张紧装置 驱动装置在升运机的上部，由电动机通过三角皮带和减速器带动驱动鼓轮（或链轮）。为防止升运机在有载荷的情况下停止工作时，由于重力使升运机反向运动，故在驱动装置中常设有电磁制动器，在停止运动时，制动器制动，防止反转。

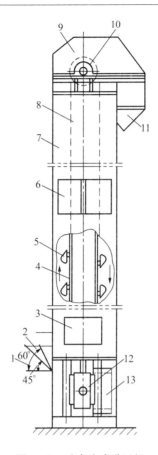
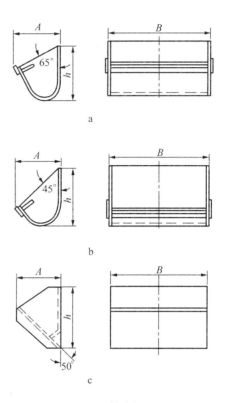

图1-6 垂直斗式升运机
1. 低位装料管 2. 高位装料管 3. 观察孔
6、13. 检查孔 4、8. 输送带（链）5. 料斗
7. 壳体 9. 鼓轮罩壳 10. 驱动鼓轮（链轮）
11. 卸料口 12. 张紧装置

图1-7 料斗的形状
a. 深斗 b. 浅斗 c. 尖角形斗
A. 伸距 B. 斗宽 h. 斗深

张紧装置设在斗式升运机下部的从动鼓轮（或链轮）轴上，常采用螺旋式张紧装置。张紧装置的构造及使用调整与带式输送机相同，可参看带式输送机张紧装置。

（二）斗式升运机的装卸料方式

1. 装料方式 斗式升运机的装料方式有挖取法和撒入法两种，如图1-8所示。

（1）挖取法是先将物料送入升运机的底部，然后被运动着的料斗挖取后提升。这种方法适用于阻力小的粉料或小颗粒的松散物料。挖取法要求料斗的强度大，有较高的速度（一般为0.8~2.0 m/s）。

（2）撒入法是物料由进料口直接加入到运动着的料斗内。这种方法适用于大块和磨损性

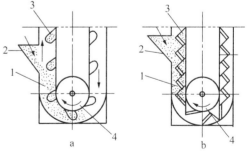

图1-8 斗式升运机装料方式
a. 挖取法（料斗间隔布置） b. 撒入法（料斗密集布置）
1. 物料 2. 进料口 3. 料斗 4. 张紧滚筒

· 8 ·

大的物料。料斗一般是密集布置，速度较低（不超过 1 m/s）。

2. 卸料方式 斗式升运机的卸料方式有离心式卸料、重力自流式卸料和离心重力式卸料三种，如图 1-9 所示。

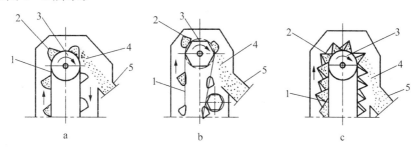

图 1-9 斗式升运机卸料方式
a. 离心式卸料 b. 重力自流式卸料 c. 离心重力式卸料
1. 牵引带 2. 料斗 3. 驱动滚筒 4. 物料 5. 出料口

（1）离心式卸料是利用料斗绕驱动滚筒做旋转运动时产生的离心力将物料抛出进行卸料。料斗与料斗之间要保持一定距离，要求升运速度较高，一般在 1～2 m/s。它适用于升运流动性好的粉状和粒状物料。

（2）重力自流式卸料主要依靠重力卸料。当料斗转过驱动滚筒时，料斗口朝下，在重力的作用下，物料从料斗内自然流出。这种卸料方式要求升运速度较低，一般为 0.5～0.8 m/s，适用于提升潮湿、流动性差的大块物料。

（3）离心重力式卸料是同时利用物料的离心力和重力进行卸料。当料斗转到出料口上方时，料斗出口附件的物料在离心力的作用下首先被卸出，当料斗运动到料斗出口朝下时，剩余的物料在重力的作用下流出。它的工作速度一般为 0.7～1.0 m/s，适用于流动性差的大块物料。

（三）斗式升运机的使用维护

（1）开机前应对各运动部件进行润滑。检查减速机润滑油面高度，必要时应及时添加。减速机内的润滑油要定期更换。

（2）定期检查链带的松紧度，必要时进行调整。张紧滚筒两边的张力要相同，否则输送链带在工作中会出现跑偏现象。

（3）根据输送物料的性质选择合适的输送料斗、输送速度以及装卸料方式，使斗式升运机达到最佳工作状态和较高的工作效率。

（4）对磨损过度或损坏的料斗要及时更换，以保持较高的生产率。

（5）输送带背面应保持清洁，不能沾染油类，以免打滑，影响传动效率，打滑严重时不能提升物料。

（6）斗式升运机停止工作前应卸掉料斗内的物料再停机，以减轻启动负荷，减少输送带变形。较长时间不使用升运机时，应放松张紧装置，使输送带处于松弛状态，下次使用前重新调整链带的松紧度。

（7）经常检查电动机传动带的松紧情况，并及时进行调整。

三、刮板输送机

刮板输送机用于水平或小于 45°的倾斜输送，可以输送粒料、粉料和小块状物料。刮板输送机构造简单，装卸料方便，输送距离长。缺点是刮板和输送槽磨损较大。

(一) 刮板输送机构造及输送原理

刮板输送机结构如图 1-10 所示，主要由刮板、牵引链、驱动装置和驱动链轮、张紧装置和张紧链轮、输送槽等组成。

刮板输送机工作时由牵引链带动刮板运动，刮板推动物料向前输送。输送物料时有上刮式和下刮式。上面行程为工作行程，下面为空行程的输送方式为上刮式，反之为下刮式。

1. 刮板和牵引链 刮板一般用不锈钢、木材等材料制作，用螺栓或铆钉固定在牵引链上。当刮板的尺寸和重量较大时，在刮板上还装有行走滚轮，如图 1-11所示。刮板与链条的连接方式有上部连接、中部连接和下部连接。刮板在链条上的间距为 250~300 mm。

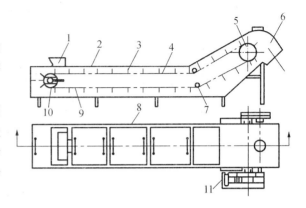

图 1-10 刮板输送机结构
1.进料斗 2.上盖 3.刮板 4、9.牵引链 5.驱动链轮
6.卸料斗 7.滚轮 8.输送槽 10.张紧链轮 11.减速机

牵引链常用的有套筒滚子链、钩形链等如图 1-11 所示。刮板的尺寸较小时，一般用一根链条作为牵引构件与刮板连接。刮板尺寸较大时，就需要两根链条作为牵引构件。在单链式刮板输送机上，链条位于刮板的中部。双链式刮板输送机链条固定在刮板两侧，如图 1-11 所示。

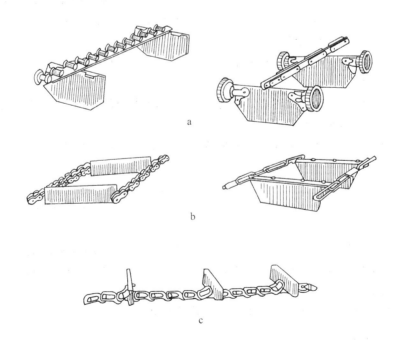

图 1-11 刮板与链条
a.刮板与单链条连接，刮板装有行走轮　b.刮板与双链条连接　c.刮板与链条下连接（钩形链）

刮板输送机的工作速度在输送颗粒及粉状物料时为 0.5～1.0 m/s，输送小块状物料时为 0.3～0.5 m/s。

2. 驱动装置和驱动链轮　驱动装置设在刮板输送机的卸料端，由电动机通过三角皮带和减速器带动驱动链轮。在倾斜输送时，为防止升运机在有载荷的情况下停止工作，由于重力使升运机反向运动，故在驱动装置中常设有电磁制动器，在停止运动时，制动器制动，防止由于物料在重力作用下滑时引起反转。

3. 张紧装置和张紧链轮　张紧装置和张紧链轮在刮板输送机的装料端，张紧装置安装在张紧链轮轴承座上，采用螺旋式张紧（参见带式输送机张紧装置）。当输送机工作一段时间后，应检查牵引链的松紧度，并及时进行调整。

4. 输送槽　输送槽用 3～8 mm 厚的不锈钢板或薄钢板制成，断面一般为矩形，内部与刮板形状相同。输送槽上部用活动盖板盖住，检修时可打开盖板。

（二）刮板输送机的使用维护

（1）输送链条应调整到合适的松紧度，太紧增加功率消耗，轴承也容易磨损。

（2）输送链使用后伸长，如超过调整范围，可拆去链节。钩形链可拆去任意链节，套筒滚子链拆除的链节必须是偶数。

（3）输送链条磨损后，要及时更换。链条磨损后节距发生变化，不能与链轮很好的啮合，造成脱链或卡链情况。更换时链条与链轮应同时更换。

（4）其他使用维护参考带式输送机和斗式升运机的使用维护内容。

四、螺旋输送机

螺旋输送机又称绞龙，其结构简单，工作可靠，具有防尘性能，可以多点进料和多点卸料，也可向两个方向输送物料。缺点是输送距离短，对物料有一定的破损作用，消耗功率较大。它适用于输送各种粉料、粒料及小块状物料。

螺旋输送机一般用于水平输送和小倾角的倾斜输送。当倾斜角为 45°～90°（垂直输送）时，其消耗的功率为水平输送时的 2～3 倍。

我国已定型生产的 GX 型螺旋输送机，螺旋直径为 150～600 mm，共有七种规格，长度为 30～70 m。

（一）螺旋输送机的构造

螺旋输送机主要由螺旋、螺旋轴、壳体、支架等组成，如图 1-12 所示。

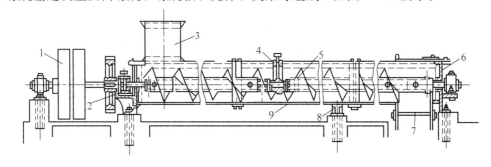

图 1-12　螺旋输送机
1. 离合器　2. 轴承　3. 喂料口　4. 中间轴承　5. 螺旋　6. 支持架　7. 卸料口　8. 支架　9. 壳体

1. 螺旋 螺旋是螺旋输送机的主要工作部件。它的功用是通过螺旋的旋转运动向前推送物料。螺旋按结构特点分为有心轴式螺旋和无心轴式螺旋两种；按旋向分为右旋螺旋和左旋螺旋；按螺距分为等螺距螺旋和变螺距螺旋两种；按螺旋头数分，有单头螺旋、双头螺旋和三头螺旋。

（1）有心轴式螺旋的叶片形状有实体螺旋、环带式螺旋、叶片式螺旋和成型螺旋四种，如图1-13所示。当输送干燥的小颗粒和粉状物料时，宜采用实体螺旋。输送块状或黏滞性的物料时，宜采用环带式螺旋。输送韧性或可压缩的物料时，宜采用叶片式或成型螺旋。这两种螺旋在输送物料的同时，还对物料有搅拌、揉捏及混合等工艺操作。

螺旋叶片是由4～8 mm厚的薄钢板或不锈钢、黄铜、铝等材料制成。输送腐蚀性较大的物料时，在叶片的表面覆盖一层钨、铬、钴等硬质合金或类似的其他防腐材料。

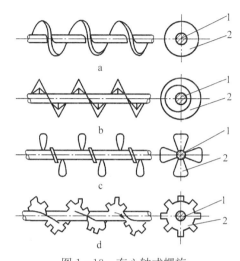

图1-13 有心轴式螺旋
a. 实体螺旋 b. 环带式螺旋 c. 叶片式（桨叶式）螺旋
d. 成型螺旋
1. 螺旋轴 2. 螺旋叶片

（2）无心轴式螺旋也叫螺旋弹簧，如图1-14所示。螺旋弹簧结构简单，便于加工、装配，重量比有轴螺旋轻，可以在小于90°范围内任意转弯。这种螺旋适用于输送粉料，对颗粒物料的破碎较大，输送能力小。

图1-14 无心轴式螺旋
a. 矩形断面螺旋 b. 圆形断面螺旋

螺距相等的输送机主要用于输送物料。变螺距输送机在用于输送物料的同时又可产生挤压力，一般用在绞肉机、螺旋榨汁机、膨化机（项目九肉制品加工机械与设备和项目十一果蔬制品加工机械与设备）等机械中作供料、挤压螺旋使用。

2. 螺旋轴 螺旋轴的功用是固定螺旋叶片，并带动叶片一起旋转。螺旋轴可以是实心轴，也可以是空心轴。通常采用钢管制成的空心轴，它一般由2～4 m长的节段装配制成。

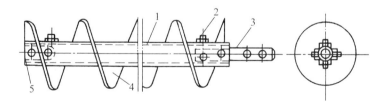

图1-15 轴与轴节连接
1. 螺旋轴 2. 紧固螺钉 3. 轴节 4. 螺旋叶片 5. 空心衬套

螺旋轴的各节段连接通常采用轴节或法兰连接。轴节连接如图1-15所示，它是利用轴节插入空心轴的衬套内，用螺钉固定连接起来。这些轴节还可作为中间轴承和头部轴承的颈部。这种连接方式结构紧凑，但装卸较困难。

大型的螺旋输送机则是采用法兰连接，如图1-16所示。用一段两端带法兰的短轴与螺旋轴端的法兰连接起来。这种连接装卸容易，但径向尺寸较大，对物料的阻力也较大。

3. 壳体 壳体的功用是构成输送管道，并与螺旋共同输送物料。壳体用3～8 mm厚的不锈钢板或薄钢板制成，有U形、V形和圆管形等几种外壳。壳体的内径稍大于螺旋直径，使两者之间有一定的间隙。间隙越小，磨损和动力消耗越少。一般间隙为6.0～9.5 mm。

一般U形和V形壳体上部用活动盖板密封，在维护检修时，可打开盖板，方便维修；在工作中禁止打开盖板，以免造成危险。

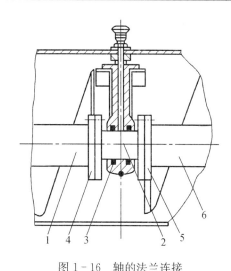

图1-16 轴的法兰连接
1、6. 螺旋轴 2. 连接轴 3. 滑动轴承 4、5. 法兰

(二) 螺旋输送机的使用维护

(1) 按规定定期润滑各轴承，检查减速机润滑油面高度，必要时应及时添加。减速机内的润滑油要定期更换。

(2) 中间轴承一般在装配时已浸润了润滑油，不用再加注润滑油。一般每工作3～5个月，将中间轴承整体拆下，取出密封圈，将轴承浸在融化的润滑脂中，待润滑脂冷却后，重新装好使用。密封圈磨损或损坏要及时更换。

(3) 在使用中经常检查各部位的工作状态，各紧固件是否松动，如有松动要及时紧固。

(4) 螺旋输送机应空载启动。因此，在停机前停止加料，待输送机内的物料完全卸出后，再停止运转。

(5) 工作中，给料要均匀，否则容易造成堵塞，造成动力装置过载，损坏设备。物料中不能混入坚硬大块物料，避免螺旋卡死而造成螺旋输送机损坏。

五、气力输送装置

气力输送就是利用流动的空气在管道内产生很大的流速，使物料悬浮于空气中来输送物料。当气流作用在物料上的力与物料本身重量相平衡时，物料处于悬浮状态，这时空气流动的速度称为临界速度。只有当空气流速大于临界速度时，才能输送物料。各种物料的临界速度如表1-1所示。

表1-1 各种物料的临界速度

物料	大麦	小麦	玉米	谷子	水稻	大豆	面粉
临界速度/(m/s)	8.4～10.8	8.9～11.5	12.5～14.09	9.8～11.8	10.1	17.3～20.2	8.1

气力输送装置结构简单，除风机外，没有运动件，输送距离长（最长可达300～500 m），输送路线可任意安排。但这种输送装置所需的功率较大，适于输送粉料和粒料。

(一) 气力输送装置的类型及工作过程

气力输送装置常用的有吸气式气力输送装置、压气式气力输送装置和混合式气力输送装置三种类型，如图 1-17 所示。

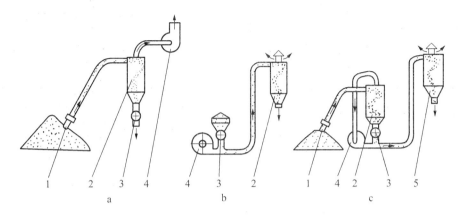

图 1-17 气力输送装置的类型
a. 吸气式气力输送装置 b. 压气式气力输送装置 c. 混合式气力输送装置
1. 吸料嘴 2、5. 离心分离器 3. 闭风机 4. 风机

（1）吸气式气力输送装置是利用负压来吸取物料并加以输送的一种输送装置，如图 1-17a 所示。气流和物料通过吸嘴同时被吸入管道向前输送，输送到目的地后送入离心分离器，在分离器内将物料与空气分离。分离出的物料从闭风机中卸出，空气由风机的出口排出。

吸气式气力输送装置可以从几处向一处集中输送，也可以在一个气力输送系统中完成几个作业机的输送任务。但它的输送距离较短。

（2）压气式气力输送装置是利用气流产生的压力来输送物料，如图 1-17b 所示。料斗内的物料经闭风机送入管道，与风机送来的高速气流相混合后，通过管道输送到离心分离器内。分离后出物料由分离器下方排出，空气从上部排出。

压气式气力输送装置可以将物料从一个位置输送到几个不同的位置，输送距离最长可达 500 m。

（3）混合式气力输送装置是既利用风机入口的吸力来吸取物料，又利用风机出口的压力来输送物料，如图 1-17c 所示。物料通过吸嘴吸送到离心分离器，分离出的物料由闭风机送入压气式输送管道，由风机产生的高速气流通过管道进行输送，最后送到终端离心分离器，分离出的物料由分离器下方排出。

这种输送方式综合了吸气式气力输送装置和压气式气力输送装置的优点，使设备的功能得到了充分的利用，输送距离长。

（二）气力输送装置的主要工作部件

1. 风机 风机是气力输送装置中的动力设备，它的功用是在输送管道内产生一定真空度或压力与流速的气流。在气力输送装置中使用较多的是离心风机。

离心风机按风压（H）大小可分为低压风机（$H < 9.8$ kPa）、中压风机（H 为 $9.8 \sim 29.4$ kPa）和高压风机（H 为 $29.4 \sim 148$ kPa）。

离心风机的构造如图 1-18 所示。它主要由叶轮、叶片和壳体等组成。

（1）叶轮是风机的主要工作部件。叶轮旋转时，从动力机得到能量并对叶轮中的空气做功，使空气得到动能和压能。叶轮是在轮毂上焊接叶片，并在叶片两侧加上前轮盘和后轮盘构成。

（2）叶片一般用薄钢板制造。叶片的类型有前向叶片、后向叶片、径向叶片等，如图1-19所示。

前向叶片风机效率低，噪声大，但在相同风压、风量时，风机尺寸小，一般用于高压风机以及要求风机尺寸小的场合。后向叶片风机效率高，噪声小，流量增大时动力机不易过载，主要用于大、中型风机。径向叶片风机的压头损失大，效率低，但结构简单，制造方便，一般用于中、低压风机上。

（3）壳体一般用薄钢板焊接或铆接成蜗壳形。低压风机一般用1～1.5 mm厚度的钢板制造，中压风机用2.5 mm厚度的钢

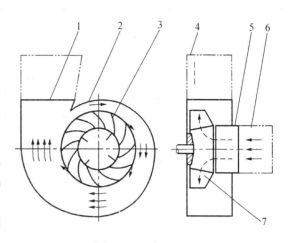

图1-18　离心风机
1. 出风口　2. 风机壳体　3. 叶轮　4. 扩压管
5. 进风口　6. 进气室　7. 叶片

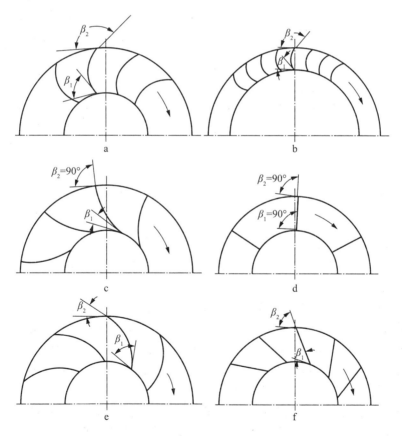

图1-19　叶片的主要类型
a. 一般前向叶片　b. 多叶式前向叶片　c. 径向曲叶片　d. 径向直叶片
e. 后向曲叶片　f. 后向直叶片

板制造，高压风机采用 3 mm 以上厚度的钢板制造。

工作时风机叶轮高速旋转，叶道（叶片之间构成的流道）内的空气，在叶轮旋转时带动一起旋转而产生离心力，在离心力作用下向外运动，在叶轮中央产生真空度，因而从进风口轴向吸入空气。吸入的空气在叶轮入口处转折 90°后进入叶道，在叶片作用下获得动能和压力能。从叶道的高速气流进入蜗壳形机壳内，经集中、导流后从出风口排出。

2. 供料装置 供料装置的功用是把物料送入输送管道内，并防止管道内的高压空气从喂料口逸出。常用的供料装置有喷嘴式、螺旋式和闭风机等，如图 1-20、图 1-21 所示。喷嘴式和螺旋式供料器适用于压力在 49 kPa 以下的压气式气力输送的供料。

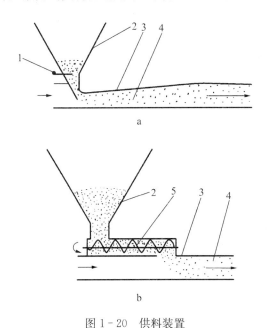
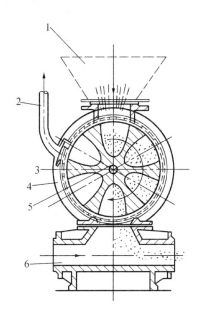

图 1-20 供料装置
a. 喷嘴式 b. 螺旋式
1. 调节板 2. 喂料斗 3. 输送管道 4. 物料 5. 螺旋

图 1-21 闭风机
1. 喂料斗 2. 高压空气逸出管 3. 喂料轮
4. 壳体 5. 喂料轮轴 6. 输送管道

闭风机又称鼓形阀、旋转阀、星形阀、锁气排料阀等，主要用于高压压气式气力输送的供料以及离心分离器和喷雾干燥塔底部的卸料。它将管道内的高压或分离筒内的负压（吸气式卸料）与大气隔离而进行排料。

闭风机主要由转子和壳体等组成，如图 1-21 所示。当转子以 20~60 r/min 回转时，闭风机上方喂料斗内的物料排入转子的凹槽内，并随转子旋转到输送管道的上方，物料在重力和管道负压作用下流入输送管道内。转子与外壳间隙为 0.1~0.2 mm，因此可以上下隔绝，避免空气流通。当闭风机用来隔绝下面管道的高压空气时，在外侧有一高压空气逸出管，逸出凹槽内的高压空气，以免影响装料。

3. 输送管道 管道的功用是输送气流和物料。对管道的要求是内壁光滑、耐磨，管道的断面最好制成圆形，这样压力损失少，便于制造，重量轻而且坚固。

气力输送管道是用厚度为 0.6~2.5 mm 的钢板卷制焊接制成，高压工作的压出式输送管道则采用无缝钢管。当管道直径大于 400 mm 时，必须在管道上每隔一定距离安装一个钢性套环，以防止管道断面发生变形。一般管道每段的长度不超过 5 m，以便于安装制造。两段管道之间的连接方式可采用咬口接头（用于比较薄的钢板管）、法兰接头、对接焊接头（管口不要留有焊液滴块）。输送粒料和粉料时，管道内径一般为 75~250 mm。

4. 卸料装置 卸料装置的功用是将被输送的物料从空气中分离出来。常用的卸料装置有离心分离器和布袋过滤器。

（1）离心分离器又称旋风分离器或集料筒，如图 1-22 所示，一般用薄钢板制成。工作时，带有物料的气流沿切向进入，在分离器内做螺旋运动。到达圆锥部分后，旋转半径减小，其转速逐渐增加，使气流中的物料受到更大的离心力。在离心力的作用下，物料向运动与分离器内壁接触，物料与器壁产生碰撞、摩擦失去原来动能，速度降低，无法继续做螺旋运动，物料便沿着圆锥桶的内壁面下落，从排料口排出。气流到达圆锥部下端附近就开始反转，从分离器中心部上升，从排风口排出。

离心分离器一般不能将很细微（直径小于 5 μm）的粉粒分离出来，这些粉粒将随空气由排风管排出，不仅增加了损失，而且污染了空气。所以输送粉料时，在分离筒的排风管处还需要安装布袋过滤器，如图 1-23 所示。

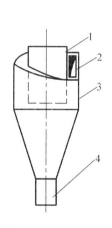
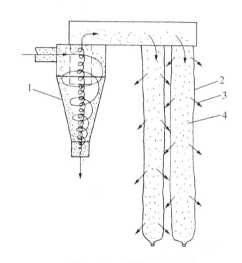

图 1-22　离心分离器　　　　　　　图 1-23　布袋过滤器
1.排风口　2.进风口　　　　　1.螺旋分离器　2.过滤布袋
3.分离筒　4.排料口　　　　　3.布袋排出的空气　4.气流中的粉尘

（2）布袋过滤器是由特制的滤布（棉布、毛织品或涤纶）缝合成细长如筒状或扁平状的布袋，上面是薄钢板制成的铁壳，中间有定期抖落袋内粉尘的机械设备，下面可通过铁壳与粉尘排出机构相连。工作时带粉尘的空气流入各布袋内，空气透过布袋后排入大气，粉尘被阻止在布袋内，定期由机械抖落，用人工或排粉装置排出。

为了减少压力损失，布袋应有较大的过滤面积和较低的风速。应有的总过滤面积 $F_过$ 为：

$$F_过 = Q / (3\,600\,V_过) \qquad (1-1)$$

式中：$F_过$——总过滤面积，m^2；

　　　Q——进入布袋内的风量，m^3/h；

　　　$V_过$——空气通过布袋时的风速，又称过滤风速，m/s，一般 $V_过 = 0.016\,6 \sim 0.028$ m/s。

(三) 气力输送装置的使用维护

(1) 各管道、接头连接处要紧密，防止泄漏。

(2) 根据输送的物料选择相应的输送速度，不能过大或过小。供料要均匀一致，尤其是供料量不能过多。

(3) 输送原料时，对空气可以不处理；输送成品食品时，必须用空气滤清器对空气进行过滤，以免污染食品。空气滤清器应定期保养。

(4) 对风机运动部件应定期进行润滑和检修。

(5) 保证布袋过滤器畅通，及时抖落布袋内粉料，以减少输送阻力。

任务二 流体物料输送机械与设备

流体物料主要用输送泵输送。常用的输送泵有离心泵、螺杆泵和滑片泵等。

一、离心泵

离心泵是食品加工中应用比较广泛的流体输送设备。离心泵构造比较简单，便于拆卸、清理、冲洗和消毒，机械效率较高。它适用于输送水、乳品、果汁、冰淇淋、糖蜜和油脂等，也可用来输送带有固体悬浮物的料液。

(一) 离心泵的构造

图1-24为食品加工中常用的离心泵的构造，主要由叶轮、泵壳及密封装置等组成。泵体与电动机直接连接在一起，形成一个整体，使用、移动方便。

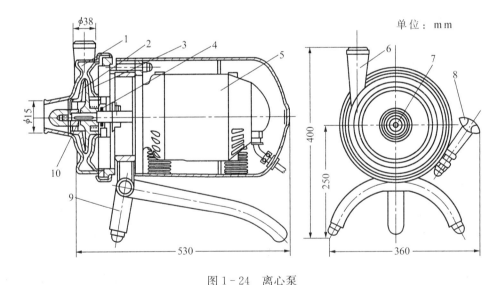

图1-24 离心泵
1. 前泵腔 2. 叶轮 3. 后泵腔 4. 密封装置 5. 电动机 6. 出料管
7. 进料管 8. 锁紧装置 9. 支架 10. 泵轴

1. 叶轮 叶轮是离心泵的主要工作部件，它的功用是使被抽送的液体获得能量，使其具有一定的流量和扬程。

离心泵的叶轮有封闭式叶轮、半封闭式叶轮和敞开式叶轮三种类型，如图1-25所示。

封闭式叶轮叶片两端有前、后轮盖，在前轮盖中部有吸料口。在两轮盖之间有 6~8 片叶片，与轮盖构成弯曲的流道，称为叶道。封闭式叶轮叶道窄小，适于输送清水及黏度小的液体；半封闭式叶轮仅一边有轮盖，叶片数较少，叶道较宽，适于抽送黏度较大的流体；敞开式叶轮两边没有轮盖，叶片数少，叶道宽大，适于抽送含有固体物料的流体。

2. 泵壳 泵壳的功用是把液体引向叶轮，并汇集由叶轮流出的液体，流向出液管，同时将液流的部分动能转化成压力能。离心泵的泵壳形状为蜗壳形，如图 1-26 所示。叶轮装在泵体内，与泵壳形成了由小到大的蜗壳形流道（蜗道），液流在蜗道内实现能量的转换。在泵体上部有充液放气螺孔，下部有放液螺塞。

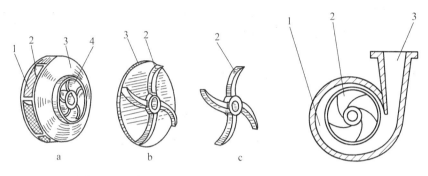

图 1-25 离心泵叶轮
a. 封闭式叶轮 b. 半封闭式叶轮 c. 敞开式叶轮
1. 叶道 2. 叶片 3. 轮盖 4. 吸料口

图 1-26 离心泵泵体
1. 蜗道 2. 叶轮 3. 出液口

3. 密封装置 密封装置的功用是密封泵轴穿出泵壳的缝隙，防止液体从泵壳内流出和空气窜入泵内。目前采用较多的是不透性石墨端面密封结构，如图 1-27 所示。

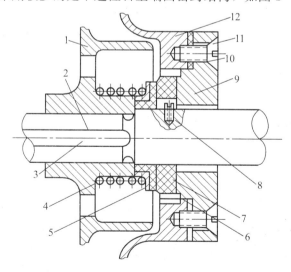

图 1-27 离心泵密封装置
1. 叶轮 2. 泵轴 3. 键 4. 弹簧 5. 不锈钢挡圈 6. 橡胶挡圈
7. 不透性石墨 8. 螺钉 9. 压盖 10. 垫圈 11. 压盖螺钉 12. 泵壳

（二）离心泵的工作原理

离心泵的工作原理如图 1-28 所示。它是借离心力的作用来抽送液体的。当叶轮高速旋转时，叶道中的液体在离心力的作用下，从叶轮中部被高速甩离叶轮射向四周。液流经过断面逐渐扩大的蜗道，流速逐渐变慢而液压增加，压向出液管。此时，在叶轮的中心部位形成真空，料液槽内的料液在大气压力作用下，通过进液管被吸入泵内。叶轮连续转动，液体就源源不断地由一个位置被输送到另一个位置。

（三）离心泵的安装、使用与维护

1. 安装 在安装离心泵时，泵的安装高度（实际吸液扬程）必须低于泵的允许吸上真空高度。管道应尽量减少弯头，连接处要十分紧密，避免空气进入产生空气囊。管道应单独设立支架，不要把全部重量压在泵上。

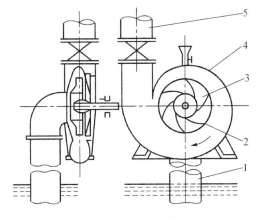

图 1-28 离心泵工作原理
1. 进液管 2. 叶轮 3. 叶道 4. 泵壳 5. 出液管

2. 使用 启动前应向泵壳内注满液体（如果输出罐液面等于或高于离心泵叶轮中心线，可直接启动工作，不需注入液体）才能启动工作。使用中若有不正常声音，应停机检查，排除故障后再工作。

3. 维护 密封装置磨损后，应及时更换。离心泵每工作 1 000 h 左右，应更换新润滑脂。在抽送腐蚀性液体或食品后，应及时对泵进行清洗。

二、螺杆泵

螺杆泵是利用一根或数根螺杆与螺腔相互啮合时，空间容积的变化来输送流体的一种回转式容积泵。螺杆泵能连续均匀地输送流体，脉动小，运转平稳，无振动和噪声，自吸性能和排出能力较好。通过改变螺杆的旋向，就可改变液流的方向。适于输送高黏度的流体和带有固体物料的浆液。

（一）螺杆泵的构造

螺杆泵的构造如图 1-29 所示，主要由螺杆、螺腔、填料坯和机座等组成。

螺杆的功用是与螺腔形成封闭腔并向前推移物料。螺杆用不锈钢制造，偏心安装在螺腔内，偏心距 e 为 3~6 mm，螺距 t 为 50~100 mm。

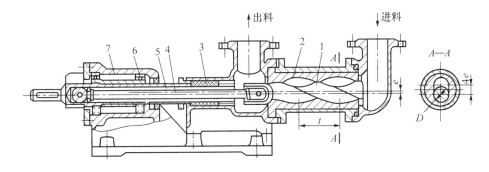

图 1-29 螺杆泵
1. 螺杆 2. 螺腔 3. 填料坯 4. 连接杆 5. 轴套 6. 轴承 7. 机座

螺腔是具有双头螺线的橡皮衬套。它的功用是与螺杆形成许多互不相通的封闭腔。螺腔的内径比螺杆直径 D 约小 1 mm，这样可保证在输送料液时起密封作用。螺腔的螺距是螺杆螺距的 2 倍。螺杆在螺腔内作行星运动。它是通过平行销联轴节（或偏心联轴器）与电动机连接来传动的。

螺腔安装在圆柱形泵壳内，泵壳、螺腔、螺杆三者的安装位置关系如图 1-29 中 A—A 剖面所示。

（二）螺杆泵的工作原理

工作时，螺杆与橡皮衬套（螺腔）相配合形成一个个互不相通的封闭腔。当螺杆转动时，封闭腔沿轴向由吸入端向排出端方向移动，并在吸入端形成新的封闭腔。形成的封闭腔容积增大，压力减小，把物料吸入封闭腔内，然后沿着转动的螺杆，轴向移动至排出端。在排出端封闭腔逐渐消失，容积减小，压力增大，把物料排出泵外。由于螺杆作行星运动，使吸入端不断形成封闭腔，并向前运动以至消失，将流体向前推进，从而产生连续抽送流体的作用。

螺杆泵吸入力一般为 83 kPa。排出压力与螺杆长度有关，一般螺杆的每个螺距可产生 202 kPa 的压力。

（三）螺杆泵的使用维护

（1）螺杆泵不能空转，开泵前应灌满液体，否则橡皮套发热会使橡皮变为糨糊状，使泵不能正常工作。

（2）为满足不同流量的要求，可通过调速装置来改变螺杆转速，以符合生产需要。泵的合理转速为 750～1 500 r/min。转速过高，易引起橡皮衬套发热而损坏，过低会影响生产能力。

（3）对填料坯密封装置应定期检查调整。

（4）每班工作结束后，应对泵进行清洗。对轴承要定期进行润滑。

三、滑片泵

滑片泵流量较均匀，运转平稳，噪声小，转子和壳体之间的密封好，可以产生高压。它可用于输送液体、肉糜及抽吸真空等。

（一）滑片泵的构造

滑片泵主要由泵体、转子、滑片和端盖等组成，如图 1-30 所示。

泵体用不锈钢制造，在泵体上有进料口和出料口，如图 1-31 所示。这种泵用于输送肉糜时，为了使肉糜中的空气尽可能排除，以减少肉糜中的气泡和脂肪的氧化，从而保证肉糜的外观及色、香、味。一般在泵体中部有连接真空系统的接口，并在出口处安装有防止肉糜进入真空管道的滤网。由于泵体与真空系统相连，使肉糜在自重和真空吸力作用下进入泵内。

转子的功用是安装滑片，并带动滑片一起旋转。它是具有径向槽的圆柱体，滑片安装在径向槽内，可以在槽内自由滑动。转子偏心安装在泵体内，偏心距为 20 mm。

滑片下部与转子之间安装有弹簧。将转子和滑片装入泵体时，必须将弹簧压缩才能装入。转子和滑片装入泵体后，在弹簧弹力作用下，滑片上端紧紧地与泵体内壁挨在一起，使每两个滑片之间构成一个密封的空间。

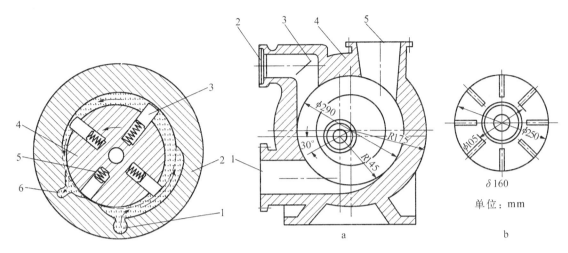

图 1-30 滑片泵
1. 进料口 2. 泵体 3. 滑片
4. 转子 5. 弹簧 6. 出料口

图 1-31 输送肉糜的泵体与转子
a. 泵体 b. 转子
1. 出料口 2. 真空泵接口 3. 滤网 4. 泵体 5. 进料口

(二) 滑片泵的工作原理

滑片泵的工作原理如图 1-30 所示。当转子带动滑片逆时针旋转时，滑片在离心力和弹簧的作用下，紧压在泵体内壁上。在滑片逐渐进入进料区时，由于转子偏心安装，使每相邻的两滑片之间所包围的空间逐渐增大，压力逐渐减小而形成局部真空，从而将物料从进料口吸入，并向出料区推移。在出料区，由于转子偏心安装，使两滑片之间的空间逐渐减小，对滑片之间的物料产生挤压力，将物料从滑片之间挤出，使物料从出料口排出。转子连续不断地旋转，物料便被不断地输送出去。

(三) 滑片泵的使用维护

（1）滑片泵使用时不能反转，因此新安装的泵或电源改变后，要检查滑片泵旋转方向。

（2）当滑片磨损严重、磨损量超过 2mm 时，要及时更换，以免降低滑片泵的效率。

（3）滑片泵是依靠容积变化输送物料的，与速度无关。工作时转速不能太高，以免滑片与泵体摩擦发热。输送肉糜时，由于阻力较大，应适当降低转速。

（4）输送完肉糜等原料后，要将转子卸下进行清洗，等转子干燥后再装配完整，以备下次使用。

（5）对运动部位按规定定期润滑。

复习思考题

1. 螺旋式张紧装置和重锤式张紧装置各有什么优缺点？各适用于哪种输送装置？调整时应注意什么问题？
2. 斗式升运机有哪些装料方式和卸料方式？各适合装卸哪种物料？
3. 气力输送装置有几种类型？各有什么优缺点？
4. 离心分离器是如何分离物料的？
5. 离心泵在使用中应注意哪些问题？
6. 离心泵在启动前为什么要注入被抽送的液体？

7. 比较螺杆泵与离心泵各有什么优缺点。

实验实训一　张紧装置的调整

一、目的要求

通过实训，使学生熟悉常用调整工具的使用，掌握带式输送机、斗式升运机和刮板式输送机的正确调整方法，在生产中能正确调整输送机。

二、设备与工具

（1）带式输送机或斗式升运机、刮板式输送机 4 台。

（2）调整工具 4 套。

三、实训内容和方法步骤

（1）检查带式输送机或斗式升运机橡胶带（或输送链）的松紧程度，并做好记录。

（2）打开保护罩，用扳手旋松锁紧螺母。

（3）用扳手旋转一侧的调整螺母，使张紧滚筒移动，橡胶带（或输送链）一边发生变化。再用同样方法调整另一侧的调整螺母。调整时，不能一次调整到位，应分几次调整，使张紧滚筒（或输送链）平行移动。调整时，滚筒两边的张紧量应相同。

（4）调整结束后，将锁紧螺母拧紧。

（5）启动输送机，观察输送机运行是否平稳，有无跑偏现象。如出现不正常现象，应重新进行调整，直至正常为止。

（6）安装好保护罩及其他附属部件，调整结束。

实验实训二　离心泵的拆装及使用

一、目的要求

通过实训，使学生熟悉离心泵的构造，掌握离心泵密封装置的检查调整，在生产中能正确使用离心泵。

二、设备与工具

（1）离心泵 4 台。

（2）工具 4 套。

（3）电源 2 处，水源 2 处。

三、实训内容和方法步骤

（1）观察离心泵的整体结构。

（2）按照先外后里的方法，逐步拆卸离心泵，并对拆下的零部件及拆卸顺序进行记录。拆卸密封装置时，应细心认真，防止损坏密封填料。

（3）观察离心泵的内部结构，叶轮的构造，填料密封装置的装配关系。

（4）按照先拆后装，后拆先装的原则，装配离心泵，并对密封装置进行调整。

（5）对安装好的离心泵接上电源和水源，并启动离心泵，观察离心泵的工作情况。如水源位置低于离心泵轴心线，则在启动离心泵前，应向泵内灌水，排气后再启动离心泵。

项目二

杀菌机械与设备

【素质目标】
认真贯彻落实习近平总书记对食品安全工作作出的重要指示,即"坚持最严谨的标准、最严格的监管、最严厉的处罚、最严肃的问责",通过本项目的学习,培养学生精益求精的工匠精神和一丝不苟的工作态度。

【知识目标】
了解杀菌机械与设备的结构,明白杀菌机械与设备的工作过程,掌握杀菌机械与设备的操作维护方法。

【能力目标】
掌握杀菌机械与设备的用途,能正确操作使用和维护杀菌机械与设备,并能根据杀菌工艺流程选择相应的杀菌机械与设备。

任务一 概 述

一、杀菌机械与设备的分类和特点

杀菌机械与设备按杀菌方法可分为热杀菌设备、冷杀菌设备和冷热结合杀菌设备。热杀菌设备又分为低温杀菌设备和高温杀菌设备。低温杀菌设备的杀菌温度低于 100 ℃,适于高酸性(pH<4.5)产品的杀菌;高温杀菌设备的杀菌温度高于 100 ℃,又分为高温短时杀菌机和超高温瞬时杀菌机。

杀菌机械与设备按工作过程分为间歇式杀菌设备和连续式杀菌设备。间歇式杀菌设备一般采用夹层锅或高压釜,利用蒸汽或热水加热杀菌。该类设备结构简单、投资少、生产能力低、劳动强度大,但操作方便,适用于小规模工厂使用。连续式杀菌设备种类多、结构复杂、成本高、杀菌效率高、自动化程度高。现代化大型工厂在杀菌线上普遍采用这种杀菌设备。

杀菌机械与设备按结构特征可分为滚筒式杀菌设备、板式杀菌设备和管式杀菌设备等。

二、杀菌机械与设备的发展趋势

伴随着新的包装、杀菌方法的产生和多学科综合技术的应用,杀菌机械与设备正朝着进一步提高产品质量、提高杀菌效果与设备生产能力、降低消耗、提高机械自动化程度、减轻劳动强度和改善工作条件等方向发展。

用电磁波杀菌装置代替热杀菌装置与化学杀菌,可克服由于热杀菌和化学杀菌使食品变色、变味、营养损失等缺点。

对流体采用超高温瞬时杀菌机。超高温瞬时杀菌机具有加热时间短、杀菌温度高、自动化程度高的特点。它在保证产品品质和外观质量方面，都优于常规热杀菌法。它还可以满足无菌灌装、无菌包装生产线对杀菌机械生产能力、生产节拍和产品参数调节等的工艺要求。因此超高温瞬时杀菌机在现阶段得以迅速发展。

为提高杀菌效率，采用组合杀菌技术的杀菌机已经进入实用阶段。如采用过氧化氢与紫外线、过氧化氢与热风、酒精与紫外线、紫外线与过热蒸汽的组合杀菌机，不但杀菌效率高，而且可节约大量杀菌剂，清除或减少了包装件上的化学物残留量。

高压处理杀菌对软包装食品杀菌处理尤为有效，是杀菌机械的发展方向之一。它是将产品置于 20~60 MPa 气压下，在短时间内破坏细菌细胞结构，达到杀菌目的的新技术。

机电一体化是杀菌机械与设备发展的一个重要方向。杀菌机械与设备正在逐步实现从工艺过程控制到生产质量管理的全面自动化方向发展。即采用微电子器件和微机对杀菌机械与设备生产过程进行自动检测、数据处理、调节和故障诊断等。

任务二　罐头制品间歇式热杀菌设备

间歇式热杀菌设备一般用于罐头制品及包装件的杀菌。常用的设备有卧式杀菌锅和回转式杀菌机等。

一、卧式杀菌锅

卧式杀菌锅主要由锅体、锅盖、杀菌车、蒸汽系统、冷却水系统、温度压力监控系统等组成，如图 2-1 所示。锅体为圆柱形筒体，锅体的前部铰接着可以左右旋转开关的锅盖（门盖），末端焊接成椭圆封头。锅体底部装有两根平行导轨。导轨应与地面成水平，才能使杀菌车顺利进出，故锅体下部比车间地面低 200~300 mm。

蒸汽系统包括蒸汽管、蒸汽阀和蒸汽喷射管等。蒸汽阀采用自激式或气动式装置，既能控制温度又能控制压力。为保证锅内蒸汽量供给的操作要求，还设有旁路管路及辅助蒸汽阀。蒸汽喷射装置位于导轨之下，一般是沿蒸汽管壁均匀钻出喷射孔，也有采用特殊喷嘴结构的，无论采用哪种结构，其喷口总面积应等于进气管最窄截面积的 1.5~2 倍。当采用蒸汽加热、空气加压杀菌时，蒸汽压力与压力表显示的锅内压力不相符，原因是锅内压力包括蒸汽压力和空气压力。当采用热水为加热介质时，还应设有热水贮罐。

冷却水系统主要包括冷却水管、冷却水阀及溢流阀等。冷却水通常沿锅体上部喷入。溢流阀安装在锅体上部。为维持冷却时锅内压力一致，防止罐头类容器变形或破损而采用加压方式冷却时，还需配有空气压缩系统或蒸汽加压系统。

气、水排泄装置包括排气阀及排水阀。排气阀用于排除锅内空气，也可与溢流管并用。

杀菌时，把待杀菌的容器制品（如罐头类制品）置于杀菌车中，制品的堆放要保证蒸汽在制品周围可以充分对流换热。然后将杀菌车逐个推入杀菌锅内，盖上锅盖后，锁紧密封装置。

用蒸汽杀菌时，打开所有排气阀，同时通过蒸汽阀向锅内通入蒸汽，待锅内空气被充分排除后关闭排气阀。随蒸汽量的增加，锅内压力和温度不断升高。当达到规定的杀菌温度时,逐渐关闭辅助蒸汽阀,注意调节锅内压力和温度至稳定值,并开始杀菌计时。杀菌计时终了,关闭蒸汽阀,缓缓开启排气阀、排水阀,使锅内压力降至常压,杀菌操作结束。

用热水杀菌时,打开所有排气阀,将热水贮罐内预先制备的热水(缩短加热时间)送入杀菌锅内,热水将罐头淹没后,关闭排气阀、溢流阀,打开加压空气阀,使杀菌器内压力升至需要的压力,并在杀菌过程中保持稳定。将蒸汽送入杀菌器内对水加热杀菌。杀菌结束后,排出杀菌热水,并对罐头进行冷却。杀菌制品的冷却一般采用蒸汽和水或空气和水加压冷却来实现。

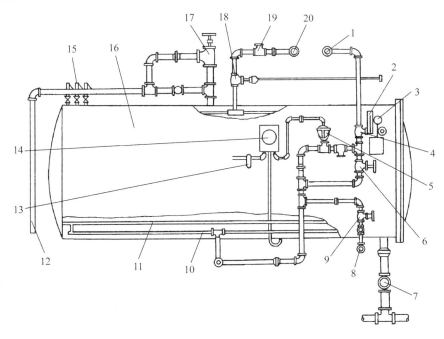

图 2-1 卧式杀菌锅
1. 蒸汽管 2. 温度计 3. 压力表 4. 蒸汽阀 5. 传感器 6. 辅助蒸汽阀 7. 排水阀 8. 空气管
9. 加压空气阀 10. 蒸汽喷射管 11. 杀菌车导轨 12. 排气管 13. 电源 14. 温控仪 15. 安全阀
16. 锅体 17. 溢流阀 18. 弹簧式安全阀 19. 冷却水阀 20. 减压阀

二、回转式杀菌机

回转式杀菌机是为了提高盛装半流质制品(如罐头类食品)的热穿透能力而设计的。使用这种设备的杀菌过程中,罐头内容物是处于不断被搅动状态下完成灭菌的,故也称搅动式杀菌机。该机杀菌时罐头受热均匀,可避免局部过热引起的品质改变,尤其适宜大号、固形物含量高或有某些特殊要求的罐头杀菌。另外由于搅动可提高杀菌温度,在传热速率、杀菌时间及杀菌质量等方面都优于卧式杀菌锅。

回转式杀菌机如图 2-2 所示。这种设备的结构组成与卧式杀菌锅基本相同,除装有蒸汽系统、冷却水系统、压缩空气系统、温度压力监控系统及安全装置等外,还设有贮水锅和杀菌锅回转装置。贮水锅(上锅)通常安装在杀菌锅(下锅)之上,主要用于贮存由蒸汽加热的杀菌用循环水。这样热水既被重复利用,又能节省蒸汽用量,缩短杀菌周期。杀菌锅的回转装置由锅内旋转体和锅外传动装置组成。

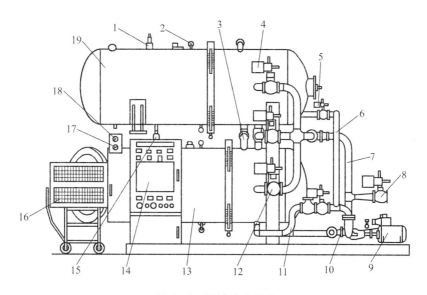

图 2-2 回转式杀菌机
1. 安全阀 2. 空气阀 3. 上、下锅连接管路 4. 上锅加热阀 5. 进水阀 6. 水管 7. 蒸汽管
8. 蒸汽阀 9. 电动机 10. 循环水泵 11. 循环水管 12. 下锅加热阀 13. 下锅（杀菌锅）
14. 控制柜 15. 下锅安全阀 16. 杀菌篮 17. 温度表 18. 压力表 19. 上锅（贮水锅）

杀菌时，罐头竖直装入杀菌篮中，由压紧装置将杀菌篮与旋转体固定，使之不能与旋转体产生相对运动。旋转体由锅外的电动机通过无级变速器带动旋转，转速一般在 5~45 r/min 内无级调节。旋转体可朝一个方向旋转，也可正反交替旋转。交替旋转时，动作换向由时间继电器设定。另外，在传动装置上安置有一个定位器，以保证旋转体停止在某一特定位置上，使杀菌篮能顺利从锅中取出。罐头随转体旋转，其内容物的搅动是靠罐内顶隙气体产生的，如图 2-3 所示。罐体在作跟头式运动的过程中，顶隙气体在罐内上下翻滚，起到了搅动固形物的作用，从而实现罐头迅速升温，均匀受热的目的。

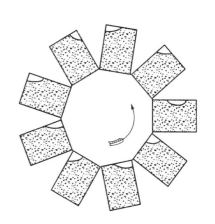

图 2-3 罐身作跟头运动时内容物搅动示意

回转式杀菌机的一个杀菌周期可分为 8 个操作程序，由可编程序控制器组成的自控系统按设定的程序参数，自动控制完成一个杀菌周期全过程的操作。

1. 制备过热水 如图 2-4 所示，开始操作时，启动冷水泵，向上锅供水，达到水位后，液位控制器启动，自动停止供水。这时，自动打开加热阀，用高压（约 0.6 MPa）蒸汽快速给上锅水加热，达到设定温度后，加热阀关闭，自动停止加热。

2. 向杀菌锅供水 当下锅完成装锅、密封、排气后，打开上、下锅连接阀。为使罐头受热均匀，上锅过热水快速（50~90 s）送入下锅。达到设定水位后，液位控制器启动，连接阀关闭，经延时后又重新打开，以便上下锅压力接近。延时时间由待杀菌罐的种类而定。

因玻璃瓶罐头导热性差，罐头内容物升温迟缓，罐内外压力平衡时间长，延时时间需要长些，以避免瓶盖压损。铝制罐罐头、软罐头亦如此。而镀锡铁皮罐罐头延时时间则可短些。

3. 加热升温 下锅过热水与罐头进行热交换后温度下降，打开下锅加热阀，蒸汽经汽水混合器进入下锅，使水温迅速升至设定杀菌温度。在加热同时，循环泵和旋转体启动，强制水循环，从而提高了传热效率。

4. 杀菌 水温升至设定杀菌温度后进入杀菌阶段。蒸汽不断通入锅内，循环泵继续运行至杀菌结束。

5. 热水回收 杀菌结束后，启动冷水泵向下锅灌注冷水，并将下锅的高温水压回到上锅。上锅水满时，关闭连接阀，重新制备过热水。

6. 冷却 冷却过程可分为加压冷却—降压冷却和只降压冷却两种方式，具体根据产品要求，按工艺规程操作。

7. 排水 冷却过程结束后，冷水泵停止运转。打开下锅排泄阀将冷却水排出。

8. 启锅 下锅冷却水排完后，开启锅盖，取出杀菌篮，一个杀菌周期结束。

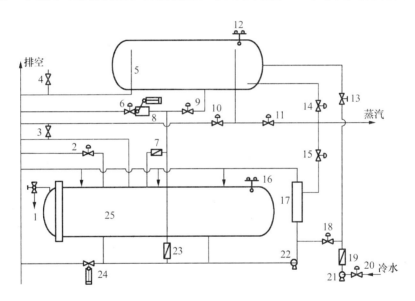

图 2-4 回转式杀菌机管路流程
1. 安全阀 2. 下锅溢流阀 3. 阀门 4. 上锅安全阀 5. 上锅 6. 冷却水放流阀
7、19、23. 单向阀 8. 碟阀 9. 上、下锅连接阀 10. 减压阀 11. 增压阀
12、16. 液位控制器 13. 阀门 14. 上锅加热阀 15. 下锅加热阀 17. 汽水混合器
18. 冷水节流阀 20. 冷水阀 21. 冷水泵 22. 循环泵 24. 排泄阀 25. 下锅

三、间歇式热杀菌设备的使用维护

1. 罐头堆放 罐头在杀菌车内放置的形式对热的传导有影响，通常是直立排列。罐头的堆放形式以蒸汽能够充分自由流通，有利于热的传递为宜。

2. 升温时间 升温时间是指自开始送入蒸汽到杀菌器内达到预定杀菌温度所需的时间。升温时间越短越好，因此，在升温阶段，一般都通过增加辅助蒸汽阀和蒸汽阀同时向杀菌器供入蒸汽，缩短升温时间。

3. 杀菌压力 杀菌时，罐头内的压力会增大。当罐头内压力与罐外压力差超过罐头临界压力差（铁罐为 0.2～0.3 MPa，玻璃罐小些）时，就会使罐头变形或破坏。这时就需用压缩空气向杀菌器内补充压力，补充压力的大小应等于或大于罐内外压力差与允许压力差之差。一般为 0.1～0.15 MPa，大型罐要低些，玻璃罐允许压力差更小一些。

4. 冷却 冷却时采用喷淋冷却效果较好。在常压下冷却，由于罐头内压过大易造成膨胀或破裂，因此必须采用加压冷却，即反压冷却，使杀菌器内的压力稍大于罐头内压力。反压不能过大或过小，太小容易产生胀罐、凸角等缺陷，玻璃罐会产生跳盖现象；太大时铁罐容易产生瘪罐。

冷却时冷水不能直接冲到罐上，否则容易造成破损。冷却水应符合自来水卫生标准。

冷却时应使罐头充分冷透，某些果酱罐头或番茄酱罐头如果未冷透送入库房，易使产品的色泽变深或影响风味，使质量下降。

5. 维护 对安全阀和压力表应定期进行校验。对传动系统定期润滑保养。

任务三　罐头制品连续式杀菌机

连续式杀菌机生产率高，操作使用方便，适用于规模大、产量高的罐装类食品厂。常用的连续式杀菌机有常压连续杀菌机和水封式连续杀菌机等。

一、常压连续杀菌机

常压连续杀菌机用于果蔬类圆形罐头及一些不要求完全无菌的高酸性食品的连续杀菌。其主要结构有单层、三层、五层三种类型。

常压连续杀菌机主要由传动系统、拨罐机构、进罐输送带、送罐链及控制装置等组成，如图 2-5 所示。两主动轴 12、15 以同步线速度驱动送罐链，使罐头在送罐链底链板 20 和刮板 21 间完成滚动输送。送罐链的张紧则可通过张紧轮和蜗杆调节器 6 手动调节实现。

进罐传动系统由进罐电动机经蜗杆减速器带动链轮 25，使进罐输送带主动轮带动两根输送胶带 22 运动。罐头进入输送带后，即依着挡板 29 依次排列，当达到规定数量时，由光电管发出信号，等待拨罐板将罐头拨入杀菌槽。

拨罐机构的动力由拨罐电动机经减速器和联轴器传递给拨罐板。拨罐板的动作由装在进罐传动轴上的六角控制轮和光电管根据输送带上罐头的情况，自动或手动控制，将罐头定时定量拨入杀菌槽内。

槽体包括杀菌槽、冷却槽和中间槽。中间槽根据杀菌工艺要求可作为杀菌槽，也可作为冷却槽。各槽内的水用蒸汽加热，由温控系统实现自动或手动控制调节。在槽体常压连续杀菌机工作时，从封罐机送来的罐头进入进罐输送带后，由拨罐机构把罐头定量拨入杀菌槽内，再由刮板送罐链带动罐头，由下至上沿杀菌槽、中间槽、冷却槽运动，最后经出罐机构卸出，完成杀菌全过程。

常压连续杀菌机在使用前应根据杀菌工艺要求确定杀菌槽和中间槽的杀菌温度。对送罐链、进罐输送带和传动链应定期检查其松紧程度，必要时进行调整。经常检查蜗轮蜗杆减速器润滑油面，及时添加润滑油，并定期更换润滑油。侧面装有限制液位的可调式溢流口，以满足对不同规格罐头杀菌之用。在槽体端输送链转弯处设有排除卡罐故障用的活动托板。

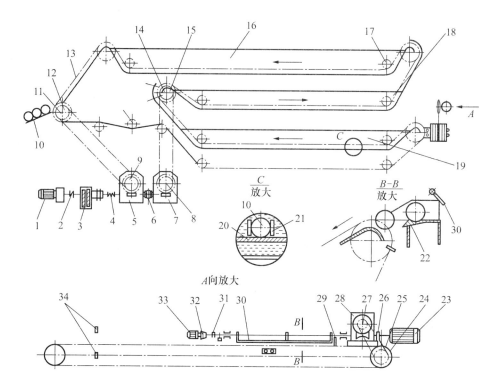

图 2-5 三层常压连续杀菌机传动系统

1. 电动机 2、26、31. 联轴器 3. 减速器 4. 离合器 5、7、28. 蜗杆减速器 6. 蜗杆调节器 8、9、11、14、25、27. 链轮 10. 罐头 12. 出罐端链轮主动轴 13. 送罐链 15. 杀菌槽链轮主动轴 16. 冷却槽 17. 张紧轮 18. 中间槽 19. 杀菌槽 20. 底链板 21. 刮板 22. 输送胶带 23. 进罐电动机 24. 进罐输送带主动轮 29. 挡板 30. 拨罐板 32. 减速器 33. 拨罐电动机 34. 光电管

二、水封式连续杀菌机

水封式连续杀菌机是利用封闭的蒸汽或过热水,对罐头类包装制品进行高温连续杀菌的机械。

水封式连续杀菌机主要由水封式旋转阀、杀菌锅、输送链、制品进出机构及传动、控制系统等组成,如图 2-6 所示。

完全浸没在水中的旋转阀采用叶轮式结构,制品可在叶片间自由通过,热介质则被水密封在杀菌锅内。杀菌锅用隔板分成杀菌室和冷却室两部分,根据工艺需要,杀菌室和冷却室可以是左右布置(图 2-6a),也可以是上下布置(图 2-6b)。为提高圆柱形制品的传热速率,在杀菌室内还设有使制品边移动边滚动的传递机构。

水封式连续杀菌机工作时,制品由进出罐机构的进口送入,由旋转阀送入杀菌机冷却室,用冷却水预热。接着向上提升到杀菌室。在杀菌室内,制品在稳定的高温、高压环境中,由环形布置的输送链及传递器带动,折返数次进行杀菌。杀菌时间可通过调节输送链速度控制。杀菌完成后,制品经过隔板转入冷却室进行加压冷却,然后再次经旋转阀送出杀菌机,用常压水冷却或在外界空气中冷却,最后经出口输出。

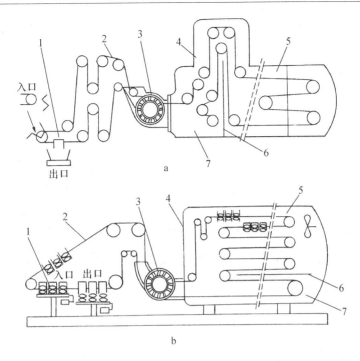

图 2-6 软罐头水封式连续杀菌机示意
a. 杀菌室与冷却水槽左右布置的杀菌机 b. 杀菌室与冷却水槽上下布置的杀菌机
1. 进出罐机构 2. 输送链 3. 水封式旋转阀 4. 杀菌锅 5. 杀菌室 6. 隔板 7. 冷却室

水封式连续杀菌机外形较小，罐头类制品在杀菌室内可以滚动，传热速率高，常用于高温短时杀菌。

水封式连续杀菌机在杀菌前，应根据制品的工艺要求选择合适的输送速度，以保证杀菌要求。速度的调节可在传动系统蜗轮蜗杆减速机上进行，通过调速手柄选择相应的速度。由于罐头滚动速度不同，制品得到的热量也不同。因此，在更换杀菌品种时，也可以不改变输送速度，而改变罐头的滚动速度即可达到杀菌要求。杀菌温度可根据杀菌工艺要求在100～143 ℃调节。

任务四 流体物料超高温瞬时杀菌装置

前面介绍的各种杀菌机都是将产品包装后，对产品包装件及内容物进行热杀菌处理的设备。而先进的包装过程是将灭菌的制品，在无菌环境下装入无菌容器内，再进行封口的无菌包装过程。其中对灌装前的流体制品，特别是乳制品及饮料的灭菌操作，一般采用巴氏杀菌装置和超高温瞬时杀菌（UHT）装置。由于超高温瞬时杀菌具有灭菌效率高、杀菌时间短、制品营养价值高、风味损失小、在常温下保存期长和经济效益较好等优点，而被广泛采用。

超高温瞬时杀菌（UHT）的杀菌温度一般在130～150 ℃，杀菌时间仅为2～8 s。其加热方式有间接加热法和直接加热法两种。

一、间接加热超高温瞬时杀菌装置

间接加热装置是指物料与加热蒸汽不直接接触，而是通过换热器间接对物料加热杀菌的装置。间接加热超高温瞬时杀菌装置种类较多,其主要加热设备为片式换热器或管式换热器。

(一)片式超高温瞬时杀菌装置

1. 组成与工作原理 片式超高温瞬时杀菌装置如图 2-7 所示,该装置主要由加热段和冷却段的片式换热器、离心泵、均质机及自控操作系统等组成。

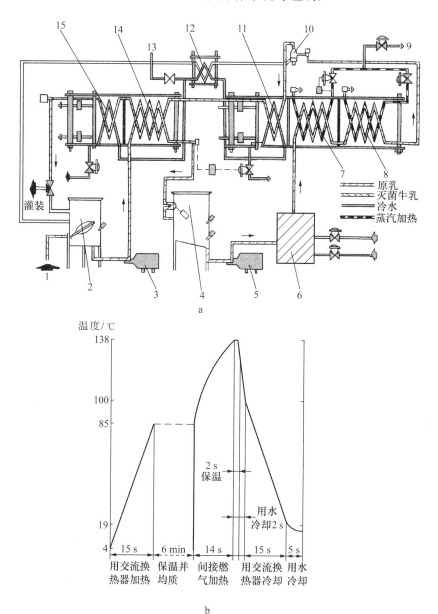

图 2-7 片式超高温瞬时杀菌装置示意
a. 片式超高温瞬时杀菌装置工作流程图　b. 乳品在杀菌装置中的时间—温度变化曲线
1. 原料乳　2. 平衡槽　3. 输送泵　4. 温度保持槽　5. 高压泵　6. 均质机　7. 第一加热段　8. 第二加热段
9. 蒸汽管　10. 换向阀　11. 第一冷却段　12. 回流乳冷却器　13. 冷却水　14. 预热段　15. 第二冷却段

工作时原料乳由平衡槽经输送泵送入预热段，与杀菌乳进行热交换，使其温度预热到85 ℃。然后乳液进入温度保持槽，保持约 6 min，其目的是使乳对热产生稳定作用，防止在高温换热器表面产生过多沉淀物。温度保持槽的乳液由高压泵送入均质机（也可将均质机设在高温灭菌后）均质。均质后的乳液流入第一加热段和第二加热段，将乳液迅速加热到135~150 ℃，保温 2~4 s，完成杀菌，然后送往换向阀。

换向阀由控制装置自动控制，当杀菌温度低于 135 ℃ 时，换向阀自动调节，使未达到杀菌温度的乳液流入回流乳冷却器冷却后，返回平衡槽重新杀菌。达到杀菌温度的乳液经换向阀流入第一冷却器中冷却至 100 ℃，再经预热段换热器和第二冷却段冷却，使乳液温度降至 10~15 ℃后，送入下道工序。如生产消毒乳，可直接输送到无菌灌装机进行灌装。

2. 主要工作部件 片式换热器是片式超高温瞬时杀菌装置的主要工作部件。它是由若干冲压成型的金属薄片组合而成的高效热交换器。在巴氏杀菌和超高温瞬时杀菌装置中，广泛采用这种换热器进行加热、冷却。

片式换热器的结构如图 2-8 所示。传热片悬挂在导杆上，由前支架和后支架支撑。压紧螺杆通过压紧板将各传热片叠合压紧在一起。片与片之间装有橡胶垫圈，以保证密封并使两片间有一定空隙。压紧后所有传热片上的角孔形成液流通道。冷、热流体分别在传热片两面流动，进行热交换。拆卸时仅需松开压紧螺杆，沿导杆移开压紧板，即可将传热片拆卸，进行清洗和维修。

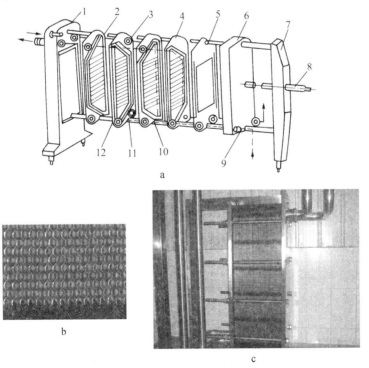

图 2-8 片式换热器
a. 结构图 b. 板片 c. 外观图
1. 前支架 2. 上角孔 3. 橡胶垫圈 4. 分界片 5. 导杆 6. 压紧板 7. 后支架
8. 压紧螺杆 9. 连接管 10. 传热片橡胶垫圈 11. 下角孔 12. 传热片

3. 片式超高温瞬时杀菌装置的使用维护

(1) 传热片的检查与安装。传热片应定期拆卸检查清洗，检查传热片是否有沉积物、结焦、水垢等附着物，并及时进行清洗。安装传热片时，应先在压紧螺母和导杆上加润滑油脂进行润滑，并将传热片按编号顺序安装。每次重新压紧传热片时，需注意上一次压紧位置，切勿使橡胶垫圈受压过度，以致减少垫圈使用寿命。

(2) 更换密封圈。每次拆卸传热片后，应检查各传热片与橡胶圈黏合是否紧密，橡胶圈是否完好，以免橡胶圈脱胶或损坏而引起泄漏。橡胶密封圈应定期（一般一年）进行更换。当需要更换橡胶圈时，需将该段全部更换，以免各片间隙不均，影响传热效果。

(3) 使用前的检查。使用前可先用清水循环试验，检查有无泄漏。如有轻微泄漏，可将压紧装置稍微压紧。如压紧后仍然有泄漏，则需将传热片拆卸，检查橡胶密封圈。

(4) 使用中应保持蒸汽压力稳定，以保证产品的质量。杀菌过程中出现泄漏，可按上述第（3）条处理。杀菌结束后，应用热水对杀菌装置进行清洗。

（二）管式超高温瞬时杀菌装置

管式超高温瞬时杀菌装置为间接加热杀菌设备，是列管式热交换器在食品工业中的应用之一。管式杀菌机有立式与卧式两种，食品工业中多为卧式。

管式超高温瞬时杀菌装置由加热管、高压泵、压力表、安全阀等部件组成，如图2-9所示。其主要工作部件为加热管，它是由两根粗细不同的不锈钢管套装而成。

1. 工作过程 物料用高压泵送入不锈钢加热管内，蒸汽通入壳体空间后将管内流动的物料加热，物料在管内往返数次后达到杀菌所需的温度和保持时间后成产品排出。

2. 特点

(1) 加热器由无缝不锈钢环形管制造。没有密封圈和"死角"，因而可以承受较高的压力。

图2-9 管式超高温瞬时杀菌装置

(2) 在较高的压力下可产生强烈的湍流，保证了制品的均匀性和具有较长的运行周期。

(3) 在密封的情况下操作，可以减少杀菌产品受污染的可能性。

其缺点为换热器内管的内外温度不同，以致内管内外热膨胀程度有差别，所产生的应力使内管易弯曲变形。

管式超高温瞬时杀菌适用于鲜乳、果汁、饮料等流体物料的杀菌。

3. 超高温灭菌设备的使用维护

(1) 开机前准备。开机前检查压缩空气压力、冷却水压力，还需检查各仪表显示是否正确，报警装置是否灵敏。

(2) 开机。当杀菌机清洗完毕后，与预处理工联系后，料液足够时方可开机升温。升温时一切都是自动控制电脑操作。生产时间≥8.5h时设备要进行清洗。认真填写杀菌工段运行表，观察参数是否在标准参数范围之内。

(3) 停机、清洗。生产完或完成生产任务，这时需要停机，预处理进料泵停止运转，平衡槽内的牛乳被抽尽，开始补水。灌装机停止运转，剩余的一部分水和牛乳的混合物打入了回流缸中,准备对设备进行清洗。

二、直接蒸汽喷射式超高温瞬时杀菌装置

直接蒸汽喷射式超高温瞬时超高温瞬时杀菌装置如图2-10所示。装置中的第一、第二预热器及冷却器为管式或片式换热器。第一预热器用来自真空室的二次蒸汽加热。第二预热器用高压蒸汽加热。真空室为不锈钢真空容器。乳泵为蒸汽密封的离心泵,以保证工作时处于无菌状态。无菌均质机配有蒸汽箱,用蒸汽密封所有通道。

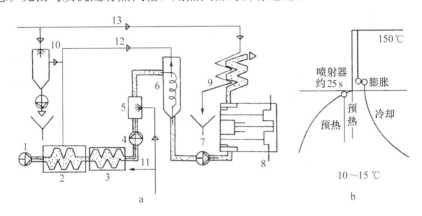

图2-10 直接蒸汽喷射式超高温瞬时杀菌装置示意
a. 直接蒸汽喷射杀菌装置工作流程图 b. 乳品杀菌装置中的温度变化过程
1. 输送泵 2. 第一预热器 3. 第二预热器 4、7. 乳泵 5. 直接蒸汽喷射器 6. 真空室
8. 无菌均质机 9. 无菌冷却器 10. 冷凝器 11. 高压蒸汽 12. 二次蒸汽 13. 冷却水

在直接蒸汽喷射式超高温瞬时杀菌装置中,蒸汽喷射器是保证乳制品瞬时达到杀菌温度的核心部件,其结构如图2-11所示,主要由内外套管组成。内套管在圆周方向开有许多直径小于1mm的小孔,外套管为一非对称三通。蒸汽由蒸汽管进入外套管与内套管之间,从内套管小孔强制喷射到乳制品中去。为防止乳制品沸腾和使蒸汽顺利喷入,乳制品和蒸汽均处于一定压力之下。一般乳制品压力为0.39 MPa左右,蒸汽压力在0.47~0.9 MPa。

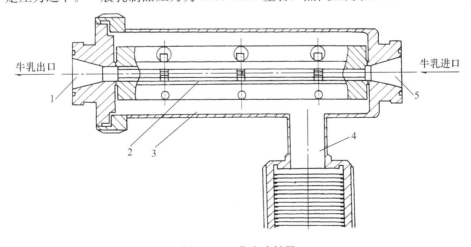

图2-11 蒸汽喷射器
1. 出料口 2. 内套管 3. 外套管 4. 蒸汽管 5. 进料口

工作时，鲜乳先通过第一、第二预热器，预热至75~85℃。然后乳液由乳泵送入蒸汽喷射器，由喷射器喷入0.9 MPa的高压蒸汽，使乳液温度瞬时升至150℃左右。乳液在管道保温2~3 s后，喷入真空室。乳液在真空室急剧蒸发，使乳液温度迅速降至80℃左右。在蒸汽喷射器中，由于乳液直接与蒸汽混合加热，使乳液中水分增加，带来异味。但是在真空室中急剧的蒸发作用，使增加的水分挥发掉，乳液又恢复到原来的浓度。同时真空也有脱臭作用，使异味得到消除。真空室排出的二次蒸汽由管道送入第一预热器，对鲜乳进行预热，提高热能利用率。降温后的乳液由乳泵送至无菌均质机均质，最后经无菌冷却器冷却至20℃以下。如生产消毒乳，则可直接进行无菌包装。

直接蒸汽喷射式超高温瞬时杀菌装置在杀菌时，应使蒸汽压力保持稳定，以保证杀菌制品质量一致。真空室真空度也应保持恒定，真空度高，消耗功率大；真空度低，水分蒸发少，制品含水率增加。对蒸汽喷射器应定期拆卸检查、清洗，保持内套管蒸汽喷孔畅通。每次工作前和工作结束后，要对杀菌装置进行清洗、消毒。

三、自由降膜式超高温瞬时杀菌装置

自由降膜式超高温瞬时杀菌装置也是一种直接杀菌装置，主要用于工业化生产各种乳制品，其处理的牛乳品质较其他超高温瞬时杀菌装置生产的质量更好。

自由降膜式超高温瞬时杀菌装置如图2-12所示。设备运行时，平衡槽中的原料用泵送至预热器内预热到71℃左右，随即经流量调节阀进入杀菌罐内。杀菌罐内充满149℃左右的高压蒸汽，物料在杀菌罐内沿长约10 cm的不锈钢网，以大约5 mm厚的薄膜形式从蒸汽中自由降落至底部，使物料温度上升到149℃，整个降落加热过程为0.3~0.4 s。在经过保温管保温3 s后，进入真空罐。物料中的水分在罐内迅速蒸发，使从蒸汽中吸收的水分全部汽化，同时物料温度由149℃降到71℃左右，物料中的水分也恢复到正常数值。已杀菌物

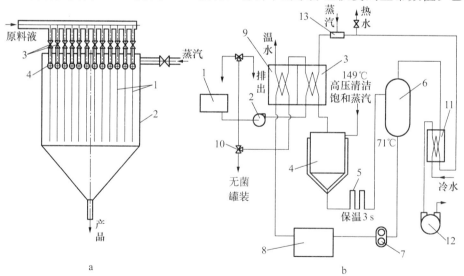

图2-12 自由降膜式超高温瞬时杀菌装置
a. 杀菌罐：1. 不锈钢丝网 2. 外壳 3. 流量调节阀 4. 分配管
b. 工艺流程：1. 平衡槽 2. 输送泵 3. 预热器 4. 杀菌罐 5. 保温管 6. 真空罐 7. 无菌泵
8. 无菌均质机 9. 冷却器 10. 三通阀 11. 冷凝器 12. 真空泵 13. 加热器

料由无菌泵抽出,经无菌均质机均质后送入冷却器,最后到灌装机。真空罐中的二次蒸汽经冷凝器冷凝,不凝性气体被真空泵排出以保持真空罐中一定的真空度。全部运行过程均由微机自动控制。

这种杀菌装置因采用直接加热,换热效率高,但需要洁净蒸汽。加热杀菌过程中原料呈薄膜液流,加热均匀且迅速,加热、冷却瞬间完成,产品品质好。

因料液进入时罐内已充满高压蒸汽,故不会对料液产生高温冲击现象,不会与超过处理温度的金属表面接触,因而没有焦、杂味,处理效果较好。但蒸汽混入料液中,后期需要蒸发去水,投资大,操作较难控制。

自由降膜式超高温瞬时杀菌装置的使用维护可参看直接蒸汽喷射式超高温瞬时杀菌装置的使用维护。

任务五 电磁波辐射杀菌装置

目前,利用加热原理杀菌仍是包装杀菌的主流。而近年来,利用电磁波辐射技术进行物理杀菌的机械设备日益受到重视,并且得到越来越广泛的应用。

一、微波杀菌装置

微波杀菌装置是指利用特定的电磁波对物体辐射所产生的热力效应和非热力效应的共同作用,来杀灭有害细菌的设备。

微波杀菌装置主要由微波功率源、波导加热管、换热器及控制系统等组成。微波功率源又称微波发生器,通过电磁场振荡将产生的微波能经波导管传输到加热器。加热器是指物料吸收微波能而被加热的装置。换热器根据结构形式可分为箱式、隧道式、片式、曲波导式和直波导式等几大类。目前应用较普遍的是隧道式换热器,该装置对液态、固态制品或容器包装件均能进行杀菌操作。由于物料介质的损耗因素不同,所以对微波能的吸收有选择性。选用加热器时,要根据被杀菌制品的种类、性质、形状、规格等参数确定。

图2-13为先杀菌后灌装的管道式液料微波杀菌装置。它主要由微波功率源、波导加热管、片式换热器及控制系统等组成。

该装置的主要特点是将微波加热器放在波导加热管中,构成对料液进行热处理的波导加热区。波导加热管一端与微波功率源相连接,另一端与换热器相通。波导加热管内输液管的形状和长度,取决于杀菌处理的工艺要求。根据料液在加热区停留的时间,可以是单管式、往复贯穿多管式或螺旋管式。输液管应由能透射微波而又低耗的便于清洗的介质材料制成,如石英玻璃管等。

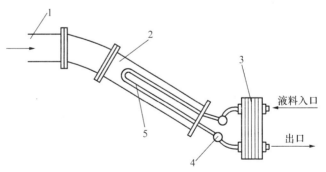

图2-13 管道式液料微波杀菌装置示意
1.微波功率源 2.波导加热管 3.片式换热器
4.控温传感器 5.输液管

片式换热器通过液体交叉换热,起到了进料预热和出料冷却的作用。波导加热区输液管中的液料可以按微波连续加热冷却工艺，一次进出换热器，也可以按多次快速加热冷却工艺，交替经过多个换热器，反复进出加热区经受微波的瞬时辐照。后一种工艺可避免让物料长时间连续性地处于高温状态，为保持物料的色、香、味及营养成分提供了有利条件。

二、紫外线杀菌装置

紫外线杀菌装置是一种利用电磁波辐照的冷杀菌装置。但紫外线能量级较小，对微生物的作用不是电离，而是使分子受激发后处于不稳定的状态，从而破坏分子间特有的化学结合，导致细菌死亡。紫外线的杀菌能力主要与波长有关。波长为 250~260 nm 的紫外线杀菌能力最强，被称为杀菌线。此外，杀菌效果还与细菌种类有关，并受有效放射照度和照射时间以及照射线量等因素影响。

在乳制品、果冻等无菌充填机输送线上，就是采用串联安装的三套高效紫外线杀菌装置完成复合薄膜容器的杀菌，如图 2-14 所示。

另外，将紫外线杀菌装置与其他杀菌方法组合使用，也能获得较好的杀菌效果，如与双氧水化学杀菌装置组合等。

紫外线杀菌装置能量低，穿透力弱，适用于对空气、水、薄层液体制品及容器表面的杀菌处理。普通的杀菌装置（紫外线杀菌灯），发出的紫外线波长为 253.7 nm，是一种低压水银蒸汽放电灯，其内部结构与普通的荧光灯相同，大约 80% 的射线波长在主波长范围内。

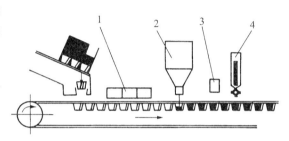

图 2-14　无菌充填机上的紫外线杀菌装置
1. 容器用紫外线杀菌装置　2. 充填机
3. 杯盖用紫外线杀菌装置　4. 封盖机

复习思考题

1. 卧式杀菌锅的杀菌过程是什么？
2. 回转式杀菌机有哪些优点？其杀菌过程是什么？
3. 超高温瞬时杀菌的加热方式有哪几种？
4. 直接蒸汽喷射式超高温瞬时杀菌装置和间接加热超高温瞬时杀菌装置各有什么特点？
5. 片式超高温瞬时杀菌装置的工作过程是什么？
6. 管式超高温瞬时杀菌装置的工作过程是什么？
7. 简述直接蒸汽喷射式超高温瞬时杀菌装置的工作过程。
8. 简述自由降膜式超高温瞬时杀菌装置的工作过程。

实验实训一　杀菌锅的使用

一、目的要求

通过实训，使学生熟悉罐头杀菌设备的构造，掌握罐头杀菌装置的正确使用，在生产中能正确使用罐头杀菌装置。

二、设备与工具

（1）卧式或立式杀菌锅1~2台。

（2）罐头若干。

（3）蒸汽源或电加热源。

（4）自来水源。

三、实训内容和方法步骤

（1）观察杀菌锅的外部结构。

（2）打开杀菌锅锅盖，取出杀菌车或杀菌篮。

（3）将封口后的罐头装入杀菌车或杀菌篮内，然后将杀菌车或杀菌篮放入杀菌锅内，关上杀菌锅锅盖。

（4）向杀菌锅注满水，然后打开蒸汽阀门加热（也可用电加热），并记录预热时间。注意观察压力表和温度表的变化情况。

（5）达到杀菌温度后，开始记录杀菌时间，并关小蒸汽阀门，保持杀菌温度。随时注意压力和温度的变化，做好压力、温度记录。

（6）达到杀菌时间后，停止加热，并排出杀菌水。

（7）根据实验室条件，对罐头进行加压冷却（用空气或蒸汽加压）、常压冷却或空气冷却，并记录冷却时间。

（8）冷却后，打开锅盖，取出罐头，检验罐头杀菌情况，剔除胀罐、凸角、跳盖等残缺罐头，并计算成品比例。

（9）清洗杀菌锅，整理实验器具。

实验实训二　片式超高温瞬时杀菌装置的构造观察与维护

一、目的要求

通过实训，使学生熟悉片式超高温瞬时杀菌装置的构造，掌握片式超高温瞬时杀菌装置的正确安装、使用和维护保养。

二、设备与工具

（1）片式超高温瞬时杀菌装置4台。

（2）拆卸工具4套。

（3）钙基润滑脂1桶。

（4）自来水源。

三、实训内容和方法步骤

（1）观察片式超高温瞬时杀菌装置的外部结构。

（2）松开压紧螺母，按顺序拆下传热片，并按顺序排放。

（3）观察传热片的结构、料液在传热片内的流动方式及流动路线。

（4）检查传热片是否有沉积物、结焦、水垢等附着物，并进行清洗。检查各传热片与橡胶圈黏合是否紧密，橡胶圈是否完好。

（5）如有橡胶圈脱胶或损坏时，要更换橡胶圈。更换橡胶圈时，必须将该段全部更换，以免各片间隙不均，影响传热效果。

（6）安装传热片，先在压紧螺母和导杆上加润滑油脂进行润滑，并将传热片按顺序安装。压紧传热片时，需注意上一次压紧位置，切勿使橡胶垫圈受压过度，以致减少垫圈使用寿命。

（7）用清水循环试验，检查传热片有无泄漏。如有轻微泄漏，可将压紧装置稍微压紧。如压紧后仍然有泄漏，则将传热片拆卸，重新检查橡胶密封圈，并进行更换。更换后重新做上述试验。

项目三

蒸发浓缩设备

【素质目标】
通过本项目学习，培养学生实事求是的学习、工作态度，举一反三的能力和开拓创新的职业素养。

【知识目标】
熟悉蒸发浓缩设备的结构和工作原理，了解蒸发浓缩设备的分类，掌握蒸发浓缩设备的操作方法。

【能力目标】
掌握蒸发浓缩设备的用途和使用方法，能够根据食品物料的特定要求，选择适宜的蒸发浓缩设备。

任务一 蒸发浓缩设备的类型

一、概述

浓缩是从溶液中除去部分溶剂的单元操作，是溶质和溶剂混合液的部分分离过程。浓缩方法从原理上讲分平衡浓缩和非平衡浓缩两种。平衡浓缩是利用两相在分配上的某种差异而获得溶质和溶剂分离的方法。蒸发浓缩和冷冻浓缩即属此法。其中，蒸发是利用溶剂和溶质挥发度的差异，从而获得一个有利的汽液平衡条件，达到分离的目的。

蒸发浓缩是食品工业上应用最为广泛的浓缩方法。不少食品物料是水溶液，因此蒸发指的是水溶液的蒸发。蒸发的目的是为获得浓度高的溶液或制取溶剂，但一般以前者为主。蒸发的典型例子是糖、氯化钠、氢氧化钠、甘油和生物胶的水溶液以及牛乳等的浓缩。在这种情况下浓缩液是需要的产品，而蒸发出来的水通常作为废水排走。

为了强化蒸发过程，工业上采用的蒸发设备都是在沸腾状态下汽化，此时传热系数高，传热速度快。饱和蒸汽（称加热蒸汽）是常用的热源。加热蒸汽与料液进行热交换（常用间接加热）而冷凝。放出的冷凝热作为料液蒸发需要的潜热（称为汽化潜热或蒸发潜热）。蒸发过程汽化的二次蒸汽直接冷凝不再利用的蒸发操作称为单效蒸发。如将二次蒸汽（或经压缩后）引入另一蒸发器作为热源的蒸发操作，称为多效蒸发。最后一效的二次蒸汽通常用介质冷凝的方法来排除。

二、蒸发浓缩设备的组成

由于各种食品溶液的性质不同，蒸发浓缩要求的条件差别很大，因此蒸发浓缩设备的类型很多，按不同的分类方法可以分成不同的类型。按加热蒸汽被利用的次数可分为：单效浓缩装置、多效浓缩装置、带有热泵的浓缩装置。按料液的流程可分为：循环式浓缩装置（有自然循环式与强制循环式之分）和单程式浓缩装置；按蒸发器的结构可分为：标准式、外循环管式、升膜式、降膜式、升降膜式、刮板式、离心式、板式蒸发器等。

蒸发浓缩设备主要由蒸发器（具有加热界面和蒸发表面）、冷凝器、除沫器和真空装置等部分组成。

（一）蒸发器

蒸发器主要由加热器和分离器两部分组成。蒸发时加热溶液汽化，一般溶剂是水。所需热量通常是用蒸汽冷凝提供。加热蒸汽和蒸发的液体各在金属表面的两侧。采用设备的类型主要取决于换热面的结构和溶液的搅拌与循环方法。

1. 循环型蒸发器

（1）标准式蒸发器。标准式蒸发器又称中央循环管式蒸发器。其设备结构主要由下部加热室和上部蒸发室（分离室）两部分构成。标准式蒸发器的结构如图 3-1 所示。

加热室由直立的加热管束组成。在管束中间有一根直径较大的管子，称为降液管。由于中央降液管的截面积较大，单位体积溶液所占有的传热面积相应地较其余沸腾管中溶液所占有的传热面积小，因此加热时，中央降液管和沸腾管内溶液受热程度不同，同时因沸腾管内蒸汽上升的抽吸作用，使溶液产生从降液管下降而由沸腾管上升的不断循环流动，从而提高了蒸发器的传热系数，强化了蒸发过程。但它不适用于黏性液体。

（2）外循环管式蒸发器。

外循环管式蒸发器的加热室在蒸发器的外面，因此便于检修和清洗，并可调节循环速度，改善分离器中的雾沫现象。循环管内的物料是不直接受热的，故可适用于果汁、牛乳等热敏性物料的浓缩。图 3-2 是强制循环的外循环管式蒸发器。

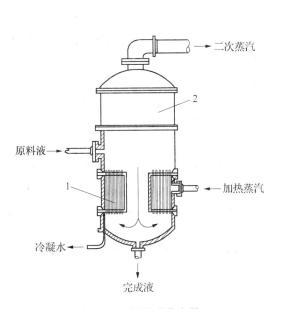

图 3-1　标准式蒸发器
1. 加热室　2. 蒸发室（分离室）

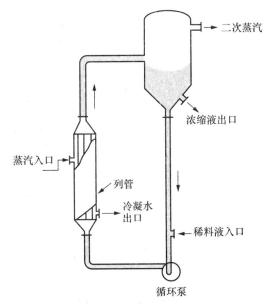

图 3-2　强制循环的外循环管式蒸发器

2. 膜式蒸发器 根据料液成膜作用力及加热特点，膜式蒸发方式有：升（降）膜式蒸发，刮板式薄膜蒸发，离心式薄膜蒸发和板式薄膜蒸发。根据蒸发器内物料的流动方向及成膜原因可分为以下几种类型。

（1）升膜式蒸发器。升膜式蒸发器如图 3-3 所示。

加热室由列管式换热器构成。常用管长 6～12 m，管长、管径之比为 100～150。料液（常经预热至接近沸点）从加热室的底部进入，在底部由于液柱的静压作用，一般不发生沸腾，只起加热作用，随着温度升高，在中部开始沸腾产生蒸汽，到了上部，蒸汽体积急剧增大，产生高速上升蒸汽使料液在管壁上形成一层薄膜，使传热效果大大改善。最后，料液与蒸汽混合物进入分离室分离，浓缩液由分离室底部排出。

（2）降膜式蒸发器。降膜式蒸发器如图 3-4 所示。

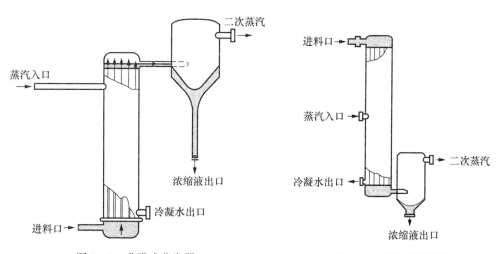

图 3-3　升膜式蒸发器　　　　　图 3-4　降膜式蒸发器

与升膜式蒸发器不同的是，料液由加热室的顶部进入，在重力作用下沿管壁内呈膜状下降，浓缩液从下部进入分离器。为了防止液膜分布不均匀，出现局部过热和焦壁现象，在加热列管的上部设置有各种不同结构的料液分配装置，并保持一定的液柱高度。降膜式蒸发物料沸点均匀，传热系数高，停留时间短。但液膜的形成仅依靠重力及液体对管壁的亲润力，故蒸发量较小，一次蒸发浓缩比一般小于 7。

（3）升降膜式蒸发器。升降膜式蒸发是将加热室分成两程，一程为稀料液的升膜蒸发，另一程为浓缩液的降膜蒸发，如图 3-5 所示。这种蒸发集中了升、降膜蒸发的优点。

（4）刮板式薄膜蒸发器。刮板式薄膜蒸发器有立式和卧式两种，如图 3-6 所示。加热室壳体外部装有加热蒸汽夹套，内部装有可旋转的搅拌叶片，料液受刮板离心力、重力以及叶片的刮带作用，薄液膜与加

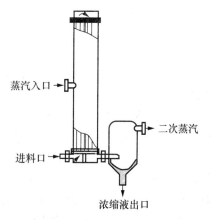

图 3-5　升降膜式蒸发器

热表面的接触加强,迅速完成蒸发。

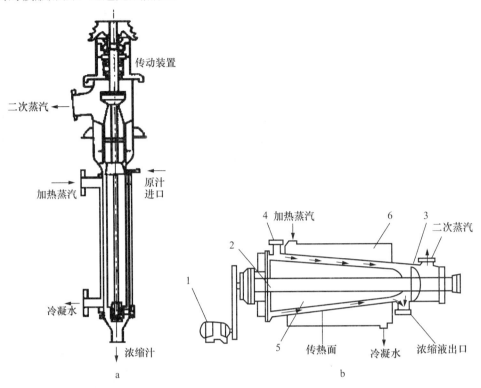

图 3-6 刮板式薄膜蒸发器
a. 立式蒸发器 b. 卧式蒸发器
1. 电动机 2. 转轴 3. 分离器 4. 分配盘 5. 刮板 6. 夹套加热室

刮板式薄膜蒸发器有多种不同结构。按刮板的装置方式有固定式刮板和离心式刮板之分;按蒸发器的放置形式有立式、卧式和卧式倾斜放置之分;按刮板和传热面的形状有圆柱形和圆锥形两种。

刮板式薄膜蒸发可用于易结晶、易结垢、高黏度或热敏性的料液浓缩。但该设备结构较复杂、动力消耗大,处理量较小,浓缩比一般小于3。

(5) 离心式薄膜蒸发器。图 3-7 是离心式薄膜蒸发器。

料液从高速旋转(约 700 r/min)的锥形转子内面上注入,并在离心力作用下形成极薄(0.05~0.1 mm)的薄膜流,且在加热面的停留时间短。离心力还可抑制料液发泡,加热产生的凝缩蒸汽由离心力飞散,并以滴状凝缩液进行传热,冷凝液以及蒸汽中的空气和不凝气体不断被排出,故传热系数高。浓缩液则从锥体外周部集合排出(靠离心力),分离室内残留液量少,因此适于黏度高或混杂微结晶的液体浓缩,一般浓缩比可达7。

(6) 板式薄膜蒸发器。板式薄膜蒸发器是由板式换热器与分离器组合而成的一种蒸发器,其原理见图 3-8。实际上料液在热交换器中的流动如升降膜形式,也是一种膜式蒸发器(传热面不是管壁而是平板)。也可将数台板式热交换器串联使用,以节约能耗与水耗;通过改变加热系数,可任意调整蒸发量。由于板间液流速度高、传热快、停留时间短,此法适于果蔬汁物料的浓缩。板式蒸发器的另一显著特点是占地少,易于安装和清洗。其主要缺点是制造复杂,造价较高,周边密封橡胶圈易老化。

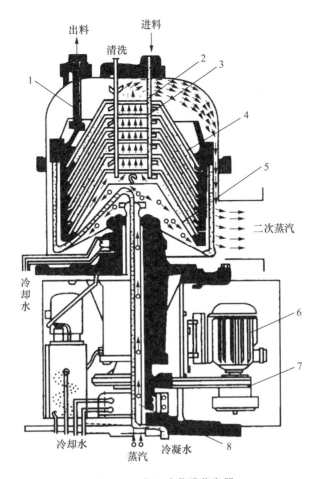

图 3-7 离心式薄膜蒸发器
1. 吸料管 2. 进料分配管 3. 喷嘴 4. 离心盘 5. 间隔盘
6. 电动机 7. 三角皮带 8. 空心转轴

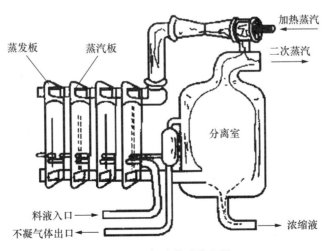

图 3-8 板式薄膜蒸发器

3. 蒸发器的选择　选择、设计蒸发器，要以料液的特性（热敏性、黏度等）作为重要依据，全面衡量。通常选用的蒸发器要满足以下的基本要求：

（1）符合工艺要求，溶液的浓缩比适当；

（2）传热系数高，有较高的热效率，能耗低；

（3）结构合理紧凑，操作、清洗方便，卫生、安全可靠；

（4）动力消耗低，设备便于检修，有足够的机械强度。

表3-1是常用蒸发器的类型及应用。

表3-1　常用蒸发器的类型及应用

物料热敏性	制品黏度	使用的蒸发器类型	应　用
无	低或中	标准式板式	标准式不适于结垢制品
无或小	高	刮板式	琼脂、明胶、肉浸出液的浓缩
热敏	低或中	板式、升膜式、降膜式、外循环管式	包括牛乳、果汁等含适度固形物的制品
热敏	高	刮板式、降膜式	包括多数果汁浓缩液、酵母浸出液及某些药品，对浆状制品只能用刮板式
高热敏	低	升膜式、板式、降膜式	要求单效蒸发
高热敏	高	离心式、刮板式	要求单效蒸发，包括橙汁浓缩液、蛋白和某些药物

实际选择时，常根据被蒸发溶液的工艺特性而权衡决定。一般来说，原料液多为稀溶液，具有与水相似的性质，而浓溶液的性质则差异较大，因而应考虑溶液在增浓过程中性质的变化。不同类型的蒸发器，各有其特点，他们对不同溶液的适应性也不同。

（二）冷凝器

冷凝器的主要作用有两个：一是将真空浓缩时产生的体积庞大的二次蒸汽，经冷却水的作用冷凝成液体，使浓缩操作顺利进行；二是分离二次蒸汽及冷却水中的不凝缩气体（如二氧化碳、空气等），便于抽真空装置抽出，以减轻真空系统的容积负荷，保证达到所需的真空度。常用的冷凝器有以下几种：

1. 表面式冷凝器　表面式冷凝器的结构如图3-9所示。

表面式冷凝器是在一个圆筒形壳体内，装有很多平行管子所组成的管束，管束固定在两端管板上，固定办法有胀管法或焊接法。按其安放形式，可分为立式和卧式两种，而以立式为多。它是通过管壁间接传热，二次蒸汽在管内流动，冷却水在列管夹层内流动，呈逆流。两流体的温差较大，一般二次蒸汽温度与冷却水终温相差10～12℃，除非冷却水有回收价值，否则其使用是不经济的。单效降膜式浓缩设备上就采用的这种冷凝器。

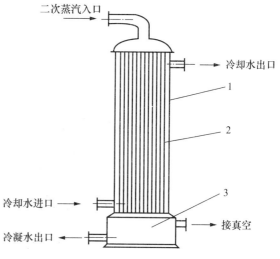

图3-9　表面式冷凝器
1. 壳体　2. 列管　3. 冷凝器贮槽

2. 大气式冷凝器　大气式冷凝器的结构如图 3-10 所示。该冷凝器主要由淋水板、气液分离器、气压腿等部件组成。

工作时，冷却水自器身顶部进入，经交错分布并具小孔的淋水板均匀地分散而淋下。二次蒸汽则由底部侧面进入，经淋水板的折流由下往上流动，使其与冷却水保持充分的接触而被冷凝。冷却水及冷凝液借液位差由气压腿自行排出系统之外，不凝缩气体从气液分离器顶部由真空泵抽走，其中的水分被分离出来后由回流管导入气压腿而排出。气压腿的安装高度应足以克服一个大气压水柱的高度，一般安装高度为 11 m 左右，多架于室外。

3. 低位冷凝器　低位冷凝器的结构与大气式冷凝器基本相同，均属混合式冷凝器，其结构如图 3-11 所示。

低位冷凝器是将大气式冷凝器的气压腿用贮液槽和离心泵代替，从而可降低冷凝器的高度。其冷凝水的排出要依靠离心泵来完成，抽吸压头相当于气压腿降低的高度。有时，在其顶端还连接有真空泵或蒸汽喷射泵。低位冷凝器由于降低了安装高度，可安装在室内。它要求配置的离心泵具备较高的允许真空吸头，管路严密，以免发生冷却水倒吸入浓缩设备的情况。但由于多配置了一套离心泵，投资费用会有所增加。

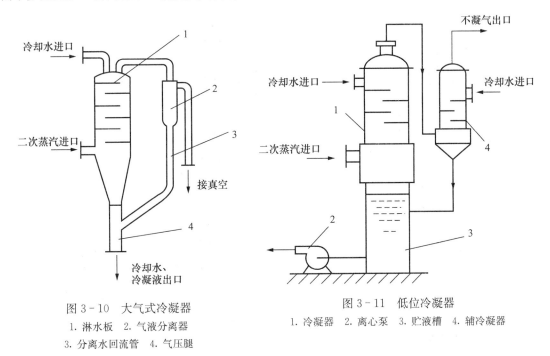

图 3-10　大气式冷凝器
1. 淋水板　2. 气液分离器
3. 分离水回流管　4. 气压腿

图 3-11　低位冷凝器
1. 冷凝器　2. 离心泵　3. 贮液槽　4. 辅冷凝器

4. 喷射式冷凝器　喷射式冷凝器主要由水力喷射器和离心泵组成，兼有冷凝和抽真空两种作用。水力喷射器的结构如图 3-12 所示。

水力喷射器由喷嘴、吸气室、混合室、扩散室等部分组成。工作时，借助离心水泵的动力，将水压入喷嘴。喷嘴水流以高速（15～30 m/s）射入混合室及扩散室，然后进入排水管中，这样在喷嘴出口处，形成低压区域，不断将二次蒸汽吸入。由于二次蒸汽与冷却水间有温差，二次蒸汽凝结成水，同时夹带着不凝性气体，随冷却水一起排出，这样既达到冷凝，又起到抽真空作用。

（三）除沫器

蒸发操作时，二次蒸汽中夹带大量液体，虽然在蒸发室中进行了分离，但是为防止损失有用的产品或污染冷凝气体，还要设法减少夹带液体，因此在蒸汽出口附近装设防沫装置。除沫器有多种类型，常见的如图 3-13 所示。前几种（图 3-13a～d）直接安装在蒸发器的顶端；后几种（图 3-13e～g）安装在蒸发器的外部。

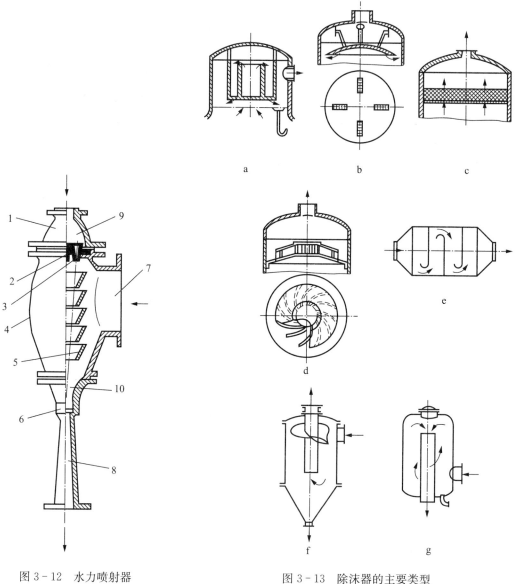

图 3-12　水力喷射器
1. 器盖　2. 喷嘴座板　3. 喷嘴　4. 器体
5. 导向盘　6. 喉管　7. 吸气室　8. 扩散室
9. 水室　10. 混合室

图 3-13　除沫器的主要类型
a. 折流式除沫器　b. 球形除沫器　c. 金属丝网除沫器
d. 离心式除沫器　e. 冲击式除沫器　f. 旋风式分离器
g. 离心式分离器

除沫器的设计，既要有可靠的效果，又要求尽量减小阻力，在食品生产上还要求易于拆洗，没有死角。

(四) 真空装置

抽真空装置的主要作用有两个：一是抽取不凝性气体，使整个浓缩设备处于真空状态；二是降低料液表面压力，使料液在低温下沸腾，有利于提高产品质量。抽真空装置的类型较多，工业中常用水环式真空泵和水力喷射器来抽真空。

任务二　真空浓缩设备

一、概述

随着科学技术的发展，食品工业中浓缩设备正朝着低温、快速、高效和节能的方向发展。蒸发可以在常压、真空或加压下进行。在食品工业中，多采用真空蒸发，常压蒸发采用开放式设备，而真空或加压蒸发采用密闭设备。

真空浓缩设备的优点如下：

(1) 在真空状态下料液的沸点降低，加速了水分蒸发，适合于处理热敏性物料。
(2) 热源可以采用低压蒸汽或废热蒸汽。
(3) 由于料液的沸点较低，使浓缩设备的热损失减少。
(4) 对料液起加热杀菌作用，有利于食品的保藏。

缺点如下：

(1) 由于采用真空浓缩，需有抽真空系统，从而增加附属机械设备及动力。
(2) 由于蒸发潜热随沸点降低而增大，所以热量消耗大。

真空浓缩塔

二、真空浓缩设备的操作流程

(一) 单效真空浓缩设备的操作流程

单效真空浓缩广泛应用于食品浓缩。单效真空浓缩的最大优点是容易操作控制；可依据物料黏性、热敏性，控制蒸发温度（通过控制加热蒸汽及真空度）及蒸发速度。由于物料在单效蒸发器内停留时间长，会带来热敏性成分的破坏问题，且物料在不断浓缩过程中，其沸点随着浓度的提高而增大，强度也随浓度及温度的变化而改变，因此浓缩过程要严格选择，控制蒸发温度。由于液层静压效应引起的液面下局部沸腾温度高于液面上的沸腾温度，也是单效真空蒸发中容易出现的问题。料液黏度增大，物料在蒸发过程中湍动小，更易增大这种差异，甚至加热面附近料液温度接近加热面温度引起结垢、焦化，影响热的传递。单效真空浓缩设备如图3-14所示。

当生产能力较小，加热蒸汽较廉价，所处理

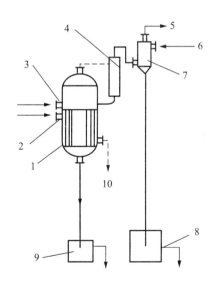

图3-14　单效真空浓缩设备
1. 浓缩器　2. 蒸汽进口　3. 料液进口　4. 分离器
5. 接真空口　6. 冷水进口　7. 冷凝器　8. 水箱
9. 成品罐　10. 冷凝水出口

的物料有腐蚀性，或产生的蒸汽被污染不能再利用时，可采用单效蒸发。其操作方式如下：

1. 间歇式 这是加料、蒸发和排料依次分步进行的方法。这种方式不太常用，因为它需要很大的设备容量一次把料液全部装入，而且加热面要放得很低，以便到蒸发终点时浓缩液也能淹没加热面。

2. 半间歇式 在溶液达到所要求的终点浓度以前，连续不断地加料，以保持设备内恒定的液面。

3. 连续式 这种操作方式是连续进出料，进料和产品浓度基本保持不变。

单效蒸发存在热耗多，传热面积较小，限制其蒸发能力提高的缺点，对于生产量大的现代食品工厂，已逐步被多效真空浓缩所代替。

（二）多效真空浓缩设备的操作流程

多效真空浓缩是指将二次蒸汽引入另一个蒸发器作为热源进行的串联蒸发操作。为实现多效蒸发操作，从第一效至末效蒸发器的操作压强是逐效降低的。由于各效（末效除外）的二次蒸汽都作为下一效蒸发器的加热蒸汽，故提高了热蒸汽的利用率，即提高了经济性。当然，多效蒸发经济性的提高是以这些蒸发器原始投资的增加为代价的。多效真空浓缩设备内的绝对压力依次下降，因此每一效蒸发器中的料液沸点都比上一效低。任何一效蒸发器中的加热室和蒸发室之间都有热传递所必需的温度差和压力差。多效蒸发一般使用三效，在制糖和味精等食品工业中使用六效或七效也是常见的。按照多效蒸发的加料方式与蒸汽流动方向不同，多效真空浓缩设备分顺流、逆流、平流和混流。

1. 顺流法 顺流多效真空浓缩设备流程见图3-15。溶液和蒸汽的流向相同，即均由第一效顺序流至末效，由于蒸发室压强逐效递减，故料流在效间的流动不需用泵，由于料液沸点逐效递降，因而当前效料液进入后效时，便在降温的同时放出其显热，使小部分水分汽化，增加了蒸发器的蒸发量。在顺流法下操作，料液浓度和黏度逐效升高，蒸发温度逐效下降。高浓度料液处于低温下，对浓缩热敏性物料是有利的，但会使传热系数逐渐下降，使末效蒸发更加困难。

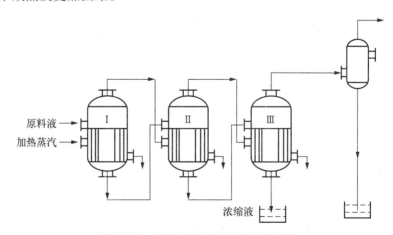

图3-15 顺流多效真空浓缩设备流程

2. 逆流法 逆流多效真空浓缩设备流程见图3-16。原料液由末效进入，用泵依次输送至前一效，浓缩液由第一效下部排出。加热蒸汽的流向则由第一效顺至末效。因蒸汽和料液的流动方向相反，故称逆流加料法。逆流加料法的优点：随着料液向前一效流动，浓度越来越高，而蒸发温度也越来越高，故各效料液黏度变化较小，有利于改善循环条件，提高传热系数。但高温加热面上的浓料液的局部过热易引起结垢和营养物质的破坏，且效间料液的输送需用泵。与顺流相比，水分蒸发量稍低。逆流法适于黏度随温度和浓度变化大的料液蒸发。

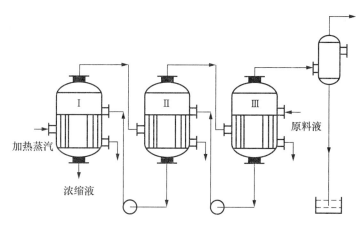

图 3-16　逆流多效真空浓缩设备流程

3. 平流法　平流多效真空浓缩设备流程见图 3-17。该流程的特点是料液由各效分别加入，同时完成液也由各效分别取出。该法主要用于蒸发过程中容易析出结晶的场合。例如食盐水溶液的蒸发，它在较低浓度下即达饱和而析出结晶，为避免在各效间输送夹带结晶的溶液，常采用平流流程。

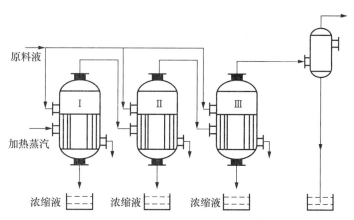

图 3-17　平流多效真空浓缩设备流程

4. 混流法　对于效数多的蒸发浓缩操作也有顺流和逆流并用，有些效间用顺流，有些效间用逆流。此法起协调顺流和逆流优缺点的作用，对黏度极高的料液很有用处，特别是在料液黏度随浓度而显著增加的场合下，可以来用此法。

除了以上几种常用的真空浓缩设备操作流程外，还可以根据生产工艺的需要，采用一些其他操作流程。例如，在末效采用一个单效浓缩锅与前几效浓缩锅组成新的流程，它有利于克服末效溶液浓度较大、流动性差的缺点，在末效采用生蒸汽或热泵加热，以提高其温度，强化传热效果。但是增加了生蒸汽的消耗量。

三、真空浓缩设备的常见故障

由于操作条件、使用方法等因素的变化，常导致浓缩设备不能正常进行，甚至使浓缩过程中断。因此，应根据浓缩设备的结构特点和工作流程，正确判断浓缩设备的故障。

1. 真空度过低　真空度过低会使浓缩液的沸点和二次蒸汽的温度随之升高，从而降低了加热蒸汽与浓缩液之间的有效温度差，既减少了传热量，减缓了蒸汽蒸发速度，又使料液加热温度升高，影响了有效成分的保存。真空度过低，除影响浓缩质量外，还降低了设备的生产能力。造成真空度过低的原因如下：

（1）浓缩设备泄漏。各连接件泄漏，渗入空气。空气渗入使真空设备增加了额外负担，严重时甚至导致无法抽真空。

（2）冷却水量不足。除了水泵设备方面的原因，冷却水量不足主要是由管道堵塞、阀门损坏造成。冷却水量不足使二次蒸汽不能及时冷凝，严重影响真空设备操作，特别是使用水力喷射器产生真空时，由于水量不足而不能形成正常的射流速度，使浓缩设备的真空度大大降低。

（3）冷却水温度过高。冷却水的进水温度过高，浓缩加热产生的大量二次蒸汽不能及时得到冷凝，浓缩设备的真空度便迅速降低。这在使用水力喷射器兼做冷凝设备的浓缩设备的装置中表现特别明显。由于设备安装、设计方面的缺陷，水力喷射器出水未经冷却而直接使用，促使冷却水温度迅速上升，也是真空度降低的原因之一。

（4）加热蒸汽压力过高。加热蒸汽压力过高使浓缩设备蒸发速率迅速升高，产生了大量的二次蒸汽，加重了冷却设备的负荷，使真空度逐步降低。真空度的降低又提高了物料的蒸发温度，将影响设备的生产能力。

（5）真空设备故障。用于浓缩生产的真空泵故障将导致抽气速率下降。用于浓缩设备的水力喷射器喷嘴阻塞将导致冷却水的流量下降，影响出口处冷却水射流，使设备真空度无法达到工艺要求。

2. 真空度过高　造成真空度过高的原因如下：

（1）冷却水温度过低。浓缩设备冷却水的进水温度过低，将使设备的真空度过高。虽然高真空增加了加热蒸汽与物料沸点之间的有效温度差，有利于提高传热量、加快蒸发速率，但由于二次蒸汽的汽化潜热随真空度的升高而增大，从而增加了加热蒸汽的消耗。

（2）加热蒸汽压力过低或蒸汽量不足。加热蒸汽使用压力过低或者蒸汽量不足，将使蒸发速率大大降低。

（3）分离室故障。在使用汽水分离器的浓缩设备中，由于汽水分离器堵塞或者汽水分离器使用不当，将造成冷凝水排水不畅，使加热器积水严重。此外，如果加热蒸汽品质差，或者冷天蒸汽管道保温不良，也会使加热器内积水严重，从而使热量传递发生困难，造成真空度过高。

（4）加热器故障。加热器表面的严重结焦降低了加热面的传热系数，使蒸发速率降低而浓缩锅内真空度超过标准。

3. 冷却水倒灌入浓缩设备　造成冷却水倒灌的原因如下：

（1）设备突然停止运行。突然停电将使锅内真空度高于真空设备。如此时未及时关闭蒸汽阀，破坏锅内真空度，真空设备内的冷却水将会倒灌入浓缩设备。

(2) 操作失误。未按照正常顺序进行操作,如在设备停运时先关闭真空设备,后破坏锅内真空,使锅内真空度瞬时高于真空设备,冷却水将会倒灌。

(3) 真空设备故障。真空设备的突然故障将使真空系统抽气速率急剧下降。在此情况下,未及时采取破坏锅内真空的措施,冷却水将倒灌。

4. 加热器表面结焦 造成加热器表面结焦的原因如下:

(1) 进料量过少或蒸汽温度、压力过高。进料时浓缩设备内物料量过少,加热表面未被物料全部浸没即开启蒸汽阀门,将使加热表面裸露而结焦。当运行中供料中断以及生产过程中加热蒸汽压力、温度的突然升高或者操作条件的突然变化,都可能使加热面严重结焦。

(2) 操作不当。不按停车顺序进行操作。停车时未先关闭加热蒸汽阀门而先破坏真空,使物料液位下跌,造成加热面裸露而结焦。

5. 跑料 造成跑料的原因如下:

(1) 进料量偏多。启动操作时一次进料量过多,使分离器内料液位过高,造成压气操作困难而产生跑料。在正常操作中,进料量大于出料量与蒸发水分之和,将使分离器内料液位过高而造成跑料。

(2) 真空度偏高。实际操作中真空度过高或者真空度突然升高,将产生跑料。

(3) 设备泄漏。间歇操作时,浓缩设备底部或者升(降)膜式浓缩设备底部泄漏,使料液跳动严重而外溢。

(4) 出料中断。连续式设备出料突然中断,会使料液面上升而产生跑料。

复习思考题

1. 标准式蒸发器和外循环管式蒸发器工作过程有何区别?
2. 真空浓缩设备的选择要求有哪些?
3. 膜式蒸发器有哪几种类型,各有何特点?
4. 简述真空浓缩设备的常见故障及解决措施。
5. 单效真空浓缩系统由哪几部分组成?说明其工作过程。
6. 在真空浓缩设备中可采取了哪些措施来避免热敏成分的损失?

实验实训 小型真空浓缩设备的结构观察与使用

一、目的要求

通过对小型真空浓缩设备的观察与使用,掌握其工作原理、类型、特点、构造和应用范围。

二、设备与材料

小型单效真空浓缩设备;蜂蜜(原蜜)40 kg。

三、实训内容和方法步骤

1. **真空浓缩设备结构观察** 选择小型真空浓缩设备,观察其组成和结构。

2. 真空浓缩设备使用

(1) 将罐体与管路冲洗干净,并进行消毒处理。

(2) 检查各罐体夹层中加热介质是否充足,不可干烧,夹层出气口严禁封闭,同时接好冷凝器中的冷却水管。

(3) 检查各电器开关、连线是否正常。打开加热器开关开始加热。

(4) 将原蜜倒入预热罐中,原蜜加至罐体1/3时,打开搅拌开关开始搅拌。

(5) 原蜜温度升至60 ℃左右时,开启真空泵,浓缩罐中真空度达到0.09 MPa时打开浓缩罐进料阀。

(6) 达到蜂蜜浓缩要求时,浓缩完毕,停止加热,关闭真空泵抽气阀,打开浓缩罐排空阀,真空度降至常态后,开启出料阀放料,同时将回收罐中的水放净,以备下次工作。

(7) 实训结束后,对设备进行清洗保养,对实习现场进行清场。

四、能力培养目标

能够根据不同的食品生产工艺和物料要求合理使用真空浓缩设备。

项目四

干燥机械与设备

【素质目标】
通过本项目的学习，培养学生用专业技术保障我国粮食安全的责任意识和家国情怀，激励学生为制造强国、质量强国建设贡献智慧和力量。
【知识目标】
了解干燥机械与设备的结构，明白干燥设备的种类、结构、组成、适用范围和操作及维护方法。
【能力目标】
掌握杀菌机械设备的用途，能正确操作使用和维护常见的干燥设备，并能根据具体原料类型和工艺流程选择相应的干燥设备。

一、干燥食品的分类

（一）按被干燥食品的状态分类

1. 粉状食品物料 其主要包括：各种淀粉（薯类、豆类、麦类淀粉等）；调味品（花椒、芥末等的粉末）；果糖（粉状）；山梨糖醇等粉状食品添加剂等。

2. 片、条、块状食品物料 其主要包括：干制的蔬菜、水果、茶叶、饼干等；紫菜、鱼干、虾干等海产品以及猪干、牛肉干等畜产品。

3. 浆状食品物料 其主要包括：牛乳、豆浆、果汁等。

（二）按被干燥食品的物理化学性质分类

1. 液态食品 液态食品包括溶液食品、胶体溶液食品和非均相液态食品。溶液食品主要指如葡萄糖溶液、味精溶液等。胶体溶液食品主要指蛋白质溶液、果胶溶液等；非均相液态食品主要指牛乳、蛋液等复杂的液体食品悬浮液系统。液体食品的特性具有流动性。

2. 湿固态食品 湿固态食品包括晶体、胶体和生物组织体。晶体主要指食盐、食糖等。胶体分两种：第一种为弹性胶体，如明胶、面团等，其特征为除去水分但保持弹性；第二种为脆性胶体，特征是除去水分后变脆。生物组织体主要包括动植物原料切割而成的固体生物组织等，具有各向异性和固态多系统，内部水分存在状态复杂。

二、食品干燥设备的分类

（一）根据加热方式分类

食品干燥设备可分为外热性干燥设备和内热性干燥设备。外热性干燥主要是指用蒸汽、热空气等热交换方法使物料从外到内进行的干燥方法。外热性干燥设备可细分为：

(1) 以干燥操作的方法分，有间歇式干燥设备和连续式干燥设备。
(2) 以干燥条件分，有常压式干燥设备和真空式干燥设备。
(3) 以加热干燥的热源与物料接触的形式分，有直接加热式干燥设备和间接加热式干燥设备。

（二）根据热量传递方式分类

食品干燥设备可分成对流型干燥设备、传导型干燥设备和电磁辐射型干燥设备。具体分类方法见表 4-1。

表 4-1 常见干燥设备的分类

类　型	干燥机形式
对流型干燥设备	厢式干燥器、洞道式干燥机、网带式干燥机、流化床干燥机、气流干燥机、喷雾干燥机、转筒干燥机
传导型干燥设备	滚筒干燥机、真空干燥箱、带式真空干燥机、冷冻干燥机
电磁辐射型干燥设备	微波辐射干燥机、远红外辐射干燥机

任务一　对流型干燥设备

对流型干燥设备是以对流方式为主对食品物料进行干燥的设备。其干燥介质为流体（热空气，过热蒸汽等），使食品升温脱水，并将食品脱除的水分带出干燥室外。自身状态从高温低湿变为低温高湿。

其主要设备类型有厢式干燥器、洞道式干燥机、网带式干燥机、流化床干燥机、气流干燥机和喷雾干燥机等。其按物流和气流接触方式又分为并流式干燥器、逆流式干燥器、混流式干燥器。

一、厢式干燥器

（一）厢式干燥器的结构

如图 4-1 所示，厢式干燥器是一种常压间歇式干燥器，小型的称为烘箱，大型的称为烘房。厢式干燥器的四壁用绝热材料构成，由干燥器、物料盘、风机和加热器等组成。

（二）厢式干燥器的工作原理

厢式干燥器内有多层框架，湿物料盘置于其上，将物料放在框架物料盘上推入厢内，故又称为盘架式干燥器。物料在盘中的堆放高度一般为 10~100 mm，器内有供空气循环用的风机，强制引入新鲜空气与循环废气混合，并流过加热器加热，而后流经物料，对物料进行干燥。加热器有多种形式和布置方式，加热方法可采用蒸汽、煤气或电加热；空气流过物料的方式有横流式和穿流式两种。

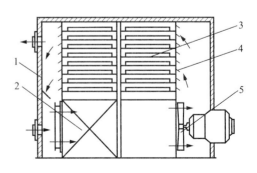

图 4-1　横流式厢式干燥器
1. 绝热材料　2. 空气加热器　3. 物料盘
4. 可调节叶片　5. 风机

(1) 图 4-1 为横流式厢式干燥器，热空气在物料上方掠过,与物料进行湿交换和热交换。

（2）若框架层数较多,可分成若干组,空气每流经一组物料盘之后,就流过加热器再次提高温度,图4-2为具有中间加热装置的横流式厢式干燥器。

（3）穿流式厢式干燥器如图4-3所示,粒状、纤维状等物料在框架的网板上铺成一薄层,空气垂直流过物料层,可获得较大的干燥速率。

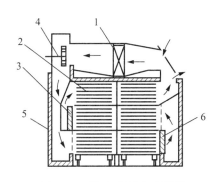 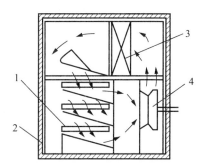

图4-2　横流式厢式干燥器　　　　　图4-3　穿流式厢式干燥器
1.空气加热器　2.物料盘　3、6.可调节叶片　　1.网板　2.绝热材料　3.空气加热器
4.风机　5.绝热材料　　　　　　　　　　　4.风机

（三）厢式干燥器的特点

（1）优点：制造和维修方便,使用灵活性大。食品工业上常用于需长时间干燥的物料、数量不多的物料以及需要特殊干燥条件的物料,如水果、蔬菜、香料等。

（2）缺点：主要是干燥不均匀,不易抑制微生物活动,装卸劳动强度大,热能利用不经济（每汽化1 kg水分,约需2.5 kg以上的蒸汽）。

（四）厢式干燥器的维护保养

（1）保持设备清洁,各部件齐全,有效。

（2）每班按要求检查蒸汽管路,经常检查风筒等部件是否有漏气现象。

（3）控制仪表等要定期校验。

（4）经常检查各紧固件是否松动,如有松动应加以紧固。

（5）设备处于工作状态,禁止打开烘箱门。

（6）清洗设备时,防止电气部件进水。

（7）推、拉出料车时,要谨慎操作,防止物料盘滑落,或者物料盘与车体发生剧烈碰撞。

二、洞道式干燥机

（一）洞道式干燥机的结构

如图4-4所示,洞道式干燥机由一条长20～40 m并带轨道的洞道、堆放湿物料盘的小车、风机、空气加热器、循环气流风门、新鲜空气入口和废气排出口等组成。

（二）洞道式干燥机的工作原理

将湿物料在物料盘中散布成均匀料层。物料盘堆放在小车上,物料盘与物料盘之间留有间隙供热风通过。空气由风机推动流经预热器,然后依次在各小车的物料盘之间掠过,

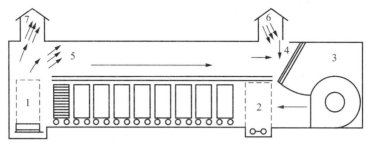

图 4-4 洞道式干燥机
1. 湿料车侧向入口 2. 干料车侧向出口 3. 风机 4. 空气加热器
5. 循环气流风门 6. 新鲜空气入口 7. 废气排出口

热空气在洞道干燥机内通常以并流、逆流和混流三种方式流过。洞道式干燥机的进料和卸料为半连续式，即当一车湿物料从洞道的一端进入时，从另一端同时卸出另一车干物料。洞道中的轨道通常带有 1/200 的斜度，可以由人工或绞车等机械装置来操纵小车的移动。洞道的门只有在进、卸料时才开启，其余时间都是密闭的，干燥合格的产品由出料口排出。

(三) 洞道式干燥机的特点

（1）优点：①具有非常灵活地控制条件，可使食品处于几乎所要求的温度、湿度、速度条件的气流之下，因此特别适用于实验工作；②料车每前进一步，气流的方向就转换一次，制品的水分含量更均匀。

（2）缺点：①结构复杂，密封要求高，需要特殊的装置；②压力损失大，能量消耗多。

(四) 洞道式干燥机的维护保养

（1）经常检查各设备紧固件是否松动，如有松动应加以紧固。

（2）控制仪表等要定期校验，在设定温度给定值时，不要改动其他仪表参数，以免影响控温效果。

（3）开机时，一定要先开风机后开空气预热器的电热器。停机时则反之。

（4）经常检查风机、小车等设备是否正常。

三、网带式干燥机

(一) 网带式干燥机的结构

如图 4-5~图 4-7 所示，网带式干燥机由干燥室、输送带、风机、布风器、加料器、加热器、提升机和卸料机等组成。

(二) 网带式干燥机的工作原理

网带式干燥机是一种将物料置于输送网带上，在随网带通过隧道过程中与热风接触而干燥的设备。沿输送网方向，可分成若干相对独立的单元段，每个单元段包括循环风机、加热装置、单独或公用的新鲜空气抽入系统和尾气排出系统。每段内干燥介质的温度、湿度和循环量等操作参数可以独立控制，使物料干燥过程达到最优化。输送带为不锈钢丝网或多孔板不锈钢链带，转速可调。

网带式干燥机适用的物料形状可有片状、条状、颗粒、棒状、滤饼类等。网带式干燥机因结构和干燥流程不同可分成单层、多段和多层等不同的类型。

（三）网带式干燥机的工作过程

1. 单层网带式干燥机

（1）工作过程。如图4-5所示，全机分成两个干燥区和一个冷却区。每个干燥区段由加热器、循环风机、布风器及隔离板等组成加热风循环。第一干燥区的空气自下而上经加热器穿过物料层，第二干燥区的空气自上而下经加热器穿过物料层。最后一个是冷却区，没有加热器。

物料在均匀前移的网带上，气流经加热器加热，由循环风机进入热风分配器，成喷射状吹向网带上的物料，与物料接触，进行传热、传质。大部分气体循环，一部分温度低，含湿量较大的气体作为废气由排湿风机排出。

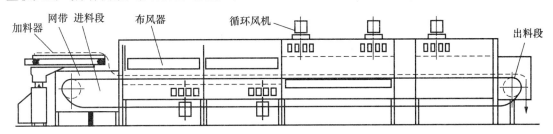

图4-5 单层网带式干燥机

（2）特点。

优点：网带透气性能好，热空气易与物料接触，停留时间可任意调节。物料无剧烈运动，不易破碎。每个单元可利用循环回路，控制蒸发强度。

缺点：占地面积大，如果物料干燥的时间较长，则从设备单位面积的生产能力上看很不经济，另外设备的进、出料口密封不严，易产生漏气现象。

2. 多段网带式干燥机

（1）工作过程。如图4-6所示，多段网带式干燥机也分成两个干燥区和一个冷却区，第一干燥区又分成前、后两个温区，物料经第一、二干燥区干燥后，从第一输送带的末端自动落入第二输送带的首端，其间物料受到拨料器的作用而翻动，然后通过冷却区，最后由终端卸出产品。

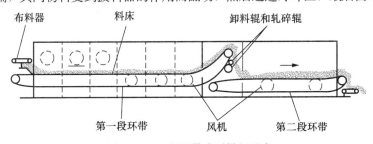

图4-6 二段网带式干燥机示意

（2）特点。

优点：①物料在带间转移时得以松动、翻转，物料的蒸发面积增大，改善了透气性和干燥均匀性。②不同输送带的速度可独立控制，且多个干燥区的热风流量及温度和湿度均可单独控制，便于优化物料干燥工艺。

缺点：占地面积较大。

3. 多层网带式干燥机

（1）工作过程。输送带为多层（输送带层数可达15层，但以3~5层最为常用），上下相叠架设在上下相通的干燥室内。层间有隔板控制干燥介质定向流动,使物料干燥均匀。各输送带的速度独立可调,一般最后一层或几层的速度较低而料层较厚,这样可使大部分干燥介质与不同干燥阶段的物料得到合理的接触分配。

如图4-7所示,工作时湿物料从进料口进至输送带上,随输送带运动至末端,通过翻板落至下一输送带移动送料,依次自上而下,最后由出料口排出。外界空气经风机和加热器形成热风,通过分层进风柜调节风量送入干燥室,使物料干燥。排出的废气可对物料进行预热。

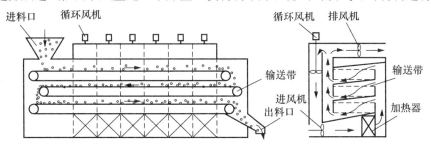

图4-7 三层穿流网带式干燥机

(2) 特点。

优点:多层网带式干燥机结构简单,操作中多次翻料,常用于干燥速度低、干燥时间长的场合,广泛用于谷物类的干燥。

缺点:不适于黏性物料及易碎物料的干燥。

(四)网带式干燥机的维护保养

(1) 每班运行前,检查阀门管道有无泄漏。
(2) 各转动摩擦部位均应定期进行润滑。
(3) 检查各风机、电控箱电源接地线是否可靠。
(4) 检查各仪器、仪表指示是否正常,定期经计量部门校验。
(5) 检查机体是否有振动、裂纹、破损和腐蚀。
(6) 试运转各电动机是否正常工作,定期保养。
(7) 检查各零部件、紧固部位有无松动,有无异常声音,发现故障及时排除。
(8) 检查三角皮带、链条等一些传动机构,是否变形、松弛和磨损,及时调节链条松紧度。
(9) 检查电气是否安全启动,停止装置是否灵敏、准确、可靠。
(10) 各种零部件一经损坏,应及时检修更换。

四、流化床干燥机

(一)流化床干燥机的结构

流化床干燥机的结构主要由风机、加热器、流化床、旋风分离器、袋滤器、加料器、卸料器等部分组成,如图4-8所示。

流化床干燥机中物料呈沸腾状态干燥,又称沸腾床干燥机。其主要类型有单层圆筒型、多层型、多室型、振动型、脉冲型、惰性粒子型等。此外,还可以集上述类型的特征结构为一体构成复合型的流化床干燥机。

(二)流化床干燥机的工作原理

如图4-8所示,当采用热空气为流化介质时,风机驱使热空气以适当的速度通过床层,与颗粒状的湿物料接触，使物料颗粒保持悬浮状态。热空气既是流化介质，又是干燥介质。被干燥的物料颗粒在热气流中上下翻动，互相混合与碰撞，进行传热和传质，达到干燥的目的。当床层膨胀至一定高度时，因床层空隙率的增大而使气流速度下降，颗粒回落而不致被气流带走。经干燥后的颗粒由床侧面的出料口卸出。废气由顶部排出，并经旋风分离器回收所夹带的粉尘。

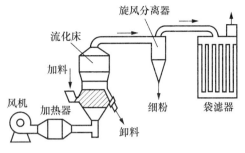

图4-8 流化床干燥机

（三）流化床干燥机的特点

优点：设备小、生产能力大、占地面积小、物料逗留时间可任意调节、装置结构简单、设备费用不高、物料易流动。除一些附属部件如风机、加料器等外，无其他活动部分，因而维修费用低。物料颗粒的粉碎和设备的磨损也相对较小。

缺点：操作控制比较复杂。

（四）几种典型的流化床干燥机

1. 单层圆筒型流化床干燥机 如图4-9所示，湿物料由带式输送机送到加料斗，再经抛料机送入干燥机内。空气经过滤器由鼓风机送入空气加热器加热，热空气进入流化床底后由分布板控制流向，对湿物料进行干燥。物料在分布板上方形成流化床。干燥后的物料经溢流口由卸料管排出，夹带细粉的空气经旋风分离器分离后由抽风机排出。气流分布板如图4-10所示。

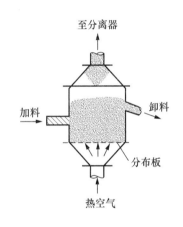

优点：结构简单。

缺点：①颗粒在床中与气流高度混合，自由度很大，限制了颗粒过早从出料口排出，保证了物料干燥均匀，但颗粒在床内停留时间过长，造成气流压降增大。②湿物料与已干物料处于同一干燥室内，从排料口出来的物料较难保证水分含量均一。

图4-9 单层圆筒型流化床干燥机

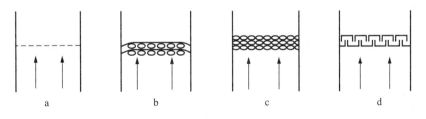

图4-10 气流分布板
a. 多孔板 b. 钢丝网 c. 填料层 d. 泡罩

2. 多层流化床干燥机 物料由干燥塔上部的一层加入，通过适当方式自上而下转移，干燥物料最后从底层或塔底排出。湿物料与加热空气在流化床干燥机内总体呈逆向流动。物料从上一层进入下一层的方法有多种，如图4-11所示。根据物料在层间转移方式可分为溢流式和穿流式（即直流式）两种形式。

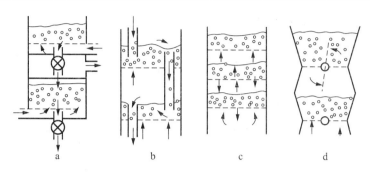

图 4-11 物料层间转移结构示意
a. 内部旋转阀 b. 溢流管 c. 多孔筛板 d. 反转床

（1）溢流式多层流化床干燥机。图 4-12（a）为溢流式多层流化床干燥机。湿物料颗粒由第一层加入，经初步干燥后由溢流管进入下一层，最后从最底层出料。由于颗粒在层与层之间没有混合，仅在每一层内流化时互相混合，且停留时间较长，所以产品能达到很低的含水量且较为均匀，热量利用率较高。

（2）穿流式多层流化床干燥机。图 4-12（b）为穿流式多层流化床干燥机。干燥时，物料直接从筛板孔自上而下分散流动，气体则通过筛孔自下而上流动，在每块板上形成流化床。其特点是结构简单，生产能力强。一般情况下，筛板孔径应为物料粒径的 5～30 倍，筛板开孔率 30%～40%。物料的流动主要依靠自重作用，气流还能阻止其下落速度过快，故所需气流速度较低。

3. 卧式多室流化床干燥机　如图 4-13所示，干燥机横截面为长方形，用垂直挡板分隔成多室，挡板下端与多孔板之间留有间隙，使物料能从一室进入另一室。物料由第一室进入，从最后一室排出，在每一室与热空气接触，气、固两相总体上呈错流流动。不同小室中的热空气流量可以分别控制，前段物料湿度大，可以通入较多热空气，而最后一室，必要时可通入冷空气对产品进行冷却。

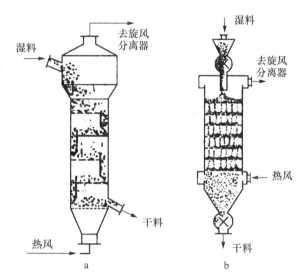

图 4-12 多层流化床干燥机
a. 溢流式 b. 穿流式

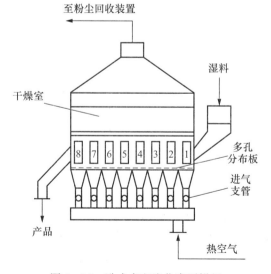

图 4-13 卧式多室流化床干燥机

特点：结构简单、制造方便、容易操作、干燥速度快。适用于各种难以干燥的颗粒状、片状和热敏性物料。但热效率较低，对于多品种、小产量物料的适应性较差。

4. 振动流化床干燥机 振动流化床干燥机的主体结构如图4-14所示，主要由振动喂料器、振动流化床、风机、空气加热器、空气过滤器和集尘器等组成。它的机壳安装在弹簧上，由振动电动机驱动，分配段和筛选段下面均为热空气腔体。

物料干燥时，从加料器进入流化床分配段。在平板振动和气流作用下，物料被均匀地输送到沸腾段，在沸腾段经过干燥后进入分选段，分选段内装有不同规格的筛网，进行制品筛选及冷却，而后卸出产品，带粉尘的气体经集尘器回收细粉后排出。

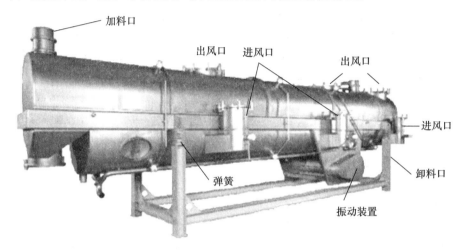

图4-14 振动流化床干燥机

5. 脉冲式流化床干燥机 如图4-15所示，脉冲式流化床干燥机由干燥室、风机、过滤器、进风管、导向板等组成。

在干燥机下部周向均布几根热风进管，每根管上装有快动阀门，按一定的频率（如4~16 Hz）和次序启闭，使流化气体周期性脉冲输入。气阀打开时，突然进入的气体会对物料床层产生脉冲，脉冲又很快在物料颗粒间传递能量，短时间内形成剧烈的局部流化沸腾状态，流化状态又在床内扩散和向上移动，从而使得气体和物料间有强烈的传热、传质作用。当气体阀门关闭时，流化态在同一方向逐步消失，物料又回到堆积状态。如此，流化床内的脉冲式循环一直维持到物料被干燥为止。

阀门开启时间与床层的物料厚度和物料特性有关，一般为0.08~0.2 s。阀门关闭时，供入气体完全通过整个床层，物料完全处于静止状态，以使下一次脉冲能在床层中有效传递。进风管一般按圆周方向均匀排列5根，按1、3、5、2、4顺序轮流开启，使每次进风点与上次的距离较远。

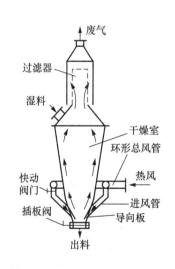

图4-15 脉冲式流化床干燥机

特点：①能够流化非球形大颗粒，如直径为20~30 mm、厚度为1.5~3.5 mm的蔬菜也能获得良好的流化状态。②粒子间对流混合较充分,无沟流现象,改善了床层结构。③压降较低,节能效果明显,高达30%。

6. 惰性粒子流化床干燥机 图4-16是一种惰性粒子流化床干燥机,根据不同液相物料的特性,在干燥机内加入一定量的惰性粒子,在床层气流的作用下,粒子随着热气流不断地沸腾、翻滚呈流态化。通过加料器将液相物料均匀地喷洒在粒子的表面,粒子内部贮存的热量瞬时传递给物料,完成部分质热传递过程。表面附着物料的粒子在床层中随热气流一起流化,气流与物料之间产生热交换,水分转移,使物料得以干燥。当物料干燥到一定程度以后,在粒子翻滚碰撞外力的作用下,从粒子表面剥落,随气流离开流化床。当物料从粒子表面剥离,惰性粒子表面得以更新,准备再吸附新的物料,以此完成一个干燥周期。

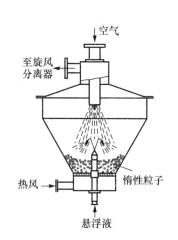

图4-16 惰性粒子流化床干燥机

特点:①适用于溶液、悬浮液、黏性浆状物料等液相物料的干燥;②干燥与粉碎在同一处完成,可减少物料损失。

(五)流化床干燥机的维护保养

(1)启动前检查机器外部有无损坏或变形,检查所有接地线是否都已正确连接。

(2)检查物料容器及仓内有无异物。

(3)紧急制动按钮检查。操作之前要检查紧急制动按钮是否操作正确。确定设备已经可以进行操作之后,依次按下每个紧急制动按钮,然后尝试启动机器,确保机器能够正确制动,测试后将每个紧急制动按钮复位。

(4)操作检查:检查所有设备和控制是否有异响和振动。

(5)验证风机、电动机电流不过载。

(6)每月必须给轴承座加打黄油,以保证轴承的润滑性。

(7)每月必须清理一次排风管及弯头,若不清理,烘干时间会加长,且过多棉絮阻塞,易造成火灾。

五、气流干燥机

(一)气流干燥机的结构

气流干燥机的结构主要由空气过滤器、风机、加热器、干燥管、旋风分离器、袋滤器、加料器、卸料器等部分组成,如图4-17所示。气流干燥机有多种形式,主要有直管式、多级式、脉冲式、套管式、旋风式、环管式等。

(二)气流干燥机的工作原理

气流干燥机是利用高速热气流,在并流输送潮湿粉粒状或块粒状物料的过程中,对其进行加热,使物料得到干燥。气流干燥机适用于在潮湿状态仍能在气体中自由流动的颗粒物料的干燥,对于粒径在0.5~0.7mm的物料,不论其初始湿含量如何,一般都能干燥至0.3%~0.5%的含水量。如谷物、食盐、味精、切成粒状或小块状的马铃薯及各种粒状食品等均可用采用气流干燥机干燥。

(三)气流干燥机的特点

优点:①干燥强度大。由于物料在热风中呈悬浮状态,所以物料能最大限度地与热空气接触。②干燥时间短。对于大多数的物料只需 0.5~2 s,最长不超过 5 s。③占地面积小。④热效率高。由于干燥机散热面积小,所以热损失小,效率高。⑤无专用的输送装置。气流干燥机的活动部件少,结构简单,成本低。⑥操作连续稳定。可以一次性完成干燥、粉碎、输送、包装等工序,整个过程可在密闭条件下进行。⑦适用性广,可应用于各种粉状、粒状的物料。

缺点:①全部产品由气流带出,因而分离器的负荷大。②气速较高,对物料颗粒有一定的磨损。③由于气速大,因而动力消耗大。④干燥管较长。

(四)几种典型的气流干燥机

1. 直管式气流干燥机 图 4-17 为直管式气流干燥机。被干燥物料经预热器加热后送入干燥管的底部,然后被从加热器送来的热空气吹起。气体与固体物料在流动过程中因剧烈的相对运动而充分接触,进行传热和传质,达到干燥的目的。干燥后的产品由干燥机顶部送出,废气由分离器回收夹带的粉末后,经排风机排入大气。

2. 多级式气流干燥机 图 4-18 为两级式气流干燥机。它降低了干燥管的高度。第一段的扩张部分还可以起到对物料颗粒的分级作用。小颗粒物料随气流移动,大颗粒物料则由旁路通过星形加料器再进入第二段进行干燥,以免沉积在底部转弯处将管道堵塞。

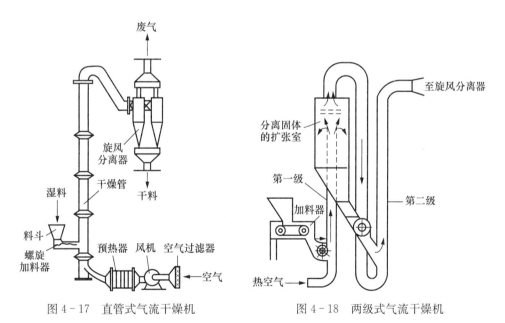

图 4-17 直管式气流干燥机　　图 4-18 两级式气流干燥机

3. 脉冲式气流干燥机 原有的直管被直径交替缩小与扩大的脉冲管代替,如图 4-19 所示。物料首先进入管径较小的干燥管内,此处气体以较高的速度流过,使颗粒产生加速运动。当颗粒的加速运动终了时,干燥管直径突然扩大。由于颗粒运动的惯性,在该段内颗粒的速度大于气流的速度,颗粒在运动过程中因气流阻力而不断减速。在减速终了时,干燥管直径再度突然缩小,颗粒又被加速。管径重复交替的缩小与扩大,使颗粒的运动速度也在加速和减速之间不断地变化,从而进行干燥。

4. 套管式气流干燥机 套管式气流干燥机的结构如图4-20所示。气流干燥管由内管和外管组成，物料和气流同时由内管的下部进入。颗粒在管内加速运动至终了时，由顶部导入内外管间的环隙内，以较小的速度下降并排出。这种形式可以节约热量。

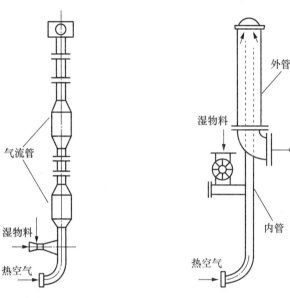

图4-19 脉冲式气流干燥机　　　图4-20 套管式气流干燥机

5. 旋风式气流干燥机 如图4-21所示，物料与热空气一起以切线方向进入干燥机内，在内管和外管间作螺旋运动。颗粒处于悬浮旋转运动的状态，所产生的离心加速作用使物料在很短的时间内（几秒钟）达到干燥的目的。

6. 环管式气流干燥机 一般的气流干燥机存在着不宜处理结晶物料及停留时间短的缺点。而图4-22所示的环形管气流干燥机将干燥管设计成环状（或螺旋状）可延长颗粒在干燥管内的停留时间。

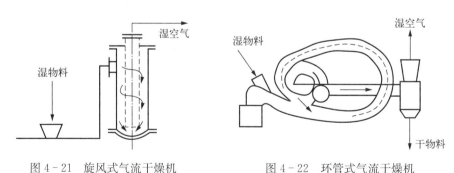

图4-21 旋风式气流干燥机　　　图4-22 环管式气流干燥机

（五）气流干燥机的维护保养

（1）交接班时注意交接机器使用情况，如有问题及时处理。

（2）检查各易堵位置或检查口处有无堵料现象，如果有应立即排除。

（3）工作过程中应经常检查风机轴承、减速器、电动机等驱动部件的升温情况，所升温

(4) 定期检查易损件，如发现不合格，应及时修复或更换。

(5) 定时检查传动件和紧固件，链条松动及时调整，螺钉松动应立即紧固。

(6) 干燥机每半年应做一次保养，每年做一次检修。

喷雾干燥设备

六、喷雾干燥机

(一) 喷雾干燥机的结构

喷雾干燥机是一种浆液状物料通过雾化方式干燥成粉体的设备。其结构主要由空气过滤器、进风机、空气加热器、热风分配器、雾化器、干燥室、旋风分离器、布袋过滤器和排风机等组成。许多粉状制品，如乳粉、蛋粉、豆乳粉、蛋白质粉等都用喷雾干燥机生产。

(二) 喷雾干燥原理

如图 4-23 所示，从喷雾干燥塔雾化器出来的料液雾滴，有巨大表面积，这些雾滴与进入干燥室的热气流接触，可在瞬间发生强烈的热交换和质交换，使其中绝大部分水分迅速蒸发汽化并被干燥介质带走，物料由低温高湿变成高温低湿，介质由高温低湿变成高湿低温，由于水分蒸发会从液滴吸收汽化潜热，因而液滴的表面温度一般为空气的湿球温度。整个干燥过程只需 10～30 s 便可得到符合要求的干燥产品。产品干燥后，由于重力作用，大部分沉降于底部，少量微细粉末随废气进入粉尘回收装置得以回收。

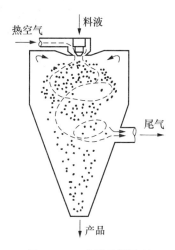

图 4-23 喷雾干燥原理

(三) 喷雾干燥的主要特点

优点：①干燥速度快。②产品质量好。松脆空心颗粒产品具有良好的流动性、分散性和溶解性。③营养损失少。快速干燥大大减少了营养物质的损失。④产品纯度高。⑤工艺较简单。料液经喷雾干燥后，可直接获得粉末状或微细的颗粒状产品。⑥生产率高。

缺点：①投资大。②能耗大，热效率不高。一般情况下，热效率为 30%～40%。

(四) 不同类型喷雾干燥机的主要区别

1. 雾化器 常见的雾化器形式有三种，即压力式、离心式和气流式雾化器。

(1) 压力式雾化器。

① 结构：如图 4-24 所示，压力式雾化器有 M 型、S 型和凯尔津型三种喷头结构类型。喷嘴是易磨件，由不锈钢或耐磨性的材料（如红宝石）制成。压力式雾化器实际上是一种喷雾头，装在一段直管上以后便构成所谓的喷枪。喷雾头一般与高压三柱塞泵配合才能工作。

② 工作原理：柱塞高压泵使料液获得高压能（压强 7～20 MPa），料液

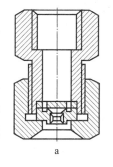 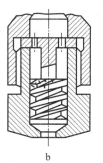 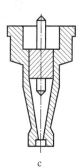

图 4-24 常见压力式雾化器结构类型

a. M 型　b. S 型　c. 凯尔津型

从喷雾头出来时,由于压力大,喷孔小(0.5~1.5 mm),料液很快雾化成微小雾滴。料液雾化液滴的大小与喷嘴的结构、料液的流出速度和压力、料液的物理性质(表面张力、黏度、密度等)有关。

(2)离心式雾化器。

① 结构:如图 4-25 所示,离心式雾化器主要由电动机、变速机构、进液管、主轴等机械机构和转盘组成。

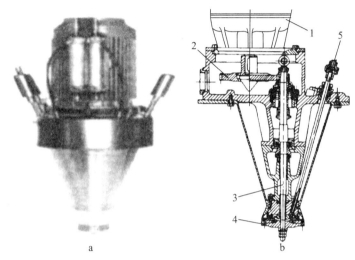

图 4-25 离心式雾化器
a. 外形　b. 结构
1. 电动机　2. 变速机构　3. 主轴　4. 转盘　5. 进液管口

② 工作原理:借助高速转盘产生离心力,将料液高速甩出成薄膜、细丝,并受到腔体空气的摩擦和撕裂作用而雾化。图 4-26 为离心式雾化的情形。

离心式雾化器转盘是离心式雾化器的关键部件,形式有多种,图 4-27 为一些离心式雾化器转盘的实物。

图 4-26 离心式雾化的情形　　图 4-27 各种形式的离心式雾化器转盘

(3)气流式雾化器。气流式雾化器雾化原理是利用料液在喷嘴出口处与高速运动的空气相遇,由于料液速度小,而气流速度大,两者存在相当大速度差,从而液膜被拉成丝状,然后分裂成细小的雾滴。雾滴大小取决于两相速度差和料液黏度,相对速度差越大,料液黏度越小,则雾滴越细。料液的分散度取决于气体的喷射速度、料液和气体的物理性质、雾化器的几何尺寸以及气料流量之比,实际情形如图4-28所示。

2. 干燥室 干燥室是喷雾干燥的主体设备,雾化后的液滴在干燥室内与干燥介质相互接触进行传热、传质而达到干制品的水分要求。其内部装有雾化器、热风分配器及出料装置等,并开有进气口、排气口、出料口及人孔、视孔、灯孔等。

喷雾干燥室分为厢式和塔式两大类,每类干燥室由于处理物料、受热温度、热风进入和出料方式等的不同,结构形式又有多种。

(1)厢式干燥室,又称卧式干燥室,用于水平方向的压力喷雾干燥。这种干燥室有平底和斜底两种类型。

图4-28 气流式雾化的实际情形

用于食品干燥时应内衬不锈钢板,室底一般采用瓷砖或不锈钢板。干燥室的室底应有良好的保温层,以免干粉积露回潮。干燥室壳壁也必须用绝热材料来保温。通常厢式干燥室的后段有净化尾气用的布袋过滤器,并将引风机安装在袋滤器的上方。

(2)塔式干燥室,常称为干燥塔。新型喷雾干燥设备几乎都用塔式结构。干燥塔的底部有锥形底、平底和斜底三种,食品工业中常采用锥形底结构。对于吸湿性较强且有热塑性的物料,往往会造成干粉黏壁成团的现象,且不易回收,必须具有塔壁冷却措施。

(五)喷雾干燥机的维护保养

(1)喷雾干燥机长时间运行或因操作不当,部分喷雾干燥机内会出现积料而影响正常运行,此时需停止工作进行清洗。氧气浓度未达21%时,严禁开检查门;否则易引起操作人缺氧,以致窒息。对于干燥塔内积料的清理,应打开清扫门,用长把扫帚扫除漏斗形底部积料。打开出料阀,开冷冻机时,必须开循环水,用自来水冲洗干燥机塔内。旋风分离器内积料的清除,同样需要打开旋风分离器,用扫帚清扫积料,必要时也需用水冲洗。对于袋式干燥机除尘器的清理,应打开控制开关,连续敲打,然后打开清洗门,敲打袋式干燥机除尘器,最后更换过滤袋。对于料浆管路系统的清理,应打开双向过滤器的排污阀,清洗过滤器、滤网和管路,然后打开料泵,以水代料,清洗泵管、稳压包及管道。

(2)经过一段时间(一般600 h左右)的运转,需对喷雾干燥机进行必要的检查与养护。对于供料系统,应检查过滤器、管道、阀门、喷嘴等,看有无堵塞,定时清洗,检查干燥机喷嘴磨损情况以便及时更换,检查料泵是否漏油,打压是否正常,油位是否正常等。对干燥机的风机,应查看轴和轴承是否缺油发热,有无振动、噪声等,必要时清洗风叶和对风叶做平衡校对。对于加热器,应检查干燥机管是否正常,必要时清洗油管、油泵、油嘴三处的过滤网。另外,还应留意各电动机有无发热、振动、异声等情况,控制柜的仪表和电器工作是否正常等。

(3)设备运转中或停机后一段时间内,其表面温度比较高,请不要用手去触摸袋滤器、旋风分离器、风管、雾化器、排风机、观察窗等部件。

(4)在开、闭检查门,拆装风管、旋风分离器、雾化器时,当心手、手指被夹住。

任务二 传导型干燥设备

传导型干燥设备的热能供给主要靠导热，要求被干燥物料与加热面间应尽可能紧密的接触，使物料能够更好地接受热能。故传导干燥设备较适用于溶液、悬浮液和膏糊状固一液混合物的干燥。

传导型干燥根据其操作方式可分为连续式和间歇式；根据操作压强分为常压和真空；食品工业中最常见的传导型干燥机有滚筒干燥机、真空干燥箱和带式真空干燥机等。

一、滚筒干燥机

（一）滚筒干燥机的结构

如图4-29、4-30所示，滚筒干燥机主要由料槽、滚筒、刮刀、输送器、加料口、卸料口等组成。滚筒干燥机的主体部分是滚筒，中空金属圆筒。它按滚筒数可分为单滚筒干燥机和双滚筒干燥机；两者均有常压和真空之分。

（二）滚筒干燥机的工作原理

滚筒随水平轴转动，其内部可由蒸汽、热水或其他载热体加热。物料由进料口进入后，喷洒在筒表面上，圆筒壁即为传热面。物料受热后水分蒸发，被干燥。物料的加入方式有浸没式和喷洒式。

（三）滚筒干燥机的特点

滚筒干燥机不需要加热大量的空气，热能单位耗用量少；其传导干燥可在真空下进行，特别适用于易氧化食品的干燥。缺点是生产能力不高，应用范围有限。

（四）几种典型的滚筒干燥机

1. 单滚筒干燥机　图4-29a为常压单滚筒干燥机，加料方式采用浸没式。滚筒部分浸没在稠厚的悬浮液物料中，缓慢转动使物料成薄膜状附着于滚筒的外表面而进行干燥。当滚筒回转3/4～7/8转时，物料已干燥到预期的程度，即被刮刀刮下，由螺旋输送器送走。干燥产生的水汽被壳内流过滚筒面的空气带走，流动方向与滚筒的旋转方向相反。

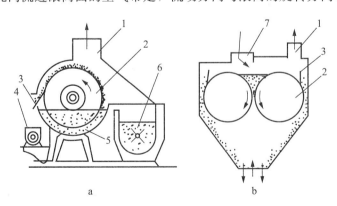

图4-29　常压滚筒干燥机
a. 单滚筒式　b. 双滚筒式
1. 空气出口　2. 滚筒　3. 刮刀　4. 螺旋输送器　5. 料槽　6. 贮料槽　7. 加料口

2. 双滚筒干燥机　图 4-29b 为常压双滚筒干燥机。它从机器上方加入湿物料。干物料层的厚度通过调节两滚筒间隙来控制。

3. 真空滚筒干燥机　图 4-30 为真空滚筒干燥机。其滚筒密闭在真空室内。由于干燥过程在真空下进行，真空滚筒干燥机的加料、卸料刮刀等的调节必须在真空干燥室外部来操纵，所以这类干燥机通常成本较高，一般只用来干燥极为热敏的物料。

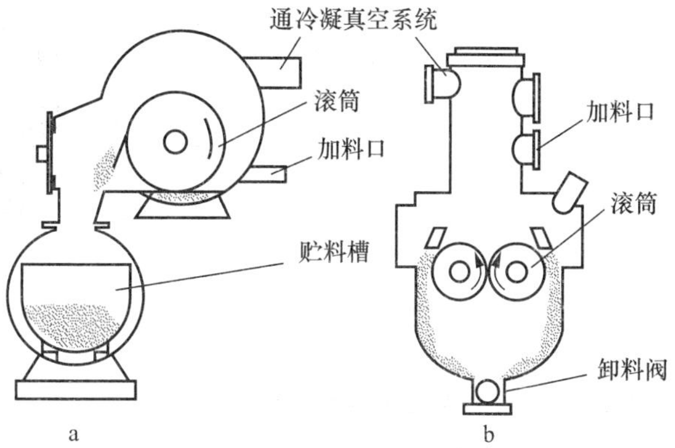

(五) 滚筒干燥机的维护保养

(1) 检查或更换加、卸料端的密封填料。
(2) 检查螺旋加料器，更换易损件。
(3) 检修损坏的振动敲击锤。
(4) 检查加、卸料侧的密封腔间隙并调整。
(5) 检查蒸汽列管和排气弯管有无泄漏和腐蚀。

图 4-30　真空滚筒干燥机
a. 单滚筒　b. 双滚筒

二、真空干燥箱

(一) 真空干燥箱的结构

如图 4-31 所示，真空干燥箱由真空泵、真空表、抽气口、干燥箱、压力表、安全阀、蒸汽进汽阀、冷却水排出阀、疏水器、冷却水进阀等组成。

(二) 真空干燥箱的工作原理

如图 4-31 所示，厢式真空干燥箱内装有通加热剂的加热管、加热板、夹套或蛇管等，其间壁则形成盘架。被干燥的物料均匀地散放于由钢板或铝板制成的活动托盘中，托盘置于盘架上。蒸汽等加热剂进入加热元件后，热量以传导方式经加热元件壁和托盘传给物料。盘架和干燥盘应尽可能做成表面平滑，以保证有良好的热接触。干燥过程产生的水蒸气由连接管导入混合冷凝器排出，物料得到干燥。

真空干燥箱的壳体可以为方形，也可以为圆筒形，两种形式真空干燥箱的外形如图 4-32 所示。

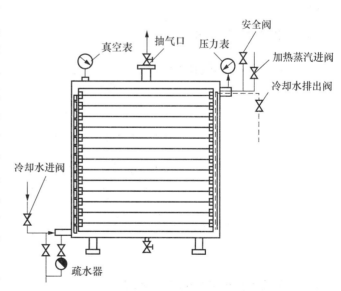

图 4-31　厢式真空干燥箱

图 4-32 真空干燥箱外形

（三）真空干燥箱的维护保养

（1）箱体必须安装地线。

（2）易燃、易爆物品不能放入箱内干燥。

（3）取出箱内烘干的物品时，箱内温度必须低于物品燃烧点后才能放入空气，以免发生氧化反应而引起燃烧。

（4）不准随意拆卸及维修控温仪表，以免出现温度误差。

（5）电器部分发生故障时，应立即切断电源。

（6）真空干燥箱不需连续抽气使用时，应先关闭真空阀，再关闭真空泵电源，否则真空泵油会倒灌至箱内。

（7）真空干燥箱与真空泵之间最好加设过滤器，以防止潮湿体进入真空泵。

（8）非必要时，请勿随意拆开边门，以免损坏电器系统。

（9）真空干燥箱使用时，必须有专人看管以确保设备正常运行。

（10）应装专用空气开关。

三、带式真空干燥机

（一）带式真空干燥机的结构

如图 4-33 所示，单层带式真空干燥机由干燥机、电动机、冷却滚筒、辐射元件、加热滚筒、真空系统、不锈钢带、脱气器和加料装置等组成。

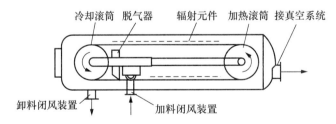

图 4-33 单层带式真空干燥机

（二）带式真空干燥机的工作原理

带式真空干燥机由一供料滚筒不断将浆料涂布在钢带的表面。涂在钢带上的浆料随钢带前移进入干燥器下方的红外线加热区。受热的料层因内部产生水蒸气而膨胀成多孔状态，与加热滚筒接触前已具有膨松骨架。料层随后经过滚筒加热，再进入干燥上方的红外线区进行干燥。干燥至符合水分含量要求的物料,在绕过冷却滚筒时,受到骤冷作用,料层变脆,再由刮刀刮下排出。

(三) 带式真空干燥机的特点

干燥时间短,能形成多孔状制品;物料在干燥过程中能避免混入异物,防止污染;可以直接干燥高浓度、高黏度的物料,节约热量。

干燥室一般为卧式封闭圆筒,内装钢带式输送机械。带式真空干燥机有单层和多层两种形式。

(四) 带式真空干燥机的维护保养

(1) 每班运行前,检查阀门、管道有无泄漏。

(2) 各转动摩擦部位均应定期进行润滑;检查带式干燥机各风机、电控箱电源接地线是否可靠。

(3) 检查带式干燥机各仪器、仪表指示是否正常,定期经计量部门校验。

(4) 检查带式干燥机机体是否有振动、裂纹、破损和腐蚀。

(5) 试运转各电动机是否正常工作,并定期保养。

(6) 检查各零部件、紧固部位有无松动,有无异常声音,发现故障及时排除。

(7) 检查三角皮带、链条等一些传动机构,是否变形松弛和磨损,及时调节链条松紧度。

(8) 检查电气是否安全启动、停止装置是否灵敏、准确、可靠。

(9) 各种零部件一经损坏,应及时检修更换。

任务三 电磁辐射型干燥设备

电磁辐射干燥食品,是指利用不同力场作用下给食品物料和它周围的介质施加振动,使食品物料加热和干燥的过程。目前的技术是利用相应的场能,特别是交变(脉冲)的场能,对食品物料进行辐射,使食品物料产生分子运动。由于这种感应和辐射效应是使食品物料中的有机分子(主要是水分子)在激烈的运动中产生摩擦而发热,物料的加热和干燥过程处在整体的、从外部到内部同时均匀发热地进行干燥。电磁辐射干燥方法有别于以热风、蒸汽为热源的外部加热方法,所以食品物料在干燥过程中具有选择性,不会过热而焦化,外部形状的保持也比其他干燥方法好。

一、微波辐射干燥

微波是电磁辐射能量场加热、干燥食品的一种方法与技术,微波是指波长在 1~1 000 mm 的电磁波,其相应的频率在 300~300 000 MHz。目前,广泛使用的是 915 MHz 和 2 450 MHz 两个频率。

(一) 微波辐射型干燥设备结构

微波辐射干燥设备的组成主要由直流电源、微波发生装置(磁控管、速调管等)、冷却装置、微波传输元件、微波加热器、控制及安全保护系统等组成,如图 4-34 所示。

微波发生装置由直流电源提供高压并转换成微波能。目前用于食品工业的微波发生装置主要为磁控管和速调管。冷却装置主要用于对微波发生装置的腔体和阴极等部位进行冷却,方法分风冷和水冷，一般为风冷。微波传输元件是将微波传输到微波加热器对被干燥物料进行干燥的元件。

微波发生装置是微波加热干燥中产生微波能的主要器件，主要有以下两种：

(1) 磁控管。磁控管通常具有一个以高导电率无氧铜制成的阳极，一个发射电子的直热式或间热式阴极。阳极同时是产

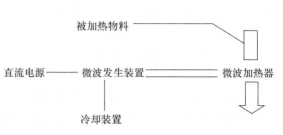

图 4-34 微波辐射干燥设备示意

生高频振荡的回路。其结构见图 4-35。当磁控管阴极与阳极之间存在着一定的直流电场时，从阴极发射的电子受阳极上两极电位差的作用加速而向阳极移动，移动方向与电场方向垂直，同时也与电子运动方向垂直。根据左手定则，从阴极发射的电子将受到磁场的作用，结果使电子偏离原来的方向呈圆周运动状态，在阴极上的谐振腔作用下即产生了所需要的微波能。

(2) 速调管。速调管主要由电子枪，谐振腔，输入、输出接头和收集极组成，见图 4-36。速调管在工作时，从阴极发出的电子束，在进入谐振腔体小孔的漂移管过程中，由于电子相互作用排斥而产生径向分力，在聚焦磁场的作用下使之产生旋转运动。如果在输入腔上加上激励信号，并调到在信号区的频率上谐振，则在腔体的漂移管头隙缝间将激起微波电场。

无论使用磁控管或是速调管，都要尽可能使输出负载匹配。匹配一般是以驻波比来衡量的。所谓驻波，是指由于实际传输线中存在波导的弯曲、加工尺寸不均匀、连接处欠佳，致使传输线整个长度上出现周期分布且位置固定不动的电磁场。

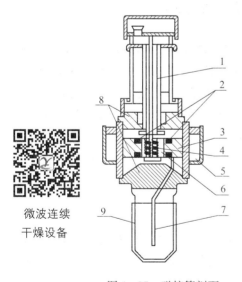

图 4-35 磁控管剖面

1. 阴极及引线 2. 隔离带 3. 阳极块 4. 灯丝
5. 谐振腔 6. 相互作用空间 7. 能量输出器
8. 极靴 9. 输出箱

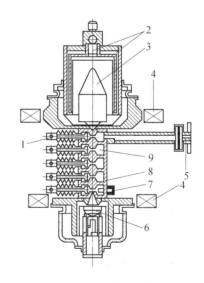

图 4-36 速调管的结构示意

1. 调频机构 2. 冷却水套 3. 收集极 4、10. 电磁铁线包
5. 输出波导 6. 电子枪 7. 同轴输入接头 8. 漂移管
9. 谐振腔

(二) 微波辐射干燥的特点

(1) 加热速度快。由于微波能够深入到物体的内部，而不是靠物料本身的热传导，因此

在只需要常规方法的50%或以下的时间就可以完成整个加热、干燥操作。

(2) 加热均匀。在通常的情况下，微波内部加热保证体积热效应将导致加热均匀，避免了外热干燥中出现的温度梯度的现象。

(3) 加热具有选择性。微波电磁场只与食品物料中的溶剂有关而不与基质耦合。因此，物料中的湿分被加热、排出水分，而水是典型的极性分子，吸收微波的能量多，蒸发快，因此，微波不会集中在已干燥的物料上，避免了食品物料在干燥过程中出现表面硬化等的过热现象，有效保持了食品物料原有的特色。

(4) 过程控制迅速。微波的能量输出可以通过电源的开关实现通闭，能源输出无惰性，生产过程控制迅速和易于实现。

(5) 节省投资。微波干燥系统占地面积少，节约成本。

(三) 微波加热器

1. 箱式微波加热器　箱式微波是一个矩形的箱体，见图4-37，主要由矩形谐振腔、波导、反射板和搅拌器等组成。箱体通常用不锈钢或铝制成。谐振腔腔体为矩形腔体。设谐振波波长为λ时，其空间每边长度都大于λ/2时，从不同的方向都有微波的反射，同时，微波能在箱壁的损失极小，安全性高。这样，使被干燥物料在谐振腔内各方向都可以受热，而又可将没有吸收到的能量在反射中重新吸收，有效地利用能量进行加热与干燥。

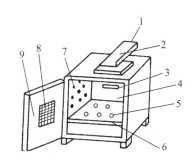

图4-37　箱式微波加热器
1. 微波输入　2. 波导管　3. 横式搅拌器
4. 腔体　5. 加工产品　6. 低损耗介质板
7. 排湿孔　8. 观察窗　9. 门

箱体中的搅拌器通过搅拌不断改变腔内场强的分布，达到加热均匀的目的。而箱内水蒸气的排除，则由箱内的排湿孔在送入的经过预热的空气或大的送风量来解决。

2. 隧道式微波加热器　隧道式微波加热器为连续式谐振腔加热器。结构如图4-38所示。

隧道式微波加热器可以看作数个箱式微波加热器打通后相连而成。隧道式微波加热器可以安装几个乃至几十个的低功率（2 450 MHz）磁控管获取微波能，也可以使用大功率（915 MHz）磁控管通过波导管把微波导入加热器中。加热器的微波导入口一般在加热器的上下部和两个侧边。被加热的物料通过输送带连续进入加热器中，按要求工作后连续输出。

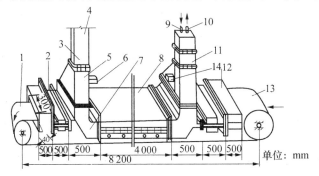

图4-38　隧道式微波加热器
1. 输送带　2. 抑制器　3. BJ标准波导　4. 接波导输入口　5. 锥形过滤器
6、14. 接排风机　7. 直角弯头　8. 主加热器　9. 冷却水进口　10. 热水出口
11. 水负载　12. 吸收器　13. 进料

3. 波导型微波加热器 所谓波导型加热器是指在波导加热器一端输入微波，在另一端有吸收剩余能量的水负载，这样使微波能在波导中无反射地传播，构成行波场，所以这种加热器又称行波场波导加热器。波导型加热器有图4-39、图4-40两种形式，即蛇形波导加热器和V形波导加热器。

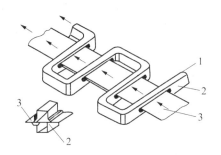
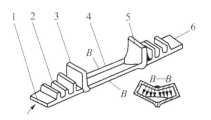

图4-39 蛇形波导加热器
1.抑制器 2.微波输入 3.V形波导

图4-40 V形波导加热器
1.微波能入口 2.波导 3.物料
4.接收负载 5.物料入口 6.物料出口

4. 慢波型微波加热器 慢波型微波加热器又称表面波加热器，该加热器是一种微波沿导体表面传输的加热器，由于它所传输的微波的速度比空间慢，故称慢波型加热器。这种加热器的特点是能量集中在很窄的区域中传送，电场相对集中，加热效率较高。

图4-41是慢波型微波加热器其中的一种形式，称单脊梯形加热器，该加热器在矩形波导管中设置一个脊，在脊的正上面的波导壁上周期性地开了许多与波导管轴正交的槽。由于在梯形电路中微波功率集中在槽附近传播，所以在槽的位置可以获得很强的电场。该形式的加热器在干燥薄片状和线状的物料时，可以容易获得高效率的干燥效果。

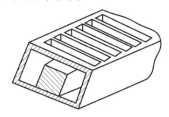

图4-41 慢波型微波加热器

（四）微波辐射型干燥设备的维护保养

1. 做好箱体清洁维护工作 干燥过程中表面脱落的粉，在箱体内会消耗一定的微波能，降低微波使用效能。为保证设备使用安全，必须完善炉体内定期清理制度。

2. 定期检查微波传输系统 微波传输系统是将微波从发生器传送到箱体的通道，微波干燥器的出口由塑料板覆盖，长时间受热后塑料板会产生变形，影响箱体与塑料板之间的密封性。部分水蒸气由馈能器进入微波传输系统，在传输系统内冷凝为水黏附在激励腔、大功率环行器、波导管的内表面，微波经过传输系统时部分被冷凝水所吸收，造成损耗，降低输出功率。水分易使由无氧铜制成的微波传输器件表面氧化产生铜绿，使器件表面变得粗糙，微波遇到粗糙的表面容易打火，严重时会烧坏磁控管的发射天线，导致磁控管报废。

3. 定期检查冷却系统 微波元件工作过程产生的热量和大功率环行器的反射微波由冷却系统吸收。因此，合适的冷却水压和流量是设备正常运行的重要保证。定期检查水压，冲洗冷却管内水垢，确保冷却水失压保护装置有效及冷却水稳定畅通。在设备通电前，先将冷却系统开启，检查系统密封情况，确认正常后方可启动电源。带有冷却系统的配件使用前必须先进行水压试验，确认无泄漏后方可使用。

4. 定期检查设备的屏蔽性能 微波干燥机在出入口设有抑制器,箱门观察窗加有铜网,门框安装胶条密封,这些屏蔽措施正常情况下能有效消除微波外泄。但微波是一种看不见摸不着的电磁波,人靠感觉器官无法感知微波的存在,只有借助仪器的检测才可以了解微波的强度、源头。定期对微波设备进行屏蔽性检测是确保使用安全的重要措施,不影响设备操作的情况下,在设备周围增设屏蔽网,可以在微波发生泄漏而未被发现前,对操作人员提供有效的保护。

二、远红外热辐射干燥

远红外辐射干燥是20世纪70年代以来在红外技术基础上发展起来的一项技术。远红外辐射发出的远红外线被吸收后直接转化为热能,使物体升温而达到加热干燥的目的。

(一)远红外辐射元件

远红外加热设备可分为两大类,即箱式的远红外烤炉和隧道式远红外炉,不论是箱式的还是隧道式的加热设备,其关键部件是远红外辐射元件。

远红外辐射元件是产生远红外线的器具,它将电能转变成为远红外辐射能。远红外辐射元件一般由三个部分组成:①热源,可为电热器、煤气或蒸汽加热器等;②基体,用金属、碳化硅或使用陶瓷、耐火材料等;③涂覆层,使用金属氧化物,比较常用的有氧化镁(MgO)、碳化硅(SiC)、二氧化钛(TiO_2)、二氧化锆(ZrO_2)、三氧化二铬(Cr_2O_3)、二氧化锰(MnO_2)、氧化铁(Fe_2O_3)、二氧化硅(SiO_2)等。这些金属氧化物或它们的混合物涂覆在基体的表面,在加热时,能发出不同波长的远红外线。使用时,可以根据不同的需要选择一种或几种化合物混合制成远红外辐射材料,则可以得到需要的波长。常用的远红外辐射元件有:

1. 金属氧化镁管远红外辐射元件

(1)结构。金属氧化镁管远红外辐射加热器是以金属管为基体、表面涂以金属氧化镁的远红外电加热器,主要由电热丝、绝缘层、辐射涂层等组成。电热丝置于金属内部,空隙由具有良好的导热性和绝缘性的氧化镁粉末填充,管的两端装有绝缘瓷件与接线装置,其结构参见图4-42。根据工作要求,可将金属管制成各种形状和规格,基体材料可用不锈钢或10号钢制造。

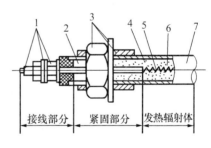

图4-42 金属氧化镁管远红外辐射元件结构
1. 接线装置 2. 导线杆 3. 坚固装置 4. 金属管
5. 电热丝 6. 氧化镁粉末 7. 辐射涂层

(2)性能特点。氧化镁远红外辐射管机械强度高,使用寿命长,密封性好。只需拆下炉侧壁外壳即可抽出更换,在食品行业得到广泛应用。

在氧化镁远红外辐射管的表面辐射涂料已选定的情况下,其最大辐射通量的峰值波长随表面的温度升高而向短波方向移动,当元件表面温度高于600 ℃时,则发出可见光,使远红外部分占辐射强度的比例有所下降。另外,由于金属为基体的远红外涂层易脱落,所以,在炉内温度作用下,金属管易产生下垂变形,而影响烘烤质量。

2. 碳化硅管远红外辐射元件 碳化硅管远红外辐射元件的基体是碳化硅,碳化硅为六角晶体,色泽有黑色和绿色两种,具有很高的硬度,熔点为2 600 ℃,使用温度可达800 ℃。热源是电阻丝,碳化硅管外面涂敷了远红外涂料。因碳化硅不导电,故不需要填绝缘介质,其结构参见图 4-43。

因为碳化硅的远红外辐射特征和糕点的主要成分的远红外吸收光谱特性相匹配，如面粉、糖、食用油、水等，用于糕点可以取得很好的效果。

(二) 远红外辐射加热原理

远红外线是波长在 5.6 μm 以上的红外线。其加热干燥原理是当被加热物体中的固有振动频率和射入该物体的远红外线频率一致时，就会产生强烈的共振，使物体中的分子运动加剧，因而使温度迅速升高，即物体内部分子吸收到红外辐射能，直接转变为热能而实现干燥。

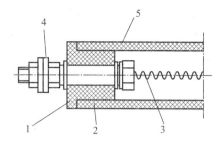

图 4-43 碳化硅管远红外辐射元件结构
1. 普通陶瓷管　2. 碳化硅管　3. 电热丝
4. 接线装置　5. 辐射涂层

物质对红外线，并非对所有波长都可以产生吸收，而是在某几个波长范围上吸收比较强烈，通常叫做物质的选择性吸收；而对辐射体来说，也并不是对所有波长的辐射都具有很高的辐射强度，也是按波长不同而变化的，辐射体的这种特性称为选择性辐射。当选择性吸收和选择性辐射一致时，称为匹配辐射加热。

在应用远红外加热技术过程中，应考虑波长与物料两者间的"最佳匹配"。对于只要求表面层吸收的物料，应使辐射峰带正相对应，使入射辐射在刚进入物料浅表层时，就引起强烈的共振而被吸收，转变为热量，这种匹配称为"正匹配"；对于要求表里同时吸收、均匀升温的物料，应根据物料的不同厚度，使入射的波长不同程度地偏离吸收峰带所在的波长范围。一般来说，偏离越远，则透射越深，这种匹配方法称为"偏匹配"。

(三) 远红外加热设备

1. 箱式远红外烤炉　箱式远红外烤炉一般结构如图 4-44 所示，主要由箱体和电热红外加热元件等组成。箱体外壁为钢板，内壁为抛光不锈钢板，可增加折射能力，提高热效率，中间夹有保温层，顶部开有排气孔，用于排除烘烤过程中产生的水蒸气。炉膛内壁固定安装有若干层支架，每层支架上

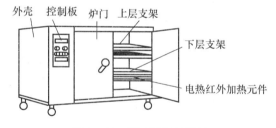

图 4-44 箱式远红外烤炉

可放置多个烤盘。电热管与烤盘相间布置，分为各层烤盘的底火和面火。烤炉设有温控元件，可将炉内温度控制在一定范围内。

优点：结构简单、占地面积小、造价低。

缺点：电热管与烤盘相对位置固定，易造成烘烤产品成色不均匀。

2. 隧道式远红外烤炉　隧道式远红外烤炉是一种连续式烘烤设备。这种烤炉的烘室为一狭长的隧道，由一条穿其而过的带式输送机将食品连续送入和输出烤炉。根据输送装置不同可分为钢带隧道炉、网带隧道炉、烤盘链条隧道炉和手推烤盘隧道炉等。

钢带隧道炉是指食品以钢带为载体，并沿隧道运动的烤炉，简称钢带炉。钢带隧道炉一般结构如图 4-45 所示，主要由输送钢带、炉顶、排气管、炉门等组成。钢带分别设在炉体两端，为直径 500～100 mm 的空心辊筒驱动。焙烤后的产品从烤炉末端输出并落入后道工序的冷却输送带上。

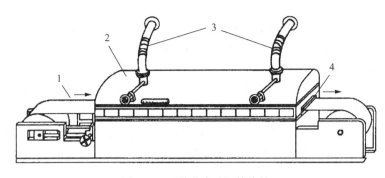

图 4-45 隧道式远红外烤炉
1. 输送钢带 2. 炉顶 3. 排气管 4. 炉门

红外-热风联合干燥设备

优点：由于钢带只在炉内循环运转，所以热损失少。通常隧道式远红外烤炉采用调速电动机，与食品成型机械同步运行，可生产面包、饼干和点心等食品。

缺点：钢带制造较困难，调偏装置较复杂。

（四）远红外辐射干燥设备的维护保养

（1）工作前应该严格检查电线路绝缘情况，注意是否有断路、短路及漏电现象，检查保温及耐热材料的完好状况。

（2）保持场地清洁，工件堆放整齐。

（3）保持炉箱内外清洁。

（4）详细检查外电路电源控制及安全保护装置是否良好与齐全。

（5）工作中应经常监视电压、电流及自动温控装置。

（6）检查炉箱的进排气孔是否畅通。

（7）注意观察电动机、鼓风机运行状况，发现异常立即停机检查。

（8）工作后首先切断电源，检查电线路、电热丝、保温及耐热材料烧损程度，清扫炉箱内外来物，做好日常保养工作，达到整齐、清洁、安全。

复习思考题

1. 根据热量传递方式，干燥机械设备分成哪几大类？
2. 对流型干燥设备主要有哪些？
3. 喷雾干燥机主要有哪几种类型？喷雾干燥机的工作原理是什么？
4. 传导型干燥设备主要有哪些？
5. 微波辐射干燥的原理是什么？微波辐射干燥的特点有哪些？
6. 远红外辐射加热的原理是什么？远红外加热设备有哪些？
7. 喷雾干燥机如何节能？

实验实训一　实验室小型喷雾干燥设备的观察和使用

一、目的要求

（1）通过喷雾干燥的实验，能够掌握喷雾干燥系统的生产工艺流程和操作要点。

(2) 能够更加深刻地掌握喷雾干燥的基本原理和机械设备的使用与维护方法。
(3) 能够更加正确地对产品质量进行综合评价。

二、实验原理

如图 4-46 所示，在干燥塔顶部导入热风，同时用料液泵将物料送入塔顶，经过雾化器喷成雾状的液滴，这些液滴表面积很大，其与高温热风接触后水分迅速蒸发，使料液在极短的时间内便成为干燥的成品，从塔底排出。其中，热风与液滴接触后温度显著降低引起湿度增大，它作为废气同排风机排出，废气所夹带的细粉用分离装置回收。

图 4-46 实验室小型喷雾干燥器

三、设备与材料

(1) 材料：新鲜牛乳。
(2) 设备如表 4-2 和图 4-46 所示。

表 4-2 小型喷雾干燥器组件

序号	名称	数量
1	玻璃干燥室	1
2	玻璃旋风分离器	1
3	玻璃样品收集瓶 500 mL	1
4	玻璃样品收集管	1
5	输送硅胶管	1.5 m
6	喷雾枪	1
7	卡箍（LY12）黑色	1
8	蠕动泵	1
9	风机	1
10	空气压缩机	1

四、安装说明

（1）干燥室的安装：用双手将干燥室拖住，然后插入干燥室固定托板上（置于白色PTFE垫块上），锁紧五星把手即可。

（2）旋风分离器安装：将旋风分离器紧缩螺母、密封圈及不锈钢垫片套入旋风分离器的出风管上，然后一起插入设备出风管中，调节干燥室出风口与旋风分离器进风口的位置，使两个口平直对齐，用卡箍将两个口连起来，最后紧缩旋风分离器螺母。

（3）用螺纹连接器将贮料瓶和旋风分离器连接起来。

（4）用螺纹连接器将集料管和干燥室连接起来。

（5）将喷雾腔安装到设备上，连接4 mm气管（通针用）和6 mm蓝色气管（喷雾用）。

（6）安装食品级硅胶管至蠕动泵上，并插入喷雾腔进料口。

五、操作说明

（1）蠕动泵：点击"打开"，蠕动泵启动，再点击"停上"则关闭，自动控制蠕动泵的运行。点击蠕动泵自动按钮蓝色区（按钮变为"关闭"），蠕动泵自动启动。可根据出风温度的设定值调节蠕动泵的转速，从而设定蠕动泵的进料量。

（2）风机：控制风机的启动和停止。点击风机按钮区（上面），风机启动（按钮移动到"启动"），点击下面，风机停止（按钮移动到"停止"）。

（3）通针：控制通针的启动和停止。点击通针按钮黑色区（上面），通针启动（按钮移动到"启动"），点击下面，通针停止（按钮移动到"停止"）。通针的运行速度：在界面（三）中，通过改变通针设定的设定值来改变运行速度。

（4）空气压缩机：控制空气压缩机的启动和停止。点击空气压缩机按钮黑色区（上面），空气压缩机启动（按钮移动到"启动"），点击下面，空气压缩机停止（控钮移动到"停止"）。

（5）加热器　控制电加热器的启动和停止。点击加热器按钮黑色区（上面），加热器启动（按钮移动到"启动"），点击下面，加热器停止（按钮移动到"停止"）。

注：在风机没启动之前加热器是不会启动的，关闭风机，加热器自动断开。

六、使用说明

（1）风机设定：设定风机的转动频率。按动数值框，弹出数字键盘，按"CLR"键将数字清零，然后输入所需的值，按"回车"键修改完毕。

（2）蠕动泵控制：手动控制蠕动泵的运行，点击蠕动泵自动按钮黑色区（上面）（显示"ON"），蠕动泵自动启动，点击下面（显示"OFF"），蠕动泵停止。

（3）通针设定：设定通针的运行频率。数值代表几秒钟启动一次，按动数值框，弹出数字键盘，按"CLR"键将数字清零，然后输入所需的值，按"回车"键修改完毕。

（4）蠕动泵设定：设定蠕动泵的进料量。按动数值框，弹出数字键盘，按"CLR"键将数字清零，然后输入所需的值，按回车键修改完毕。［说明：点控制面板进入界面（二），点击主菜单进入界面。］

（5）进风温度自调：调整进风温度的稳定性。当且仅当干燥时发现进风温度显示值与进风温度设定值之间有较大的波动时,需进入进风温度自调,以确保进风温度设定值与进风温度显示值保持一致。开启自调前必须确保进风温度设定值与进风温度显示值有 50 ℃以上的温差,如进风温度值在 120 ℃,进风温度显示值在 70 ℃以下,即设定值大于显示值 50 ℃以上。

点击进风温度自调按钮黑色区(上面)(显示"ON"),进风温度自调启动。自调完成后自动结束,如在自调未完成前想结束自调,需点击进风温度自调结束按钮。

注:将风机和加热器启动后再进行进风温度自调。

(6)进风温度设定值:设定进风温度。按动数值框,弹出数字键盘,按"CLR"键将数字清零,然后输入所需的值,按"回车"键修改完毕。

(7)进风温度显示值:显示进风温度的实际值。

(8)进风温度自调结束:在进风温度自调进行的过程中,想中途中断自调,按动此按钮。

(9)出风温度自调:当且仅当干燥室发现出风温度显示值与出风温度设定值之间有比较明显波动时,需进行出风温度自调,以确保出风温度设定值与出风温度显示值保持一致。开启自调前必须确保出风温度设定值与出风温度显示值之间有 50 ℃以上的温差,如出风温度设定在 70 ℃,出风温度显示值应在 120 ℃以上,即显示值大于设定值 50 ℃以上。

(10)出风温度设定值:设定出风温度,按动数值框,弹出数字键盘,按"CLR"键将数字清零,然后输入所需的值,按"回车"键修改完毕。

(11)出风温度显示值:显示出风温度实际值。

(12)出风温度自调结束:当在出风温度自调进行的过程中,想中途中断自调时,按动此按钮。

七、关机步骤

(1)当物料用完后,进水将胶管内的物料全部喷完后(约 5 min)关闭蠕动泵。

(2)关闭空压机。

(3)关闭加热器。

(4)待进风温度降至 90 ℃以下时,关闭风机。

(5)取下集料瓶,将物料转移到其分容器中。

(6)容器完全冷却后,取下清洗。

八、产品质量评价

如表 4-3 所示。

表 4-3 产品质量评价表

项目	产品评价	项目	产品评价
色泽		理论产量	
杂质		实际产量	
溶解性		出品率	
粒度		产品成本	

实验实训二　实验室电热恒温干燥箱的观察和使用

一、目的要求

（1）通过电热恒温干燥箱的实验，能够掌握电热恒温干燥箱的操作过程和工作要点。

（2）能够掌握电热恒温干燥箱的基本原理和设备的维护方法。

二、结构及工作原理

电热恒温鼓风干燥箱如图 4-47 所示，外壳由钢板冲压折制、焊接成型，外壳表面采用高强度的静电喷塑涂装处理，漆膜光滑牢固。工作室采用碳钢板或镜面不锈钢板折制而成，工作室与外壳之间填充保温棉。工作室的内部放有试品搁板，用来放置各种试验物品。工作室的背部装有电热元件和离心式的风扇叶轮，由风机将被加热的空气通过后风道在工作室内进行循环，故工作室温度较均匀。门封条采用硅胶条密封，箱门上设有可供观察用的视镜，外壳的后背部设有进、排气孔，排气量的大小可以自行调节。电热恒温鼓风干燥箱外壳左侧为电器箱，电器箱的前面板上装有温度控制仪表、电源开关等，电器箱内装有电器元件。

图 4-47　电热恒温鼓风干燥箱

三、设备的安装及使用

（1）设备使用前应将电热恒温鼓风干燥箱放在平整的工作台上，再进行以下检查：设备外观有无破损，仪表外观是否完好，设备绝缘是否良好，电源插头是否完好，电源开关按动是否灵活，是否使用单相三极的电源插座，电源插座的接地极上是否有可靠的保护接地、保护接零，电源插座能否提供大于所使用的电热恒温鼓风干燥箱额定功率的电流。

（2）开启电源开关，接通设备电源，将电子温度调节仪的设定旋钮拨到所需温度刻度值上，将标准水银温度计插入箱体顶部的风帽中间孔内用于显示温度。此时加热器开始加热，工作室内的温度开始上升。电子温度调节仪上的绿灯亮表示加热，红灯亮表示停止加热，红绿灯交替亮灭表示进入恒温段。当箱内温度稳定后，标准水银温度计的指示值即为工作室内的温度值。当标准水银温度计的指示值与要求的设定温度值有差异时，可将电子温度调节仪的设定旋钮略作微调，使标准水银温度计的指示值满足工艺要求即可。

以设定工作温度为 150 ℃ 为例，其操作方法如下：

打开电源开关→将电子温度调节仪的温度设定旋钮定在150 ℃→电子温度调节仪的绿灯亮,加热器开始加热,工作室温度缓慢上升→达到150 ℃,绿灯灭→红绿灯交替闪亮表示进入恒温段。

四、设备使用的注意事项

(1)定期检查各电气接点螺丝是否松动,如有松动应加以紧固,保持各电气接点接触良好。

(2)本设备为非防爆型的设备,不得进行易燃、易爆物品的实验及存放,以免发生爆燃危险。

(3)电热恒温鼓风干燥箱使用时,必须有专人看管以确保设备正常运行。

(4)电热恒温鼓风干燥箱长期不使用时,应将工作室内的物品取出并擦拭干净,保持设备干燥。

(5)电热恒温鼓风干燥箱发生异常现象,应及时检查、维修。

项目五

包 装 机 械

【素质目标】
通过本项目学习,培养学生分析问题、解决问题的能力,培养学生独立思考、认真钻研、爱岗敬业的素质和创新发展的意识。
【知识目标】
掌握包装机械的基本类型,了解各种包装机械的基本结构、工作原理及性能特点。
【能力目标】
掌握包装机械的用途和使用方法,并能根据具体的食品加工工艺流程,选择相应的包装机械。

包装是一门新兴的技术学科,现代食品包装必须由食品包装机械来完成。包装机械是指完成全部或部分包装过程的机械,种类繁多,形式多样。其结构一般包括待包装食品供送系统、包装材料与容器供送系统、主传送系统、包装操作执行系统、成品输出系统、包装动力及传动系统、操纵控制系统和机身支架等几部分。

党的十八大以来,我国食品和包装机械行业科技创新投入持续增长。在《中国制造2025》《智能制造发展规划(2016—2020年)》《十八大食品科技创新专项规划》等政策的推动和引领下,行业坚持创新驱动发展,积极开展原始创新和技术集成应用创新,取得一系列成就。2021年,我国食品和包装机械行业主要领域规模以上企业主营业务收入1440亿元,实现净利润108亿元。展望未来,在党中央的坚强领导下,我国食品和包装机械行业将以党的二十大精神为引领,继续以智能化和数字化发展为主线,自信自强、守正创新,提高核心竞争力,加快提升装备质量和技术水平。

任务一 灌装机械

将流体产品充填到包装容器内的机械称为灌装机械。按照灌装机各部件的功能可将其分为六个部分,即定量供料部分、传动部分、瓶托升降部分、灌装阀及控制部分、封盖部分和电气控制部分。

一、灌装机械的分类

灌装机按照灌装的压力分为常压灌装机、真空灌装机、等压灌装机和加压灌装机。

(1) 在常压下液体依靠自身重力产生流动而灌入容器的方法称为常压灌装。这种方法适用于低黏度非起泡性的液体,如白酒、酱油、醋等,设备构造简单、易于保养。

（2）真空灌装机是先将包装容器抽气形成负压，然后再将料液充填到包装容器内的设备，适用于灌装维生素饮料、果汁等易氧化的产品和白酒、葡萄酒等易挥发的产品。真空灌装又分为重力真空灌装和真空压差灌装两种方法。重力式真空灌装机是将贮液罐和包装容器都抽真空，料液依靠本身的自重充填到包装容器内；压差式真空灌装机的贮液罐内为常压，只对包装容器抽气使之形成真空，依靠贮液罐和待灌容器之间的压力差将料液充填到包装容器内。

（3）等压灌装机是先向包装容器内充气，使之形成与贮液箱内相等的气压，待灌装物料依靠自重流入包装容器的灌装设备。等压灌装属于定液位灌装，仅限于灌装含二氧化碳的饮料，如汽水、啤酒和香槟酒等。加压的目的是增加二氧化碳溶解度，使其含量保持不变。

（4）加压灌装机是依靠泵将物料灌装到容器内，主要适用于果酱等黏稠类物料。

二、灌装机械的主要工作装置

灌装容器的主要工作装置有包装容器的供送装置、料液定量装置和罐装控制阀等。

（一）包装容器的供送装置

灌装机在灌装时，要求瓶、罐等包装容器按包装工艺路线、速度、间距和方向进入包装工位，常用的供送装置有螺杆供送装置、星形拨轮（简称星轮）和包装容器的升降机构。

1. 螺杆供送装置 螺杆供送装置有等距螺杆供送装置、变螺距螺杆供送装置、特种变螺距螺杆供送装置等。螺杆供送装置可将规则或不规则排列的成批包装容器，按照包装工艺要求的条件完成增距、减距、分流、升降、翻身等操作，并将容器逐个送到包装工位。

图5-1为等螺距螺杆供送装置。它是最为简单的一种供送螺杆，用于完成容器的等间距顺序输送。图5-2为变螺距螺杆供送装置，用于调整容器移动速度和间距。图5-2a所示装置用于供送圆柱形包装容器，变螺距螺杆1的螺距沿供送方向逐渐缩小，包装容器在静止滑板2上紧靠侧向导轨做减速运动，实现低速、小间距进入下一工位。图5-2b所示装置用于供送棱柱形包装容器，包装容器间距沿螺杆供送方向逐渐增大。

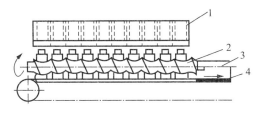

图5-1 等螺距螺杆供送装置示意
1. 瓶槽 2. 等螺距螺杆
3. 侧向导轨 4. 输送带

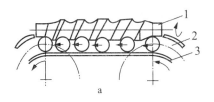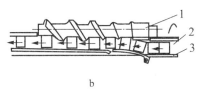

图5-2 变螺距螺杆供送装置示意
1. 变螺距螺杆 2. 滑板 3. 侧向导轨

2. 星形拨轮 星形拨轮的作用是将螺杆供送装置送来的包装容器平稳地转移到灌装机的主传送盘上，或将已灌装完的包装容器传送到压盖机的压盖工位上，因端面呈星形结构而得名。图5-3为星形拨轮的结构，在轮座2上安装了上下两片星形轮片，片距及齿槽半径以能平稳送瓶为原则。齿槽半径一般比瓶子半径稍大。

星形拨轮常与分瓶螺杆、链板输送带配合使用。图5-4为分瓶螺杆与链板输送带配置示意，瓶子由链板输送带1连续供送，链板输送带通过对瓶底的摩擦力带动瓶子运行；分瓶螺杆2安装在链板输送带的一侧，另一侧装有侧护板4，瓶子在链板输送带的带动下进入分瓶螺杆范围，收到分瓶螺杆的推动作加速运动，侧护板4起到限位作用，使瓶子紧贴分瓶螺杆导槽顺利输送。

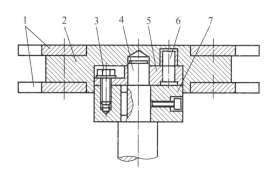

图5-3 星形拨轮的结构
1. 轮片 2. 轮座 3. 螺栓 4. 传动轴
5. 调整盘 6. 定位销 7. 托盘

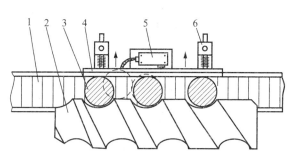

图5-4 分瓶螺杆与链板输送带配置示意
1. 链板输送带 2. 分瓶螺杆 3. 瓶子
4. 侧护板 5. 限位开关 6. 侧护板支座

通过分瓶螺杆实现限位和分隔后，瓶子依次进入进瓶星形拨轮，并且有秩序地被送入升瓶机构，在中间拨轮带动下依次完成灌装操作，然后降瓶，由出瓶拨轮拨出，由链板输送带运出。图5-5分瓶螺杆、链板输送带及星形拨轮配置示意。

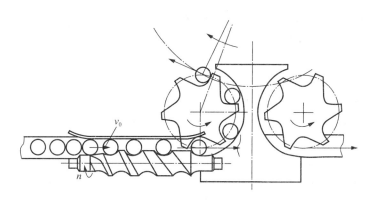

图5-5 分瓶螺杆、链板输送带及星形拨轮配置示意

3. 包装容器的升降机构 升降机构的作用是将送来的包装容器升高到规定高度，以便完成灌装，然后将灌装完的包装容器下降到规定位置。常用的升降机构有机械式升降机构、气动式升降机构和气动—机械混合式升降机构。

（1）机械式升降机构如图5-6所示（图中 α 为凸轮的升角，β 为凸轮回程升角；h 为凸轮的升程；滑道分为三段，Ⅰ为瓶罐由输送机构送入，进入滑道的位置，Ⅱ为瓶罐由最初位置Ⅰ沿倾角 α 的斜面上升到最高点进行装料的位置，Ⅲ为瓶罐下降到最低位置。）这种升降机构结构简单，但机械磨损大，压缩弹簧易失效，工作可靠性差，对灌装瓶的质量要求较高，特别是瓶颈不能弯曲。该机构可用于灌装不含气饮料的灌装机中。

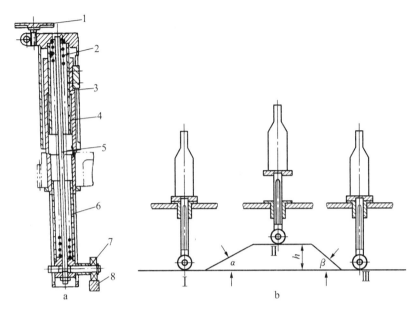

图 5-6 机械式升降机构
a. 升降机构　b. 升降凸轮平面展开示意
1. 托瓶台　2. 压缩弹簧　3. 上滑筒　4. 滑筒座　5. 拉杆　6. 下滑筒　7. 滚轮　8. 凸轮导轨

(2) 气动式升降机构如图 5-7 所示。升瓶时进气阀关闭，排气阀打开，压缩空气经气管进入气缸后，推动活塞连同托瓶台上升，活塞上部气体从排气阀排出，完成升瓶过程。装料结束后，打开进气阀，关闭排气阀，使压缩空气同时进入气缸的上、下腔，这时活塞上下的气压相等，瓶子在托瓶台和瓶子自重的作用下自动下降，完成降瓶操作。这种升降机构克服了机械式升降机构的缺点，当发生故障时，瓶罐被卡住，压缩空气室如弹簧一样被压缩，瓶托不再上升，从而不会挤坏瓶罐，但下降时冲击力较大，并要求气源压力稳定。该机构适用于灌装含气饮料的灌装机。

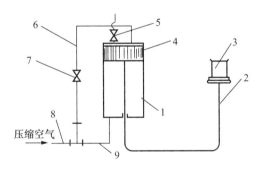

图 5-7 气动式升降机构工作原理
1. 气缸　2. 托瓶台　3. 瓶罐　4. 活塞
5、7. 阀门　6、8、9. 气管

(3) 气动—机械混合式升降机构如图 5-8 所示，是以气动装置完成瓶罐上升，用凸轮推杆机构完成瓶罐下降的组合式升降机构。

气动组件中的柱塞杆为空心，固定安装于转台上，通过封头与压缩空气管道连接。气缸为托瓶升降运动部件，上端安装托瓶台，下端安装滚轮。胶制握瓶叉确定瓶子中心位置，保证瓶子回转灌液时不倾倒。下降控制凸轮与灌装转台同轴。当托瓶机构转至升起工位时，压缩空气进入柱塞杆，通过活塞的中心孔进入活塞上部空间，推动气缸和托瓶台上升，并维持到完成装料为止。装料结束时，滚轮已随气缸转到下降凸轮位置，随着灌装台继续运转，滚轮受下降凸轮的控制，带动气缸下降，将托瓶台强制拉下，带着已装好的瓶罐下降到规定位置，由拨瓶机构送出。当转到一定位置时，滚轮脱离滑道，完成一个瓶罐的升降操作。

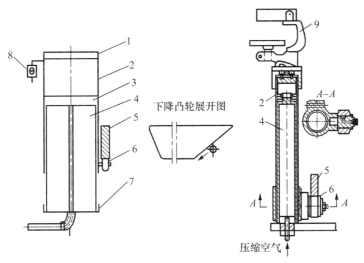

图5-8 气动—机械式升降机构示意
1.托瓶台 2.气缸 3.密封塞 4.柱塞杆 5.下降凸轮 6.滚轮
7.封头 8.减压阀 9.握瓶叉

气动—机械混合式升降机构上升阶段利用气动托瓶，具有自缓冲功能，托升平稳，节约时间；下降阶段凸轮导轨控制使瓶托平稳运动，速度可得到良好控制。这种升降机构结构较为复杂，但整个升降过程稳定可靠，因而应用很广泛，特别是对于等压式灌装机，因为已配备空气压缩装置，所以更宜采用。

（二）料液定量装置

料液的定量直接影响灌装质量，常用的液料定量装置有机械式定量装置和电子式计量装置。

1. 机械式定量装置 机械式定量装置直接利用机械机构或结构对料液进行控制，一般直接通过灌装阀或增设辅助机械元件完成，易于实现，但定量精度较低，不过因其简单可靠，使用仍很广泛。常用的机械式定量装置有控制液位定量装置、定量杯定量装置和定量泵定量装置。

（1）控制液位定量装置。图5-9为控制液位定量装置。它通过调节插入被装容器内的排气管的高低来控制液位，达到定量装料的目的。

当液体从进液管6进入瓶2时，瓶内的空气由排气管5排出，随着液面上升至排气管5时，因瓶口被碗头3压紧密封，这时瓶子上部的气体没有出口，排不出去，当液体继续由管6流入时，根据连通器原理，液体可在排气管5中上升，至与液槽4中的液位相同为止，瓶子随托盘1下降，排气管内的液体

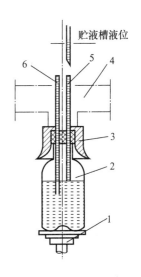

图5-9 控制液位定量装置
1.托盘 2.瓶 3.碗头 4.液槽
5.排气管 6.进液管

立即流入瓶内，定量装料工作完成。这种装置结构简单，使用方便，但定量精度稍差。

(2) 定量杯定量装置。常压灌装机使用的定量杯定量装置如图 5-10 所示。这种机构本身设置有固定容量的定量杯，首先将料液灌入定量杯定量后再灌入包装容器。改变定量杯中调节管的高度或更换定量杯，即可调节灌装量。这种定量机构结构简单，定量速度快，精度高，适于灌装低黏度料液。由于定量杯在贮液箱内的上下运动易产生气泡，从而影响定量精度，不适用于灌装含气料液。

(3) 定量泵定量装置。定量泵定量装置如图 5-11 所示。在灌装时首先将料液吸入定量泵的泵腔，再利用机械压力将其注入包装容器内，每次灌装量等于泵的排量。调整活塞缸径或活塞行程可调整灌装量，这种定量装置可以适用于各种液体物料的灌装，但速度较慢，多用于黏度较高的物料。

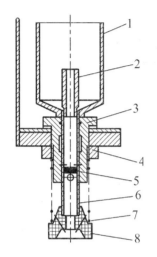
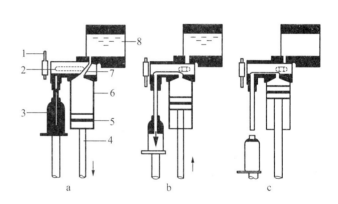

图 5-10 定量杯定量装置
1. 定量杯 2. 定量调节管 3. 阀座
4. 锁定螺母 5. 密封圈 6. 进液管
7. 弹簧 8. 导瓶罩

图 5-11 活塞式定量泵定量装置
a. 计量 b. 注入 c. 出瓶
1. 三通阀 2. 液体充填流路 3. 灌装管嘴 4. 活塞杆
5. 活塞 6. 活塞缸 7. 进液体流路 8. 贮液箱

2. 电子式计量装置 电子计量法是现代计量方法，可以对灌装过程实时监测和控制。常用的电子式计量装置有电子定质量计量装置和电子定容积计量装置。

(1) 电子定质量计量装置如图 5-12 所示，在灌装阀中设有两个大小不同的料液通道，液体通过通道时，由负载传感器边灌装液体边测量液体质量，在灌装初期，通过大流量通道快速灌装，当充填的液体接近规定的充填量时，灌装阀则可转成小流量的通道微调，因而灌装量精度非常高。另外，在灌装液体前，对容器质量清零，容器质量即使有偏差，对灌装量也毫无影响。

(2) 电子定容积计量装置如图 5-13 所示，加压贮液罐中的料液在泵的作用下，以一定流速均匀稳定地通

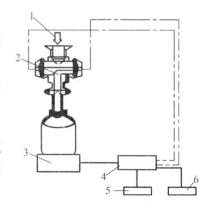

图 5-12 电子定质量计量装置
1. 进液管 2. 灌装阀 3. 负载传感器
4. 控制器 5. 定值器 6. 显示监测器

过管道灌入容器内，通过联机加压控制器可以准确地控制料液的输送压力、流速、流动时间，再根据管道半径计算横截面积，从而可以利用流体力学知识进行精确地定容积灌装。此装置适合于无菌灌装系统。

（三）灌装控制阀

将贮液箱中的液料充填到包装容器内的机构称为灌装阀。灌装阀是灌装机的重要部件。它直接影响着灌装速度和精度。它是贮液箱、气室、包装容器间液料的通道。灌装阀的功能是根据灌装工艺要求，以最快的速度

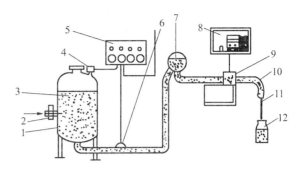

图 5-13 电子定容积计量装置
1. 加压贮液罐 2. 供液阀 3. 受无菌空气或氮气压力推动的液体
4. 供压阀 5. 压力控制器 6. 压力传感器 7. 多路供液管
8. 微机 9. 可控输液阀 10. 柔性管 11. 灌装针 12. 容器

沟通或切断贮液箱、气室和灌装容器之间流体流动的通道，保证灌装工艺过程的顺利进行。它主要由阀体、阀端、阀门、密封元件、开闭件等组成。

1. 常压灌装阀　此种灌装阀操作环境为常压状态，灌装过程简单，通常采用弹簧阀门式灌装阀。图 5-14 为一用于小口径瓶的弹簧阀门式灌装阀。它采用液面控制定量。当容器上升碰到灌装阀导瓶罩 12 并压缩弹簧 9 时，瓶口处密封，由于弹簧被压缩，进液管 11 与导瓶罩 12 间出现间隙，于是液料由自重沿进液管 11 流入容器，容器内原有的空气由高于贮液箱液面的排气管排出，完成进液排气过程。当瓶内液面上升到比排气管下端略高时，气体无法排出，但依据连通器原理，排气管中的液面继续升高，容器瓶口部分剩余的气体受压缩，直到与贮液槽中的液位等高为止，液料停止进入容器内，完成液面定量。之后，瓶子下降，进液管 11 与导瓶罩 12 间的间隙自动关闭，排气管中的液体流入瓶中，于是完成灌装。改变排气管下端伸入容器的位置就能改变容器内液面高度，灌装量与容器本身的容量有关。

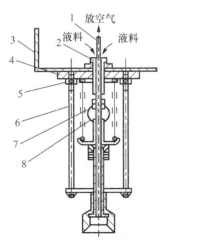 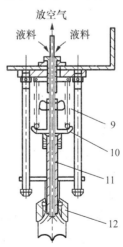

图 5-14　灌装阀结构
1. 排气管 2. 分装管座 3. 贮液箱 4. 箱底铁块 5. 紧固螺母 6. 导柱 7. 限位器
8. 弹性密封管 9. 弹簧 10. 浮簧支架 11. 进液管 12. 导瓶罩

2. 真空灌装阀 在真空灌装阀中,首先要完成瓶罐口部的密封,将瓶内抽真空,当瓶内达到规定的真空度后灌入料液,所以真空灌装阀设置有抽气通道。

(1) 定量杯真空灌装阀。图5-15为初始位置,此时的贮液箱10、待装容器5、真空系统三者互不相通,当阀芯2受压上升后,其上的孔口6首先对准抽气口7,待装容器5中的空气被抽出而建立一定的真空度。随后,阀芯2继续上升,孔口6离开抽气口7,待装容器5与真空系统断开;而孔口8和孔口9通过阀座11内的环形槽连通,定量杯1中的液料在压差作用下流入待装容器。装料完毕后,容器下降,在压缩弹簧3的作用下,阀芯2下降至原位,定量杯1再次浸没在贮液箱10的液面以下,充满液料,为再次灌装做好定量工作,此灌装阀要求贮液箱内为常压。

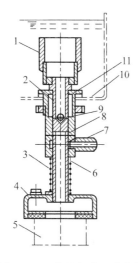
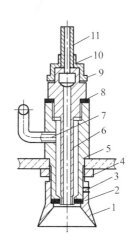

图5-15　定量杯真空灌装阀
1.定量杯　2.阀芯　3.压缩弹簧
4.压盖　5.待装容器　6、8、9.孔口
7.抽气口　10.贮液箱　11.阀座

图5-16　双室供液用灌装阀
1.瓶套　2.橡胶圈　3.紧定螺钉　4.螺母
5.套筒　6.阀芯　7.真空管　8.垫片
9.锁紧螺母　10.接管头　11.物料管

(2) 液位定量真空灌装阀。这种灌装阀的具体结构与供液形式有关。单室供液系统的真空室与贮液箱是合为一体的,这时所使用的灌装阀是重力真空灌装阀,其基本结构与常压液位定量灌装阀相近,只是通气管在灌装前首先作为抽气管使用,以使得容器内的压力状态与贮液箱内相同。在真空灌装机中,双室供液系统的贮液箱与真空室是分开的,因而需设置两种通道。图5-16为双室供液用灌装阀。

3. 等压灌装阀 等压灌装阀需要首先对容器充气,使其内部的压力状态与贮液箱相同。按控制气、液通路的阀构件运动形式,常见的等压灌装阀分为旋转式和移动式,其中旋转式又分为旋塞式和转盘式。

旋塞式等压灌装阀如图5-17所示,总体呈旋塞结构,阀体11密封固定在贮液箱下面,内有三条通道,分别为进气管2、出沫管3、中间为进液管1。阀体下面安装的下接头5,也有与阀体相对应的三条通道,下部开有环形槽,在此处进气与排气通道相通,并与下面导瓶罩9内的螺旋环形通道连通。接头与导瓶罩之间用垫圈密封,导瓶罩内的橡胶圈10用于灌装时密封瓶口。在椎体旋塞4上加工有三个不同角度通孔,由弹簧压紧在阀体内。

旋塞转柄 15 由安装在机架上的固定挡块拨动，使旋塞根据工艺要求的时刻及角度进行旋转。

当瓶子顶紧橡胶圈后，固定挡块拨动旋塞转柄，可完成如下工作过程：旋塞转一角度，接通进气通道，实现充气等压过程；旋塞再转一角度，接通下液孔道和排气孔道，实现进液排气过程；再转旋塞，关闭所有通道，停止进液，再接通进气通道，让通道内余液流入瓶中，实现排除余液；再关闭进气通道，完成灌装。

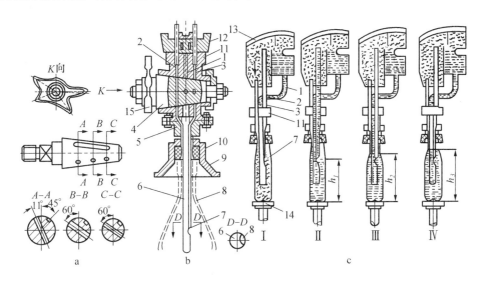

图 5-17 旋塞式等压灌装阀工作原理

a. 旋塞结构图　b. 旋塞式等压灌装阀结构简图　c. 等压灌装工艺过程原理图

1. 进液管　2. 进气管　3、8. 出沫管　4. 旋塞　5. 下接头　6. 注液管　7. 管口
9. 导瓶罩　10. 橡胶圈　11. 阀体　12. 上接头　13. 贮液箱　14. 瓶托　15. 旋塞转柄

Ⅰ. 充气等压　Ⅱ. 进液回气　Ⅲ. 排气卸压　Ⅳ. 排除余液

三、旋转式等压灌装压盖机

旋转式等压灌装压盖机是将液料灌入包装容器内并将容器封口密封的装置。旋转式等压灌装压盖机适合对玻璃瓶进行灌装和封口，用于啤酒、含气饮料灌装和压盖。它采用弹簧阀等压灌装，灌装速度快。

（一）旋转式等压灌装压盖机的构造与工艺流程

旋转式等压灌装压盖机如图 5-18 所示，主要由进、出瓶装置、升降瓶机构、灌装阀、环形贮液箱、压盖装置等组成。灌装工艺如图 5-19 所示。

瓶子进入灌装机后，先被进罐螺杆按灌装节拍分件送进，由进瓶拨轮将瓶子拨到托瓶机构上，托瓶机构上的一个托瓶台对应一个灌装阀。托瓶气缸在压缩空气作用下将空瓶顶起，使灌装阀中心管伸入空瓶内，直到瓶子顶到灌装阀中心定位的胶垫为止，同时顶开灌装阀碰杆，使等压灌装阀完成充气—等压—灌装—排气的工作过程。

上述过程完成后，托瓶下降导板将托瓶机构压下，灌装完毕的瓶子下降到工作台平面，被拨轮拨到压盖机的回转工作台上。此时，压盖机将定向排列好的皇冠型瓶盖滑送到压盖头，由压盖装置压盖，压完盖的瓶子由出瓶拨轮拨出，送入下道工序。

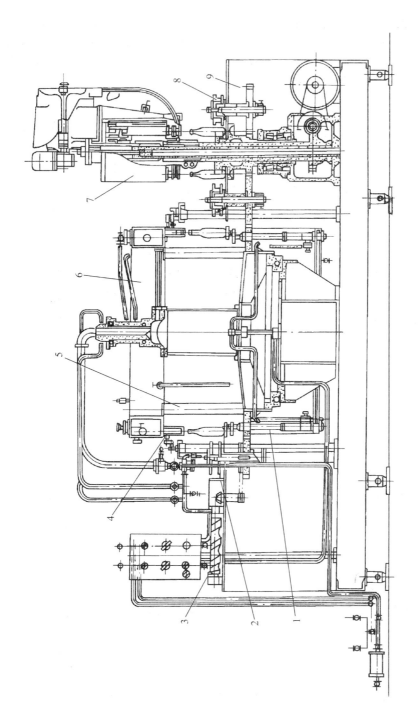

图 5-18 旋转式等压灌装压盖机结构

1.升降瓶机构 2.进瓶星形拨轮 3.进瓶装置 4.灌装阀 5.高度调节装置 6.环形贮液箱 7.压盖装置 8.出瓶星形拨轮 9.机体

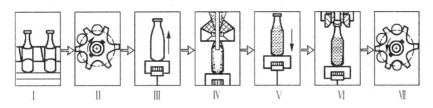

图 5-19 旋转式等压灌装压盖机工艺过程

Ⅰ.螺杆分瓶传动 Ⅱ.星形拨轮进瓶 Ⅲ.瓶托机构托瓶 Ⅳ.灌装阀灌液
Ⅴ.瓶托机构下降 Ⅵ.压盖装置压盖 Ⅶ.星形拨轮出瓶

(二) 旋转式等压灌装压盖机的供料装置和传动机构

1. 供料装置 供料装置结构如图 5-20 所示，主要由分配头、环形贮液箱和高、低液面控制浮球等组成。分配头上端与输液管相连，下端均布 6 根支管与环形贮液箱相通。

工作时，先打开截止阀 5，将无菌压缩空气经分配头送入环形贮液箱，使环形贮液箱处于加压状态，以免料液刚灌入时因突然降压而冒泡。然后打开液压检查阀，调节料液的流速和压力的高低，当压力调节到与贮液箱气压相等时，关闭截止阀 5，打开输液总阀，再打开截止阀 6，开始供料。

灌装机工作时，环形贮液箱随主轴一起转动，但输液中心管及各管路都是静止的，两者之间的连接和密封措施如图 5-21 所示。中心管上端与输液总管相接，下端处于环形贮液箱的回转中心，液料由此注入。中心管的外壁上，平行于轴线，开有两个互不相连的通孔，一个通孔上端与平衡气压管相连，下端通过环形槽 5 与高液位控制阀的进气阀相通；另一个通孔上端与预充气管相连，下端通过环形槽 8 流入环形贮液箱。在中心管与旋转外套之间装有几层橡胶圈以保证密封，当外套随主轴旋转时，中心管不动，二者之间不致泄漏。

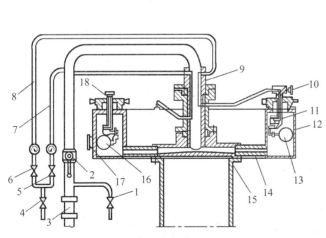

图 5-20 供料装置结构示意

1.液压检查阀 2.输液总阀 3.输液管 4.无菌压缩空气管
5、6.截止阀 7.气管 8.平衡气压管 9.分配头 10.调节阀
11.进气阀 12.环形贮液箱 13.高液面控制浮球 14.支管
15.主轴 16.低液面控制浮球 17.液位观察孔 18.放气阀

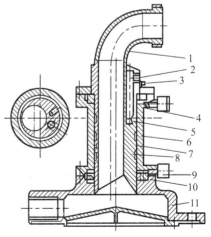

图 5-21 灌装机分配头结构

1.输液总管 2.平衡气压管 3.预充气管
4.中心管 5、8.环形槽 6.旋转外套
7.橡胶圈 9.油杯 10.滚动轴承
11.管座

为了保证灌装质量的稳定,在贮液箱内设有高、低液位控制浮球。低液位控制浮球如图 5-22 所示,其功用是控制贮液箱内最低液位。当贮液箱内液面下降到规定的高度时,浮球下降,同时浮球和浮球杆靠自重使密封垫离开排气嘴,贮液箱上部的气体从排气嘴排出,降低了贮液箱气体的压力,于是料液由贮液罐进入贮液箱内。当液面上升到规定位置后,浮球又使密封垫堵住排气嘴。针阀用来调节排气快慢。

高液位控制浮球如图 5-23 所示,其功用是控制贮液箱内最高液位。当贮液箱内液面超过规定高度时,浮球上升,通过杠杆和滑套使密封圈右移,打开进气孔,于是无菌压缩空气进入贮液箱,将料液压回贮液箱。液位下降后,在浮球和重锤自重作用下,杠杆和滑套将密封圈左移,堵住进气孔,停止进气。

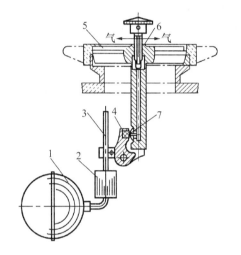
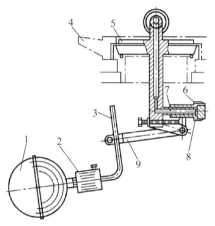

图 5-22 低液位控制浮球示意
1. 浮球 2. 重锤 3. 浮球杆 4. 密封垫
5. 浮球盖 6. 针阀 7. 排气嘴

图 5-23 高液位控制浮球示意
1. 浮球 2. 重锤 3. 浮球杆
4. 贮液箱 5. 浮球盒 6. 滑套
7. 进气孔 8. 密封圈 9. 杠杆

2. 贮液箱高度调节装置 当容器的高度变化时,需要通过高度调节装置改变贮液箱与灌装工作台之间的相对高度,以保证正常的灌装作业。贮液箱高度调节装置通常有单柱和三柱两种结构形式,前者常见于小型灌装机。图 5-24 所示为联动三柱式贮液箱高度调节装置。主轴与贮液箱用固定螺钉连接起来,并与均匀布置的 3 根螺杆 4 联结成一体。螺杆的形状、尺寸相同,在其下端安装的调节螺母通过链轮、链条形成联动装置。调节时,松开固定螺钉,拧动 3 根螺杆上任意一只螺母,3 根螺杆将同向、同量上下移动。移动时,螺杆不转动,故不破坏灌装阀与瓶托的对中情况。调好之后,旋紧固定螺钉。

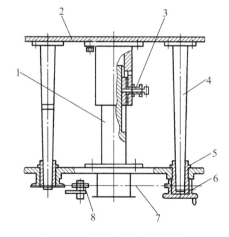

图 5-24 贮液箱高度调节装置
1. 主轴 2. 贮液箱 3. 紧定装置 4. 螺杆(3根)
5. 调节螺母 6. 链轮 7. 链条 8. 张紧轮

3. 传动系统 灌装压盖机的传动系统如图5-25所示，灌装部分和压盖部分采用一台调速电动机带动，经过皮带和蜗杆蜗轮减速后，通过齿轮再分开传动。这样可使机器的各部分在规定的工作循环下，保持协调的动作和集中的调速，传动机构简单、结构紧凑。

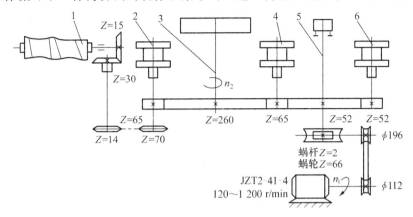

图5-25 灌装机传动系统
1. 进瓶螺杆装置 2. 进瓶星形拨轮 3. 灌装机主轴 4. 拨瓶星形拨轮
5. 压盖机主轴 6. 出瓶星形拨轮

（三）旋转式等压灌装压盖机的使用维护

1. 调整 灌装前，应调节灌装容器的高度，调节贮液箱与灌装工作台之间的相对高度，以保证正常的灌装作业，并相应调整压盖装置的高度。根据灌装容器的容量，通过浮球杆调节贮液箱内高、低液位控制浮球的控制液位。调节低液位控制浮球上的针阀，调节排气速度。

2. 使用 工作前，对供料系统进行清洗、消毒。向贮液箱送入料液前，应先向环形贮液箱送入无菌压缩空气，使环形贮液箱处于加压状态，以免料液刚灌入时因突然降压而冒泡，并使流入贮液箱料液的压力与贮液箱压缩空气的压力相等。工作中要保证压缩空气的压力稳定不变。

3. 维护 经常检查灌装阀、中心管及压缩空气管连接处的密封情况，发现泄漏，应及时检修或更换密封垫圈。经常检查蜗杆蜗轮减速器润滑油面，及时补充润滑油，并定期更换润滑油。对各运动部件应定期进行润滑。每次工作结束后，对设备进行清洗，尤其是与料液接触部位，要彻底清洗干净。

任务二 充填包装机

充填是指将固体物料或黏稠物料按一定质量规格的要求充入到包装容器中的操作，主要工序包括食品的计量和充入，而核心是计量。作为固体食品或黏稠食品，因其形态复杂多样，这类物料的充填远比液体物料灌装困难，对于充填机中计量装置的要求比灌装机更复杂。尽管如此，仍然可以按照定量方式，将充填包装机分为容积式充填机、称重式充填机和计数充填机。

一、容积式充填机

将产品以容积计量方式充填至包装容器内的充填机称为容积式充填机。这种充填机的计量基于物料的堆积密度均匀一致,即相同容积的物料具有相同的质量。其结构简单,计量速度快,造价较低,适于干料或半流体物料的充填。

(一) 螺杆式充填机

螺杆式充填机如图 5-26 所示,主要由进料器、电磁离合器、电磁制动器、光电码盘、搅拌电动机、齿形带、计量电动机、计量螺杆、工作台、机架等组成,适用于装填流动性好的颗粒状、粉末状、稠状物料,但不宜用于易碎的片状物料或密度较大的物料。

螺杆式定量充填的基本原理是,螺杆每圈旋转槽都有一定的理论容积,在物料堆积密度恒定前提下,控制螺杆转速就能完成计量和充填操作。由于螺杆转动次数由转动时间决定,所以螺杆转动次数可以通过控制转动时间来实现。

如图 5-27 所示,工作时,启动计量电动机 4。它通过小带轮 5 带动大带轮 7 转动,光电码盘同时转动。当计量开始时,电磁离合器接受信号,于是与螺旋轴连在一起的离合器与大带轮吸合,螺旋轴转动。当计量螺旋轴及光电码盘转过预定圈数满足计量要求时,对电气控制系统发出信号,电磁离合器与大带轮脱开,制动器同时制动,计量与充填过程结束,然后进行包装。当包装完毕后,再重复下一个同样的计量循环。

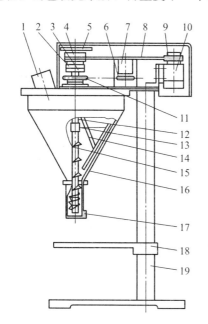
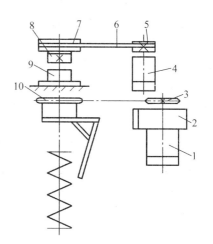

图 5-26 螺杆式充填机结构示意
1. 进料器 2. 电磁离合器 3. 电磁制动器 4. 大带轮
5. 光电码盘 6. 小链轮 7. 搅拌电动机 8. 齿形带
9. 小带轮 10. 计量电动机 11. 大链轮 12. 主轴
13. 联轴器 14. 搅拌杆 15. 计量螺杆 16. 料仓
17. 筛粉格 18. 工作台 19. 机架

图 5-27 螺杆式充填机传动系统
1. 搅拌电动机 2. 减速器 3. 小链轮
4. 计量电动机 5. 小带轮 6. 齿形带
7. 大带轮 8. 电磁离合器 9. 电磁制动器
10. 大链轮

(二) 量杯式充填机

量杯式充填机是采用已知容量的量杯量取产品后再将其充填到包装容器内的机器。根据量杯计量装置的容积是否可调,可分为固定容积式量杯式充填机和可调容积式量杯式充填机。这种机构只适合于堆积密度非常稳定的物料。

1. 固定容积式量杯式充填机　固定容积式量杯式充填机如图 5-28 所示，由供料装置 1、平面回转盘 6、计量杯 8 及活门底盖 3 等组成。平面回转盘 6 圆周上等分配开有 4 个孔，每孔安装一个固定容积的圆筒状计量杯 8，回转盘平面上装有粉罩 2 及刮板 5。

工作时，在传动机构的带动下，转轴 4 带动平面回转盘 6 转动，粉料从供料仓送入粉罩内，物料靠自重装入计量杯 8 内，回转盘运转时，刮板刮去多余的粉料。

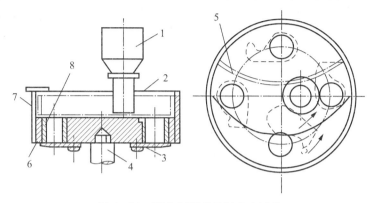

图 5-28　固定容积式量杯式充填机
1. 供料装置　2. 粉罩　3. 活门底盖　4. 转轴　5. 刮板　6. 平面回转盘　7. 护圈　8. 计量杯

已装好粉料的定量杯随圆盘回转到卸料工位时，顶杆推开定量杯底部的活门 3 底盖，粉料自定量杯下面落入漏斗，装入容器内。活门底盖 3 关闭，进入下一次计量分装。这种机构适用于堆积密度非常稳定的物料。

2. 可调容积式量杯式充填机　可调容积式量杯式充填机如图 5-29 所示，可调量杯的杯体为组合结构，由直径不同的上、下量杯嵌套在一起，相叠而成。上量杯为固定量杯，由上转盘带动；下量杯为活动量杯，由下托盘带动，两者结合在一起，同步转动，通过调整装置改变上、下量杯的相对位置，即调节上量杯进入下量杯的深度，则下量杯剩余的容积发生改变，可以小范围调节进料体积。它的工作原理与固定容积式相同，只是增加了计量杯调整机构，调整方法有手动和自动两种，计量精度可达 2%～3%。

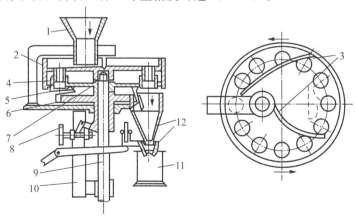

图 5-29　可调容积式量杯式充填机
1. 料斗　2. 转盘　3. 刮板　4. 计量杯　5. 活门底盖　6. 导轨　7. 托盘
8. 计量杯调整机构　9. 转轴　10. 支柱　11. 容器　12. 漏斗

(三) 转鼓式充填机

转鼓式充填机是利用转鼓外缘与外壳之间所形成的容积进行计量的,如图 5-30 所示,主要由转鼓 4、调节螺钉 3、柱塞板 2 和外壳 5 组成,转鼓转 1 转,可以充填 2 次,充填速度与转鼓转速有关。转鼓的转速不能太快,否则容腔充填系数低。这种装置适合充填黏稠状流体和粉料。通过调节螺钉 3 可以改变计量容腔中柱塞板 2 的位置来调节装填物料的容量。

(四) 容积式充填机的使用维护

容积式充填机一般适合于粉末状或黏稠状、在充填过程中堆积密度变化较小的物料,使用时应根据不同的物料特点选择合适的设备,充填速度要控制在一定范围内,如果充填速度过快,堆积密度改变较大,计量精度会受到较大影响。当充填物料密度或品种发生改变时,要及时调整机构和充填量。

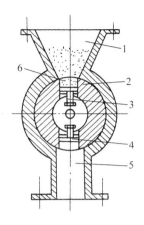

图 5.30 转鼓式充填机
1. 料斗 2. 柱塞板 3. 调节螺钉
4. 转鼓 5. 外壳 6. 计量容腔

二、称重式充填机

称重式充填机是将产品按预定重量进行计量并充填到包装容器内的充填机。它主要使用应变传感器,把重物在传感器应变片上产生的形变转换成电压信号,实现称量。它易于用计算机来计量和控制,应用最为广泛。在自动包装机中,常用称重计量法计量各种堆积密度不稳定的松散物料及不规则形状的物料。称重计量的精度主要取决于称量装置的精度,一般的称量装置的计量精度可达 0.1%。相对于容积式充填机,称重式充填机计量精度较高,计量速度较低。

称重式充填机按称量方法分毛重充填机和净重充填机。在充填过程中,毛重式充填机将产品与包装容器一起称量,达到规定质量时停止进料。由于包装容器本身质量的影响,计算精度不高。净重式充填机则首先将物料称量后再充入包装容器,由于称量结果不受包装容器质量变化的影响,称量较为精确。

连续式称重充填机在物料的连续输送过程中对瞬间通过物料进行检测,并通过电子检控系统调节控制物料流量为给定的值,最后利用等分截取装置获得所需的每份物料的定量值。连续式称重充填机的基本组成有:料斗、可控给料装置、等分截取装置、物料载送装置、检测传感器等,可简化如图 5-31 所示。连续式称重装置按输送物料的方式分为皮带电子秤和螺旋电子秤。

(一) 皮带电子秤

图 5-32 为天平平衡盘式皮带电子秤的原理及结构图,它是由料斗、秤盘、差动变压器、阻尼器、Ω 弹簧、输送带、系统平衡砝码和微调砝码等几部分构成。等臂杠杆承托着秤盘,物料的

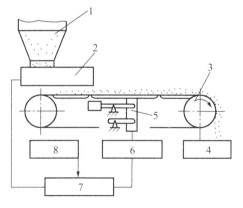

图 5-31 皮带电子秤的基本组成
1. 料斗 2. 可控给料装置 3. 物料载送装置
4. 等分截取装置 5. 秤体 6. 检测传感器
7. 电子调节器 8. 重量给定装置

质量由砝码控制。

工作前,根据需要充填物料的质量调节定量值,先通过砝码质量进行粗调,再通过"质量校正"旋钮进行微调。

工作时,需要称量的物料连续流经自动秤,当皮带上的物料质量变化时,秤盘7通过差动变压器将此质量变化信号转变为相应的电信号,经过控制电路,输出控制信号控制可逆电动机,调节闸门升降,控制皮带上的物料层厚度,从而保证皮带上物料的质量流量为恒定值。在皮带端部卸料漏斗下方,有一个作等速回转的等分格圆盘,它每次截取相等质量的物料,经圆盘分格下部漏斗将物料装入包装袋中,所以适当协调皮带和等分盘的速度,即能达到所需要的称量。

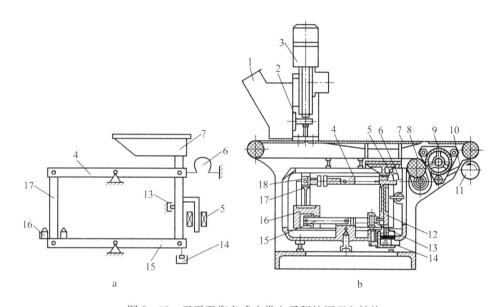

图5-32 天平平衡盘式皮带电子秤的原理和结构
1. 料斗 2. 闸门 3. 可逆电动机 4. 横杆 5. 差动变压器 6. Ω弹簧 7. 秤盘 8. 压辊
9. 主动带轮 10. 输送带 11. 圆毛刷 12. 前支架 13. 限位器 14. 阻尼器 15. 辅杆
16. 系统平衡砝码 17. 后支架 18. 微调砝码

(二) 螺旋电子秤

螺旋电子秤的工作原理与皮带电子秤相似。其电子仪表系统与皮带电子秤一样,只是物料输送装置由皮带式改为螺旋式,是一个密闭式连续称量系统。此种秤的喂料旋转置于称重装置上,通过喂料螺旋转速调节质量,使计量螺旋内物料的流量保持恒定。

三、计数充填机

计数充填机是将产品按预定数目充填至包装容器内的机器。按计数方式不同,分单件计数充填机、多件计数充填机两类。

(一) 单件计数充填机

单件计数充填机是利用机械、光学、电感应等方法,逐件计量产品件数,并将其充填到包装容器内的设备。单件转盘计数充填机如图5-33所示,它利用承托盘上的计数模板对产品进行计数,并将其充填到包装容器内。在计数模板3上开设有若干组孔眼,孔径和深度略大于物料粒径，每个孔眼只能容纳1粒物料，模板上方装有扇形盖板2，用于刮落未落入模孔的多余物料。计数模板3上的小孔分为几个孔组，在计数模板3转动过程中，某孔组转到卸料漏斗处，该孔组的物料靠自重落入卸料漏斗6进而装入待装容器；计数模板3继续转动，散装物料依靠自重充填到孔眼中，完成进料和计数。随着计数模板3的连续转动，设备完成对物料的连续自动计数、卸料作业。

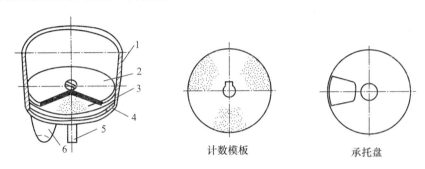

图 5-33　单件转盘计数充填机示意
1. 料斗　2. 盖板　3. 计数模板　4. 承托盘　5. 轴　6. 卸料漏斗

（二）多件计数充填机

多件计数充填机利用辅助量，如长度、面积等，进行比较以确定产品件数，并将其充填到包装容器内，这里主要介绍长度充填机构。

规则块状物品有基本一致的尺寸，当这些物品按一定方向顺序排列时，则在其排列方向上的长度就等于单个物品的长度与件数的乘积。用一定长度的推板推送这些规则排列的物品，即可实现计数给料的目的。推板定长计数机构如图5-34所示，排列有序的产品经输送机构4送到计量机构中，行进产品的前端触到计量腔的挡板时，压迫挡板2上的电触头或机械触头，发出信号，指令计数推板3迅速动作，将一定数量的产品推到包装台上进行裹包包装。挡板1、2之间的间隔尺寸b就是推板3所计量物品件数的总宽度。

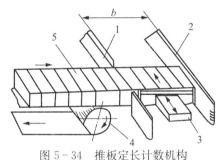

图 5-34　推板定长计数机构
1、2. 挡板　3. 计数推板　4. 输送机构　5. 物品

任务三　多功能包装机

多功能包装机是指在一台整机上可以完成两个或两个以上包装工序的机器，通常以它所能完成的包装工序联合命名。

一、袋成型—充填—封口包装机

袋成型—充填—封口包装机是一种用可热封的柔性包装材料自动完成制袋、物料的计量和充填、排气或充气、封口和切断等多功能的包装机。这类包装机应用范围很广，可用于包装粉状、粒状、片状、块状固体物料，流体和半流体及气体物料。

（一）袋成型—充填—封口包装机的工作过程

立式袋成型—充填—封口包装机的成型、充填及封口工序顺序布置在一条铅垂线上，适用于流动性好的粉粒状或液体食品的包装。卧式袋成型—充填—封口包装机的成型、充填及封口工序顺序布置在水平直线上，适用于饼干、肉类等形状规则或不规则的流动性较小的食品的包装。

袋成型—充填—封口包装机的工作过程如图5-35所示。

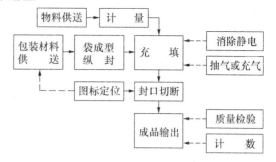

图5-35 袋成型-充填-封口包装机的工作过程

（二）袋成型—充填—封口包装机的主要工作部件

1. 制袋成型器 在袋成型—充填—封口包装机中，制袋成型器用来将平面状包装材料折合成所要求的形状。制袋成型器具有能够满足袋型需要、结构简单、成型阻力小及成型稳定性好的特点。常用的制袋成型器见图5-36。

（1）三角形制袋成型器结构简单，通用性好，多用于扁平袋。

（2）U形制袋成型器是在三角形制袋成型器基础上改进而成。它在三角板上圆滑连接一圆弧导槽（U形板）及侧向导板，成型性能优于三角形成型器，一般用于制作扁平袋。

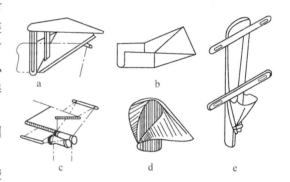

图5-36 常用的制袋成型器
a. 三角形　b. U形　c. 缺口平板　d. 翻领　e. 象鼻形

（3）缺口平板制袋成型器由缺口平板、导辊和双边纵封辊组成。它本身能将平张薄膜对开后又能自动对折封口呈圆筒形，常应用在立式连续联合包装机上。

（4）翻领制袋成型器由内外两管组成，其外管呈衣服的翻领形，内管横截面根据所需袋型而有不同形状（圆形、方形、菱形等），并兼有物料加料管的功能。这种成型器成型阻力较大，容易造成拉伸等塑性变形，故对单层塑料薄膜的适应性较差；设计、制造和调试都较复杂，而且一个成型器只能适用于一种袋宽。但这种成型器成型质量稳定，包装袋形状精确。

（5）象鼻形制袋成型器成型过程平缓，成型阻力较小，对塑料单层薄膜的适应性较好，不但可制作扁平袋，还可制作枕型袋，但一个成型器只能适应一种袋宽。该成型器多用于立式连续袋成型—充填—封口包装机。

2. 封口装置 封口的方法通常有胶结和熔结两种。如果塑料薄膜作为包装袋材料，要求其封缝严密、牢固，一般采用熔结，即热封法。热封法有接触式和非接触式两大类，其中接触式应用最广泛。常用的热封装置有滚轮式热封器、辊式热封器、板式热封器、高频热封器和超声波热封器等。

（1）滚轮式热封器有两个回转运动的滚轮，加热元件位于滚轮内部。滚轮表面加有直纹、斜纹或网纹。滚轮连续进行回转运动，对其间的薄膜加压加热，使其热封。滚轮式热封器一般用于纵封，同时还兼有牵引薄膜前进的作用。

（2）辊式热封器属连续回转型，主要用于连续式横封。为适应不同的薄膜宽度，其辊筒较长，故称为辊式。图 5-37 为一辊式横封器，辊筒内装有加热元件，两辊筒由弹簧保持弹性压紧。图 5-37 中 A-A 为横断面剖视图。由于薄膜是匀速移动，故辊筒的线速度与之相等，从而同步移动。

（3）板式热封器是结构最简单、使用最普遍的间歇作业的热封器。其加热元件为矩形截面的板型构件，一般采用电热丝、电热管使热板保持恒温。当被加热到预定温度后，热板将要封合的塑料薄膜压紧在支撑板的耐热橡胶垫上，即进行热封操作。这种板式热封器封合速度快，通常用于横封。

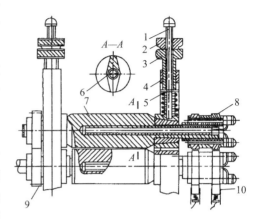

图 5-37 辊式横封器结构示意
1. 支杆 2. 锁紧螺母 3. 套筒 4. 机架 5. 加压弹簧
6. 加热管 7. 横封管 8. 滑环 9. 齿轮 10. 碳刷

（4）高频热封器是利用高频电流使薄膜熔合，属于"内加热"型。它有两个高频电极，相对压在薄膜上，在强高频电场的作用下，薄膜因有感应阻抗而迅速发热熔化，并在电极的压力作用下封合。这种"内加热"型热封器的加热升温快，中心温度高但不过热，所得封口强度大，适用于聚氯乙烯等感应阻抗大的的薄膜。

（5）超声波热封器是一种非接触式热封器。它利用超声波的高频振动作用，使封口处的薄膜内部摩擦发热熔化而封口。它的主要工作部件是超声波发生器，常用压电式换能器将电磁波转变为超声波，再作用到需融合的封口处。超声波热封也属于"内加热"，中心温度高且封口速度快，瞬间即可完成。封口质量好，特别适用于热变形较大的薄膜的连续封合，但设备投资较大。例如，康美盒无菌包装机在盒顶部加热和密封时就应用了超声波热封器。灌装完成的盒顶处吹热空气，使复合材料软化，随后折叠，再用超声波封口装置密封。

3. 切断装置　物料充填成型并封合后，由切断装置将其分割成单个的小袋。图 5-38 为滚刀切断装置，通过滚刀与定刀相互配合完成切断操作。滚刀刃和定刀刃成 1°～2°夹角，保证两刀刃工作时逐渐切断，降低切断时的冲击力。两刀刃间留有微小间隙，避免在无薄膜时产生碰撞。此间隙靠调节螺栓 1 调节定刀来实现。

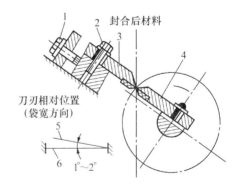

图 5-38 滚刀切断装置结构示意
1. 调节螺栓 2. 固定螺栓 3. 固定刀 4. 活动刀
5. 活动刀刃口线 6. 固定刀刃口线

（三）立式袋成型—充填—封口包装机

1. 工作原理 立式连续袋成型—充填—封口包装机的包装原理如图 5-39a 所示。图 5-39b 为一立式袋成型—充填—封口包装机的外形。该机适用的包装袋为三面封口式，主要适用于颗粒状食品的包装。卷筒薄膜 1 在纵封辊轮 5 的牵引下，经导辊进入象鼻形制袋成型器 3 对折成型，形成管状。纵封辊轮在牵引袋筒的同时对其进行封合，成卷筒形。随后由横封辊 6 闭合，压住底边加热封口，容杯中的给料盘将计量好的颗粒状物料充入袋子中，横封辊转开，袋子又被纵封牵引辊拉下，横封辊又转回，加热加压封顶边，完成横向封口，最后由切断器切断成单件产品，从出料槽送出包装机。同样，每次横封操作可同时完成上袋的下口和下袋的上口封合，并切断分离。物料的充填是在袋筒受纵封牵引下行至横封闭合前完成的。如果薄膜发生伸长或缩短，使包装材料上的色标发生断裂或错位，由光电装置检测并发出电信号，使控制系统相应加快或减慢薄膜输送速度，或者停机检查。

这是一种广泛采用的机型，因其包装原理的合理性和科学性而成为较多采用的设计方案，根据这一包装原理可设计出多种袋型。

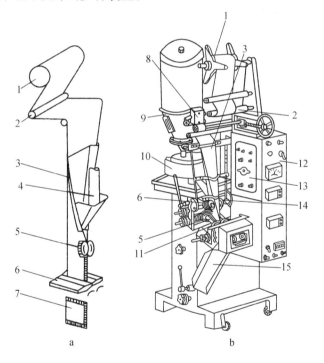

粉末包装设备

图 5-39 立式袋成型—充填—封口包装机
a. 原理图 b. 外形图
1. 卷筒薄膜 2. 导辊 3. 象鼻形成型器 4. 加料器 5. 纵封辊轮 6. 横封辊
7. 成品袋 8. 光电装置 9. 贮料斗 10. 容杯式给料盘 11. 横封辊测温传感器
12、13. 电光控箱 14. 纵封辊测温传感器 15. 出料槽

2. 使用维护

（1）包装机调整。工作前，应根据包装物料体积大小更换相应的制袋成型器，并对量杯式计量装置进行相应的调整。根据包装材料封结温度要求，调节纵封牵引辊和横封辊的封结温度。转动横封器，检查滚刀刃与定刀刃之间是否留有微小间隙，以避免在无薄膜时滚刀刃

和定刀刃碰撞，如无间隙，调整固定刀调节螺栓进行调整。

（2）包装机使用过程中，应严密监视机器的运行情况，如有故障应立即检查排除。

（3）包装机的维护。对传动装置的张紧程度要定期检查、调整和润滑，切断器的刀刃应保持锋利。

二、热成型—充填—封口包装机

热成型—充填—封口包装机是在加热条件下，对热塑性片状包装材料进行深冲，形成包装容器，然后再进行充填和封口的机器。在热成型—充填—封口包装机上能分别完成包装容器的热成型、装填、热封、裁剪、修整等工序。

（一）热成型—充填—封口包装材料

热成型—充填—封口包装材料应满足对商品的保护性、成型性、真空包装的适应性和封合性等基本条件的要求。常用热成型—充填—封口包装材料为可热成型及热封合的单片或复合材料，如硬质聚氯乙烯薄片、聚苯乙烯薄片、聚丙烯薄片、聚氯乙烯/聚偏二氯乙烯复合膜等。

（二）热成型—充填—封口包装机的工作过程

热成型—充填—封口包装机的包装工艺过程如图5-40所示，整机采用连续步进的方式，由下卷膜成型，上卷膜封口。工作时，将成型膜送入热成型器内，成型膜被加热后，由模具将加热的成型膜冲成要求的形状（如圆形、方形等）的容器，再对容器进行冷却。冷却后容器进入装填区，由定量灌装装置向容器内灌入物料，然后进入热封区。在热封区，上卷膜经导辊覆盖在成型盒上，视包装需要可抽真空或充入保护气体，然后进行热压封合。最后经横切、纵切及切角修边形成包装成品，完成热成型—充填—封口。

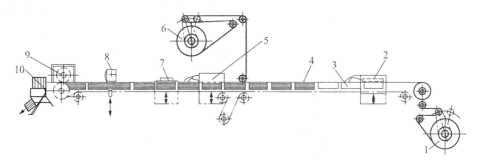

图5-40 热成型—充填—封口包装机包装工艺过程示意
1. 底膜卷 2. 热成型 3. 冷却 4. 充填 5. 热封 6. 盖膜卷
7. 封口冷却 8. 横向切割 9. 纵向切割 10. 底膜边料引出

（三）热成型—充填—封口包装机的使用维护

1. 加热温度的选择 使用前，应根据使用的包装材料，选择合适的加热温度。容器成型时的加热温度对成型质量有很大的影响，温度太高，口会熔化，温度太低，封口不牢固。

2. 使用维护

（1）使用前后，应对物料灌装系统进行清洗消毒，包装机在运转过程中所产生的灰尘、残留物、油渍等，会影响机器的正常工作，应经常进行擦拭和清理，以免机器发生故障。

（2）横、纵向切断装置的刀刃应及时更换，并调整定、动刀刃间隙。各运动部件，应定期进行润滑。

（3）光电检测控制系统的调整。光线太强太弱都会妨碍光电传感器的工作，可通过调节传感器的灵敏度、灯的位置和遮住外界光线等方法使光电控制系统正常工作。

（4）各运动零件都要高度正确，特别要注意各零件的停顿位置、冲程长度或圆周行程，各零件间的动作配合等；紧固件一定要拧紧，螺纹松动会产生振动使机器工作不当甚至失效；注意保持各阀门、管路的灵敏畅通。

任务四　无菌包装机械

无菌包装机械即无菌袋成型—充填—封口包装机，是在无菌环境条件下，把无菌或预杀菌的产品充填到无菌容器并进行密封的设备。一般无菌包装多指液体食品的无菌包装。物料经高温杀菌后，在无菌条件下包装到已消毒的材料制成的容器中，无需冷藏，可在常温下保藏较长时间。

目前，食品工业用的无菌包装设备主要有以下几种类型：①制袋式无菌包装设备，典型产品为瑞典利乐公司 TBA 系列无菌包装设备；②给袋式无菌包装设备，典型的是德国康美公司的 FFS 设备；③箱中衬袋无菌大包装设备；④无菌瓶包装设备；⑤热灌装无菌包装设备。

一、制袋式无菌包装机

（一）制袋式无菌包装机的结构

利乐包无菌包装机属于制袋式无菌包装机，使用的包装材料为复合包装材料。图 5-41 为利乐 TBA3 型无菌包装机。

（二）制袋式无菌包装机的工作过程

在利乐无菌包装机中，如图 5-41 所示，包装材料卷 20 首先经平服辊 18 压平褶皱，然后打印装置 17 在包装材料上打印日期和其他标志。封条粘贴器 14 在包装材料的一边加贴一条塑胶袋，以便与包装材料另外一边黏合在一起，当包装材料经过双氧水浴槽 13 时，其内壁即为双氧水所润湿，润湿量由内置控制器调节。挤压辊 12 挤去包装材料表面多余的双氧水。空气收集罩 11 收集由纸筒上升的空气，这些热空气回流到无菌空气压缩机，然后由特制分离器收集的水冲洗残余的双氧水。经顶曲棍 10 后，包装材料向下弯曲，并由一组辊件使包装材料从平面折为圆筒形。纵缝封口环 7 用封条塑胶带将包装材料两边加压黏合构成纵缝。充填管的管口 4 上方设有不锈钢浮标 5 用于控制纸筒内

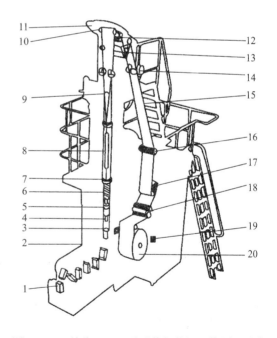

图 5-41　利乐 TBA3 型无菌包装机工作原理示意
1. 成品砖型包装盒　2. 分拣装置　3. 纸筒横向封口钳
4. 充填管的管口　5. 不锈钢浮标　6. 环形电热管
7. 纵缝封口环　8. 纸筒纵缝加热器　9. 无菌液态制品充填管
10. 顶曲辊　11. 空气收集罩　12. 挤压辊　13. 双氧水浴槽
14. 封条粘贴器　15. 接头记录器　16. 弯曲辊　17. 打印装置
18. 平服辊　19. 光敏电阻（光眼）　20. 包装材料卷

液面保持在适当的高度,使液面永远高于注入管,避免产生气泡。纸筒装满制品后,高热纸筒横向封口钳 3 在页面上方将纸筒横封并切断。完全密封纸筒经上下曲折和成型后形成砖型包装盒 1,此处分左边或右边推至输送带,送往装箱处。

包装材料需要杀菌处理。利乐 TBA 3 型无菌包装机采用浸润系统,如图 5-42 所示,当包装材料通过后,在其内表面附着一层双氧水(浓度 15%～35%)液膜,然后对液膜加热干燥,双氧水分解为新生态氧(O)和水蒸气,提高了杀菌效率。利乐 TBA 8 型采用深槽双氧水浴系统,如图 5-43 所示,包装材料进入一盛有双氧水(温度>70 ℃,浓度 30%～40%)的槽中,利用加热后一定温度的双氧水对包装材料杀菌。为保证润湿效果,槽内还配有 0.3% 的湿润剂。

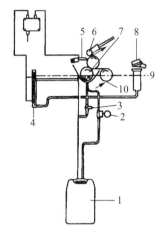 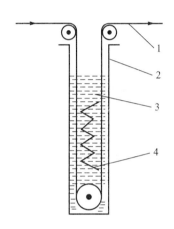

图 5-42 利乐 TBA 3 型包装材料杀菌系统　　图 5-43 利乐 TBA 8 型包装材料杀菌系统
1. 药剂容器　2. 杀菌剂泵　3. 排液阀　4. 参考电极　　1. 包装材料　2. 盛杀菌剂深槽
5. 电极　6. 挤压辊　7. 浸润轮　8. 水位监测器　　3. 杀菌剂　4. 螺旋电加热器
9. 杀菌剂液面　10. 包装材料入口

(三)制袋式无菌包装机的使用维护

1. 消毒、调整　每次工作前,检查双氧化水浴槽是否清洗,通过无菌空气循环系统旁通管对管路和设备进行杀菌消毒。准备开始升温生产前,关好各门、窗户,保证无菌灌装室的洁净度。灌装结束后,对设备及管路及时进行清洗和消毒。根据包装容器容积的大小,调节加热器的加热温度,温度调节范围在 450～650 ℃。

2. 使用　工作中,应严密监视机器的运行情况,如各滚轮转动是否灵活、打印装置的打印情况、双氧水浴槽液位、无菌空气循环系统工作情况、封结温度及封结情况等,及时发现存在的问题,并检查调整、更换或排除。

3. 维护　保持生产现场的环境卫生,对主要工作部件,要定期进行检查,及时更换易损件。开机前检查各滚轮轴承是否完好,检查纵缝挤压轮是否有磨损,位置是否正确。对传动系统运转部位,定期进行润滑或更换润滑油;定期检查提升皮带与最后输出皮带是否磨损,检查其皮带的松紧度,并清理传动部件内的油污。切断器刀刃用钝后及时更换,并调整定、动刀刃间隙。

二、给袋式无菌包装机

康美盒无菌包装机属于给袋式无菌包装机,既可以灌装低黏度液料,又可以灌装含颗粒或不含颗粒的黏度较大的物料,能使内容物与包装盒顶之间有一定的顶隙。康美盒无菌包装系统工艺流程如图 5-44 所示。先经过复合材料挤出复合、印刷、压痕与开孔、折叠、纵封等工序,制成盒坯,盒坯再被送到无菌灌装机。在无菌灌装机中,经过搓开盒坯、盒成型、底部加热、底部折叠、底部加压密封、顶部折纹、双氧水喷雾杀菌、干燥、灌装、去泡沫及顶部密封等工序,完成充填—封口过程。

通过康美盒无菌包装机一定的工序,把已杀菌制品充填到康美盒中并封口成型。图 5-45 为该机结构示意。康美盒无菌包装机运行过程如下:

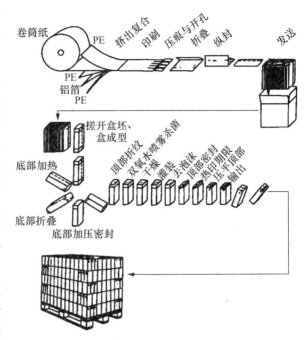

图 5-44 康美盒无菌包装系统工艺流程

(一) 盒坯输送与成型

已完成纵封的预制盒坯通过盒坯输送台 2 依次送到定型轮 5 旁,由活动吸盘 4 吸牢并拉开成无底无盖的长方盒,并推送至定型轮中。长方盒随定型轮转动,进入盒底部加热熔化区,两个热空气喷嘴伸入盒内,使盒底四壁的塑料面受热熔化。当转到底部折叠区时,开口的纸盒即被盒坯底部折叠装置 18 纵横折压出折纹。然后,在封底器压力下将盒底封闭。空盒被定型轮封好底后,随即被链式输送带扣住往前移动。

(二) 包装容器杀菌

在进入杀菌区前,包装容器顶部被一折叠器由顶向下折纹,以备最后封口用。盒顶折纹后即进入正压无菌区,在双氧水喷雾装置 16、电加热器作用下呈雾状喷射向空盒内部,包装盒内表面附着的双氧水冷凝后,由喷雾区下方的双氧水收集槽收集,而其余的悬浮雾状双氧水则由喷雾区顶部排气罩排出。在热空气干燥装置 8 的作用下,通过多次吹热空气操作,双氧水分解为新生态氧 (O),对空盒进行杀菌,热空气把双氧水吹走,并使空盒干燥(要求双氧水残留少于 0.1 mg/kg)。

(三) 无菌制品灌装

在无菌区,已经过杀菌的制品由灌装机构 9、15 完成灌装。物料的特性不同,灌装方法也不一样。对黏度较大的或含颗粒的制品如番茄酱等需用机械压力灌装法,在待装物料槽底部装有柱塞泵,由其往返运动将制品注入消毒好的纸盒中;对黏度较小的物料如果汁、牛乳等用定时流量法。

(四) 顶部加热和密封

顶部加热和密封是无菌区内的最后工序。灌装完成的盒顶封口处吹热空气,使该处复合材料软化，随后折叠，再用超声波封口装置 13 密封。超声波封口装置是使折叠后复合包装材料产生振动摩擦发热。超声波频率一般为 20 kHz。

由于康美盒无菌包装机是给袋式的，灌装时能实现容器与内容物间有一定顶隙，因此可用来完成果蔬汁的热灌装。

（五）热印和顶部压平

封口后立即热印灌装时间和产品有效期限，对包装袋四端处的凸翼（耳朵）由顶部压平装置 11 折叠压平，使包装成砖型。

（六）送出

通过传送轮 12 及传送带将包装产品送出机外。

康美盒无菌包装机的清洗消毒是在灌装开始前进行，灌装机构及与制品接触零部件的表面均需用就地清洗系统（CIP）清洗和用蒸汽消毒。

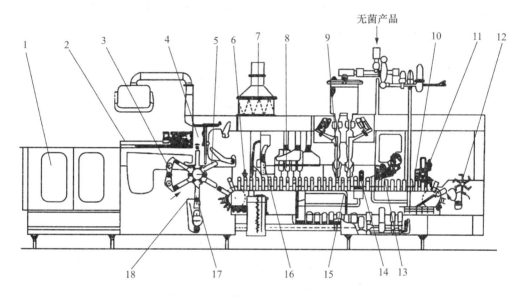

图 5-45 康美盒无菌包装机结构示意

1. 仪表控制台 2. 盒坯输送台 3. 盒坯底部加热装置 4. 活动吸盘 5. 定型轮
6. 顶部折纹装置 7. 双氧水蒸汽收集罩 8. 热空气干燥装置 9、15. 灌装机构
10. 热印装置 11. 顶部压平装置 12. 传送轮 13. 超声波封口装置 14. 除沫器
16. 喷雾装置 17. 盒坯底部密封装置 18. 盒坯底部折叠装置

（七）给袋式无菌包装机的使用维护

1. 生产前准备的注意事项 检查空气、蒸汽、水等的主阀，打开灌装机的压缩空气阀，压力要达到规定压力以上。

2. 蒸汽灭菌 如果机器很长时间未生产，需清洗无菌区中的部件，配制的灭菌剂如超过 2 h 即不能使用。

3. 设备清洗 每周拆出双氧水加热器进行清洗，每天检查底部加热器的清洁，至少每周清洗一次，每天清洁纸盒库的纸屑及塑料碎片。定期用酒精擦拭无菌室，如果在无菌室的边角出现奶垢，应及时去除，以防止污染。同时，也应经常对膜辊用酒精进行擦拭，以保证其无菌度。

4. 无菌灌装机保养　必须定期更换蜗轮减速箱及步进箱润滑油，经常检查是否保持油位。定期检查各机械联结有无松动。易损件必须按照要求更换。

任务五　刚性容器封口机械

在包装容器内计量充填或灌装产品后，对容器进行封口的机械称为封口机械。包装容器，按包装材料及容器种类可分为塑料薄膜及其复合材料包装袋封口机械、瓶罐类半刚性及刚性容器的封口机械两大类，本节重点介绍刚性容器封口机械。

刚性容器主要有旋盖封口、压盖封口、卷边封口、滚纹封口和压塞封口等形式。

（1）旋盖封口是将螺旋盖旋紧于容器口外缘的螺纹上，通过旋盖内与容器口部接触部分的密封垫片的弹性变形进行密封。这种封口形式主要用于旋盖为金属件或塑料件，容器为玻璃件、陶瓷件、塑料件或金属件的组合容器。

（2）压盖封口是将内侧涂有密封填料的外盖压紧并咬住瓶口或罐口的外侧凸缘，从而使容器密封。这种封口形式主要用于玻璃瓶与金属盖的组合容器，如啤酒瓶、汽水瓶、广口罐头瓶等。

（3）卷边封口是将罐身翻边与涂有密封填料的罐盖内侧周边互相钩合、卷曲并压紧，实现容器密封。罐身与底或盖结合层之间由弹韧性密封胶充填，增强卷边封口的气密性。这种封口形式主要用于马口铁、铝箔等金属容器罐。

（4）滚纹封口是通过滚压使无锁纹圆形帽盖形成与瓶口外缘一致的所需锁纹（螺纹、周向沟槽）而形成的封口形式，是一种不可复原的封口形式，具有防伪性能。一般采用铝制圆盖。

（5）压塞封口是将内塞压入容器口内实现密封。这种封口形式主要用于塑料塞或软木塞与玻璃瓶相组合的容器的密封。内塞要实现完全密封较困难，通常还要增加辅助密封方法，如塑封、蜡封或旋盖封等。

一、旋盖封口机

旋盖封口的瓶罐口的外螺纹有单头和多头两种。单头螺纹常用于小口径的瓶罐，其螺纹螺距较小，瓶罐口上螺纹多为2～3圈，因螺纹的升角小，具有良好的自锁性能。为使瓶口密封，瓶罐盖内常用纸板或橡胶作为密封衬垫。旋紧瓶罐盖时，密封衬垫发生弹性变形，从而达到气密性要求。多头螺纹螺距较大，每道螺纹段长度约为整圈螺纹的1/3、1/4等，上盖开启迅速方便。与多头螺纹罐口相匹配的盖子做成与外螺纹头数相等的凸爪，旋盖时，凸爪沿瓶罐上封口外螺旋前进而旋紧。它广泛用于玻璃、塑料瓶罐食品的封口，这种封口启封方便，启封后可再盖封。图5-46为多头螺纹连接结构示意。

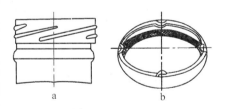

图5-46　瓶罐的多头螺纹连接结构示意
a. 瓶罐口多头外螺纹形式　b. 螺旋盖结构形式

对于小口径旋盖，由于螺旋升角较小，达到同样密封程度所需的旋拧力矩也较小，通常采用结构简单的直接摩擦旋拧机构。而对于大口径物料，所需旋拧力矩较大，多采用拧手机构。

（一）直线行进式旋盖机

图5-47为直线行进式旋盖机工作示意，已装瓶料由输送带4送进，盖由自动料斗送至送盖滑槽3。在送盖滑槽3的端头有弹性定位夹持器，夹持定位瓶盖，当料瓶送达时，瓶口

碰到盖，盖自动套在瓶口上，料瓶继续行进至两条平行反向运行的旋瓶皮带 7 中间，在这两条皮带的作用下，瓶在行进中自转，瓶盖上方的压盖板 2 和压盖输送带 1，阻止盖随瓶转动而使盖作轴向送进，从而实现瓶与盖的旋拧作业。当旋拧达到封口密封要求时，瓶在旋瓶皮带 7 的传动带间打滑，以保证旋拧安全可靠。

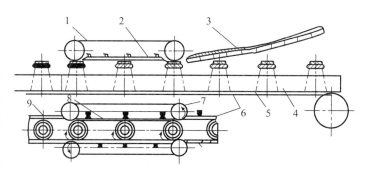

图 5-47 直线行进式旋盖机工作示意
1. 压盖输送带 2. 压盖板 3. 送盖滑槽 4. 输送带 5. 托板
6、8. 侧导板 7. 旋瓶皮带 9. 已旋盖瓶子

（二）爪式旋盖封口机

爪式旋盖封口机主要由供瓶机构、供盖机构、旋盖机头及定位和控制机构等组成，封口执行机构是三爪式旋盖机头，如图 5-48 所示。当瓶盖从料斗到达旋盖下方时，瓶盖首先被压入由弹簧 1 和 3 个爪 2 组成的爪头内，然后将灌有食品的瓶子送到旋盖下同一中心线位置并被夹紧，在传动轴 6 的作用下，旋盖头做旋转和下降运动，通过弹簧 4、球铰 3、摩擦片 7，使橡皮头 8 紧压在瓶盖上，并靠摩擦力将瓶盖旋紧在瓶口的螺纹上。达到一定的旋紧力后再旋转，则摩擦片打滑，从而防止因旋紧力过大而把瓶盖拧坏。转动调节螺钉 5 可调节旋盖机头位置的高低，以适应不同高度的瓶子。

（三）旋盖封口机的使用维护

开机前根据瓶子高度调整旋盖机头或压盖板的高度，使之与瓶高相匹配。根据瓶盖规格更换相应的抓头。工作中，注意旋盖的松紧度，过松会造成密封不严，过紧则容易拧坏瓶盖。直线行进式旋盖机可通过改变盖板的压力进行调节，爪式旋盖封口机通过改变弹簧的弹力调节。对各运动部件，要定期检查和润滑，磨损部件及时更换。

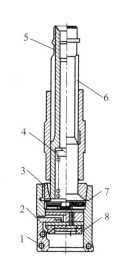

图 5-48 三爪式旋盖机头
1、4. 弹簧 2. 爪 3. 球铰
5. 调节螺钉 6. 传动轴
7. 摩擦片 8. 橡皮头

二、皇冠盖压盖封口机

皇冠盖压盖封口机是用配有高弹性密封垫片的皇冠型瓶盖，加在待封口装料瓶口上，加以机械压力，促使位于盖与瓶之间的密封垫圈产生较大的弹性变形，瓶盖波纹型周边结构被挤压变形，卡在瓶子封口凸棱的下缘，造成盖与瓶之间机械勾连，得到牢固的密封性连接的设备，如图 5-49 所示。

（一）皇冠盖压盖封口机的结构

皇冠盖压盖封口机结构如图 5-50 所示，包括皇冠盖压盖封口机主体、压盖机头、瓶盖供送装置（常采用自动料斗）、进瓶

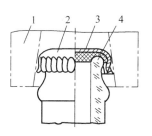

图 5-49 皇冠盖压盖封口
1. 压盖模 2. 皇冠盖
3. 密封垫片 4. 瓶口

和出瓶装置等。压盖封口机械可单独使用,也可与灌装机组合联机使用。

1. 压盖机主体结构

图 5-51 为压盖机主体的结构,压盖凸轮 1 为圆柱凸轮,固定安装在心轴 8 上部,压盖机头的滚轮(图 5-52)沿凸轮槽运动。为适应不同高度规格瓶子的压盖封口,心轴上设置有升降调节螺旋机构,调节时,手动转动手轮轴 11,通过调高大锥齿轮和调高小锥齿轮带动调节螺母 12 转动,使心轴 8 做轴向移动,从而带动压盖凸轮 1、压盖机头滑座 2

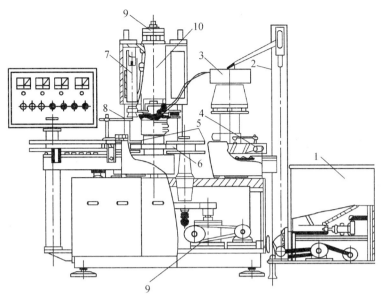

图 5-50 皇冠盖压盖封口机结构
1. 贮盖箱 2. 磁性带 3. 电磁振动给盖器 4. 供瓶装置
5. 拨轮 6. 压盖转盘 7. 压盖机头 8. 吊瓶安全装置
9. 无极变速器 10. 压盖机主体

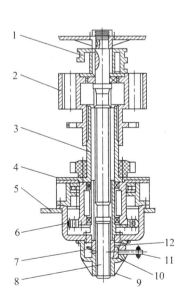

图 5-51 压盖机主体结构
1. 压盖凸轮 2. 压盖机头滑座 3. 空心支撑轴
4. 传送转盘 5. 机座箱体 6. 驱动大齿轮
7. 调高大锥齿轮 8. 心轴 9. 锁紧螺母
10. 调高小锥齿轮 11. 手轮轴 12. 调节螺母

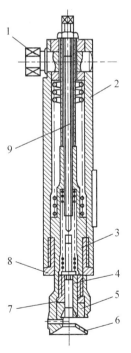

图 5-52 压盖机头结构
1. 滚轮 2. 空心导柱 3. 导套
4. 压盖心杆 5. 压盖模 6. 对中罩
7. 内螺纹套筒 8. 外螺纹套筒 9. 调节杆

轴向移动,实现压盖机头滑座2和传送转盘4之间的相对位移。空心支撑轴3通过轴承支撑于机座上,由驱动装置通过驱动大齿轮6带动在空心支撑轴3上的瓶子传送转盘4及压盖机头滑座2转动,压盖机头上的滚轮将循着压盖凸轮的槽道滚转,受压盖凸轮槽的约束,促使压盖机头做升降运动,完成压盖机的封口作业。

2. 压盖机头 图5-52为一种压盖机头的结构。整个压盖机头以滑动配合安装在压盖机主体的滑座上,用滑键进行周向定位,随其空心轴一起转动,进行压盖作业。压盖时,瓶盖由供盖装置送入压盖机头导槽内定位,压盖机头受压盖凸轮槽道控制向下行进,对中罩使瓶嘴与压盖机头对中,并将盖加到瓶口上,压盖心杆4压住瓶盖,通过压盖心杆压缩小弹簧,使压盖力增大后迫使盖与瓶嘴间密封垫产生挤压变形。与此同时,压盖模5对盖的周边波纹进行轧压,迫使它向瓶子封口凸棱下压紧,产生弹性塑性变形,形成机械性勾连。最后压盖滚轮循压盖凸轮轨道向上运动,在弹簧作用下,压盖模与盖分离,压盖机头升起,瓶子由出瓶拨轮排出,完成压盖作业。

(二)皇冠压盖封口机的工作过程

皇冠压盖封口机工作过程如图5-53所示,经过料斗定向装置定向的皇冠盖通过送盖滑槽送至压盖模处,被压盖头柱塞中的磁铁吸住或由压盖机头导槽内定位。压盖头柱塞随即下降,皇冠盖在压盖模作用下被压向瓶嘴,实现封口。最后,压盖头柱塞上升,被封口的瓶子退出,进入下一个瓶子的压盖工序。

三、卷边封口机

马口铁罐、铝箔罐等金属罐的密封是用罐身的翻边和罐盖的圆边在封口机中进行卷封,使罐身和罐盖相互卷合、压紧而形成紧密重叠的卷边的过程。所形成的卷边称之为二重卷边。二重卷边封口机完成罐头的封口主要靠压头,托盘头道卷边滚轮和二道卷边滚轮等部件协同作用下完成金属罐的封口。

图5-54为一全自动卷边封口机示意,充填物料后的罐体由推送链上的推头15间歇送入六槽转盘11的进罐工位Ⅰ。盖仓12内的罐盖由连续转动的分盖器13逐个拔出,然后由往复运动的推盖板14送至进罐工位处罐体的上方。罐体和罐盖一起被间歇传送到卷封工位Ⅱ。而后,先由托罐盘10、压盖杆1将其抬起,直至上压头完成定位后,利用两道卷边滚轮8依次进行卷封。托盖盘和压盖杆恢复

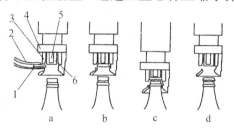

图5-53 皇冠压盖机工作过程示意
a. 进盖 b. 对中 c. 压盖 d. 完成
1. 皇冠盖 2. 送盖滑槽 3. 压盖模 4. 压头
5. 磁铁 6. 压盖头柱塞

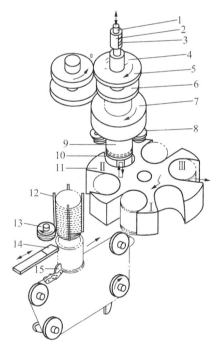

图5-54 卷边封口机示意
1. 压盖杆 2. 套筒 3. 弹簧 4. 上压头固定支座
5、6. 差动齿轮 7. 封盘 8. 卷边滚轮 9. 罐体
10. 托罐盘 11. 六槽转盘 12. 盖仓 13. 分盖器
14. 推盖板 15. 推头

原位，已封好的罐头降下，由六槽转盘再送至出罐工位Ⅲ，完成卷边封罐过程。

卷边封口常用的二重卷边封口（简称卷封）机构，以橡胶或树脂材料作充填料，将罐体与底或盖叠合后，通过两个沟槽形状不同的滚轮，顺序使罐体的底或盖的边缘弯曲变形、钩合压紧，形成密封的罐边（图5-55）。二重卷边形成过程如图5-56所示，图中A～E是头道滚轮卷边作业过程，F～J是二道滚轮卷边作业过程。头道滚轮于A处与罐盖钩接触；于B，C，D处逐渐向罐体中心作径向移动并形成卷边弯曲；在E处完成头道卷边作业。二道卷边滚轮于F处进入与卷边接触；于G，H，I处继续对卷边进行压合，在J处完成二道卷边作业。

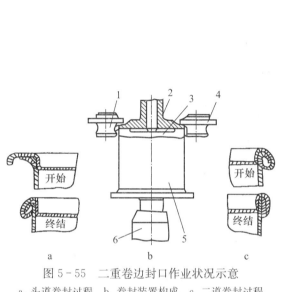

图5-55 二重卷边封口作业状况示意
a. 头道卷封过程 b. 卷封装置构成 c. 二道卷封过程
1. 头道卷封滚轮 2. 上压头 3. 罐盖 4. 二道卷封滚轮
5. 罐体 6. 下压板

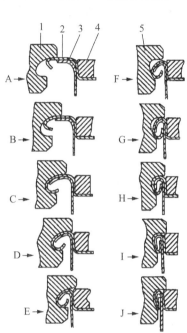

图5-56 二重卷边的形成过程
1. 头道卷边滚轮 2. 罐盖 3. 罐身
4. 上压头 5. 二道卷边滚轮
A～E. 头道卷边滚轮作业过程
F～J. 二道卷边滚轮作业过程

在封口设备中，卷封滚轮、上压头和托罐盘通常被称为封口三要素。滚轮正确的沟槽形状、压头的合理位置及托罐盘合适的推动力是确保正常卷封的必要条件。封口三要素作为封口设备的基本组成部件，也是影响二重卷边的基本因素。卷边封口机在工作前应根据罐型规格，更换相应的卷边滚轮、下托盘等工作部件。然后将罐盖装在上压头上，用卷边滚轮作标尺，转动上压头，检查其上下之间和滚轮间是否一致，直至调整水平为止。顺序调整头道和二道卷边滚轮的高低，使卷边滚轮槽上部平面和压头上部平面之间相距一张镀锡薄钢板的厚度。调整完设备后，手动盘转手轮进行试封，并根据封结情况进行校核，直到符合标准再投入使用。

任务六　贴标机械

用黏结剂将标签贴在包装件或产品上的机器称为贴标机械。贴标机按自动化程度分为半自动贴标机和全自动贴标机;按容器的运动方向分为立式贴标机和卧式贴标机;按容器的运动形式可分为直通式贴标机和转盘式贴标机;按贴标机构可分为龙门式贴标机、真空转鼓贴标机、圆罐自动贴标机、多标盒转鼓贴标机、拨杆贴标机和旋转贴标机。

一、真空转鼓贴标机

真空转鼓贴标机一般用于玻璃瓶罐贴标,其结构图如图 5-57 所示。它主要由输送带、进瓶螺旋、涂胶装置、印码装置、标盒、真空转鼓、搓滚输送皮带和海绵橡胶等组成。真空转鼓具有起标、贴标及进行标签盖印和涂胶等作用。

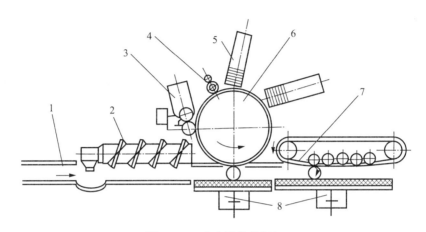

图 5-57 真空转鼓贴标机
1. 输送带 2. 进瓶螺旋 3. 涂胶装置 4. 印码装置 5. 标盒
6. 真空转鼓 7. 搓滚输送皮带 8. 海绵橡胶

该机的工作过程如图 5-57 所示,由输送带 1 送入的玻璃罐经进罐螺旋 2 分割成一定间距,并送往作逆时针旋转的真空转鼓 6 处。真空转鼓的结构如图 5-58 所示。在转动过程中,一半转鼓为真空区段,用于从标盒吸标;另一半为充气区段,用于贴标。真空转鼓圆柱面上间隔均匀分布有若干取标区段和橡胶区段。在每个取标区段设有一组真空孔眼,其真空的接通或切断靠转鼓中的滑阀转动来实现。标盒在连杆凸轮组合机构的带动下作移动和摆动的复合运动。当有瓶罐送来时,标盒即向转鼓靠近,标盒支架上的滚轮则碰触相应取标区段的滑阀活门,接通真空并吸取一张标纸。其后,标盒再跟随转鼓摆动一段距离,待标纸全部被转鼓吸附后再离开。带标纸的转鼓在取标区段转经印码装置、涂胶装置时,标纸分别被打印上出厂日期和涂上适量黏合剂。当依附在转鼓上的标签再转至与瓶罐(由进罐螺旋送来的)相遇时,该取标区段的真空即被滑阀切断,标纸失去真空吸力而黏附在瓶罐上。随后瓶罐楔入转鼓上的橡胶区段与海绵橡胶衬垫之间,瓶罐在转鼓的摩擦带动下开始自转,标纸被滚贴在罐身。最后,瓶罐经输送带与海绵橡胶衬垫的搓动前移,罐身上的商标纸被滚压平整且粘贴牢固。该机具有无瓶时不供标纸、无标纸不打印、无标纸不涂胶的连锁控制系统。

回转式真空转鼓贴标机如图 5-59 所示,它适用于圆柱形容器的贴标,工作时容器先由板式输送链送进,经螺旋分罐器将容器分割成要求的间距,再由星形拨轮将容器拨送到回转工作台,同时压瓶装置压住容器顶部,并随回转工作台一起转动。取标转鼓上有若干个弧形取标板,取标转鼓回转时,先经过涂胶装置,给取标板涂上黏结剂,转到标盒所在位置时,

项目五 包装机械

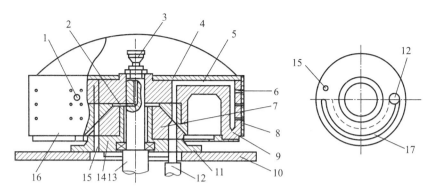

图 5-58 真空转鼓结构
1、9. 鼓体　2、4. 鼓盖　3、5. 气道　6. 气孔　7. 上阀盘　8. 橡胶鼓面　10. 工作台面板
11. 阀　12. 真空通道　13. 转轴　14. 下阀盘　15. 入气通道　16. 转鼓　17. 通道

取标板在凸轮碰块作用下，从标盒粘出一张标签进行传送。经过打印装置时，在标签上打印代码，再转动到与真空转鼓接触时，真空转鼓利用真空吸力吸过标签并作回转传送。当标签与回转工作台上的容器接触时，真空转鼓失去真空吸力，标签粘贴到容器表面。随后理标毛刷进行梳理，使标签平整并贴牢，最后定位压瓶装置升起，容器由星形拨轮拨出送到板式输送链上输出。

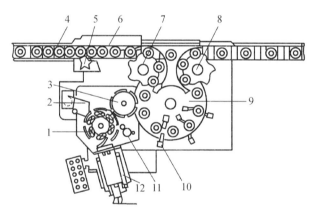

图 5-59 回转式真空转鼓贴标机
1. 取标转鼓　2. 涂胶装置　3. 真空转鼓　4. 板式输送链　5、7、8. 星形拨轮
6. 螺旋分罐器　9. 回转工作台　10. 理标毛刷　11. 打印装置　12. 标盒

二、圆罐自动贴标机

圆罐自动贴标机如图 5-60 所示。工作时需贴标签的圆罐沿进罐斜板滚到罐头间隔器，将罐头等距分开，以免罐头在贴标时发生碰撞和摩擦。罐头进入张紧的搓罐输送带下面后，借摩擦力的作用顺序向前滚动。当罐头途经胶盒时，盒内的两个旋转浸粘黏结剂的小牙轮便在罐身表面粘上两滴黏结剂。罐头再继续滚动至标签托架时，罐身表面的黏结剂粘起最上面一张标签，随着圆罐的滚动，标签便紧紧地裹在罐身上。在罐身粘取标签前，标签的另一端由压在标签上的含胶压条涂上黏结剂，以便进行纵向粘贴、封口。含胶压条由贮胶桶利用液位差的作用，不断供给黏结剂。贴好标签的罐头沿出罐斜板滚出。

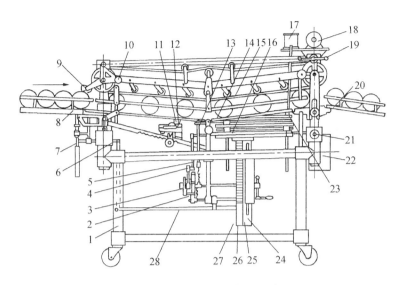

图 5-60 圆罐自动贴标机示意

1. 机架 2. 棘轮 3. 棘爪 4. 摆杆 5. 曲柄连杆机构 6、13、28. 连杆 7. 挡罐杆 8. 进槽斜板 9. 间隔器 10. 手轮 11. 小牙轮 12. 胶盒 14. 控制块 15. 输送带 16. 标签托架 17. 贮胶桶 18. 电动机 19. 摇动手柄 20. 出罐斜板 21. 启动按钮 22. 电气箱 23. 含胶压条 24. 导杆 25. 齿条 26. 齿轮 27. 斜块

为保证罐头能自动从标签托架中取到标签,要求标签叠正常工作时高度高于控制块。当标签叠高度随着贴标而降低且低于控制块时,罐头运行到这一位置就会压在控制块上,从而使连杆 13 上升,并拉紧弹簧,使与弹簧相连的棘爪离开棘轮。这时,曲柄连杆机构通过摆杆将棘轮推过一齿。同时,与棘轮同轴的齿轮 26 亦转动相同的角度,进而带动与齿轮相啮合的齿条向上运动,从而使装在齿条上端的标签托架上升,直到标签高度高于控制块为止。

当标签用完后,导杆上升,使装在下端的斜块 27 碰到连杆 28 的右端。连杆沿斜块的斜面向左运动,使与之相连的连杆 6 通过中间杠杆后向右移动。连杆 6 的左端插在挡罐杆中,当连杆右移时,挡罐杆在上部弹簧作用下,迅速弹起,使挡罐杆位于罐头通道中央,挡住罐头,从而实现无标不进罐的目的。

摇动手柄 19 便可使机架上部和输送皮带进行上下调节,以适应不同规格的圆罐贴标。转动手轮 10 可实现罐高的调节。

三、贴标机械的使用维护

(一)贴标机的调整

在贴标前,要根据罐型大小和高度调整贴标机,使之适合罐型要求,及时更换标签盒及标签。

(二)使用维护

首先,贴标机标签纸应正常安装,添加标签时需确保标签受压适当,若压力过大在贴标时会引起贴标产生错位。

其次,贴标机工作时的出标检测。以全自动圆瓶贴标机为例,当瓶子通过传送带到达贴标位置时,需确保标刷垂直平稳地将标签均匀压刷,这一过程中如果压力不足或压力过大都会造成贴标位置歪斜,所以这一点需要操作员注意,当发现贴标歪斜情况时,应调整标刷压力。

第三,热熔胶贴标机使用过程需要注意以下几点:

(1) 当标板胶层厚度过厚时要及时清理,否则会造成标签移位。

(2) 胶水温度要适中,温度过低会导致黏度下降,贴标不准。温度过高会造成贴标时胶水溢出影响产品美观,所以使用胶水时需按标纸要求的温度进行调节。

最后,贴标机要定期清理,比如转动轮、标盒、刮胶板、胶辊等。

复习思考题

1. 液体灌装机的气阀有什么作用?
2. 简述旋转式等压灌装压盖机的工作过程。
3. 简述包装容器升降机构的工作过程。
4. 简述模孔计数装置的工作过程。
5. 简述真空转鼓贴标机的工作过程。
6. 分析利乐包的材料和成型特点,叙述利乐包装设备的结构与工作过程。

实验实训一 旋转式等压灌装压盖机的构造观察与使用维护

一、目的要求

通过实训,使学生熟悉旋转式等压灌装压盖机的构造,掌握旋转式等压灌装压盖机的调整、使用和维护方法。

二、设备与工具

(1) 旋转式等压灌装压盖机。
(2) 饮料瓶若干,瓶盖若干。
(3) 配制好的饮料。
(4) 电源。
(5) 自来水源。

三、实训内容和方法步骤

(1) 观察旋转式等压灌装机的外部结构。

(2) 检查蜗杆蜗轮减速器润滑油面,必要时补充润滑油,对各运动部件进行润滑。

(3) 清洗灌装系统,并进行消毒。

(4) 根据饮料瓶的高度,调节贮液箱与灌装工作台之间的相对高度,并相应调整压盖装置的高度。根据饮料瓶的容量,调节贮液箱内高、低液位控制浮球的控制液位。调节低液位控制浮球上的针阀,调节排气快慢。

(5) 先向环形贮液箱送入无菌压缩空气,使环形贮液箱处于加压状态,并调节流入贮液箱料液的压力,使之与贮液箱压缩空气的压力相等。

(6) 启动灌装机电动机,带动灌装机、压盖机及瓶罐输送机构运转。检查运转是否正常,有无异常声响等。

(7) 向压盖机装入瓶盖，并将洗净的空瓶放入瓶罐输送机，开始灌装。

(8) 注意观察机器的运转情况，并对灌装压盖的饮料进行检查。

(9) 实训结束后，对设备进行清洗保养，整理实习现场。

实验实训二　袋成型—充填—封口包装机的构造观察与使用维护

一、目的要求

通过实训，使学生熟悉袋成型—充填—封口包装机的构造，掌握袋成型—充填—封口包装机的正确调整、使用和维护，在生产中能够正确使用袋成型—充填—封口包装机。

二、设备与工具

(1) 袋成型—充填—封口包装机 1 台。

(2) 成型包装用塑料薄膜 1~2 卷。

(3) 待包装物料适量。

(4) 电源。

(5) 自来水源。

三、实训内容和方法步骤

(1) 观察袋成型—充填—封口包装机的外部结构。

(2) 检查传动链的张紧程度。对各运动部件和传动部件进行润滑。

(3) 根据包装物料的体积大小，更换相应的象鼻形成型器。

(4) 调整量杯式计量装置，使之符合包装要求的用量。

(5) 根据包装材料封结温度的要求，调节纵封牵引辊和横封辊的封结温度。

(6) 启动主电动机，带动喂料盘、纵封辊、横封辊和旋转切刀运转。启动伺服电动机。检查运转是否正常，有无异常声响等。

(7) 停止机器，安装好塑料薄膜卷，送入物料，再启动机器，开始封装。

(8) 注意观察机器的运转情况，并对封装件进行检查。

(9) 实训结束后，对设备进行清洗保养，整理实习场所。

项目六

制冷机械与设备

【素质目标】
通过本项目的学习，培养学生对中国制造的自信心和民族自豪感，使学生牢固树立技能强国、做大国工匠的远大理想，培养学生严谨认真的职业态度。
【知识目标】
了解制冷设备的组成及工作原理，了解制冷设备的分类；了解常用的制冷装置有哪些，掌握它们的结构及工作原理。
【能力目标】
掌握制冷机械的用途和使用方法，并能根据具体的食品加工工艺流程，选择相应的制冷设备。

党的十八大以来，我国制冷空调行业按照在以习近平同志为核心的党中央指引的高质量发展方向，聚焦速度规模型向质量效益型的转型升级，进行了多方位的探索与创新，创新研发取得巨大成果，多个大类产品的技术水平已经同国际领先水平同步，有的领域甚至领跑世界。我国继续保持并巩固制冷空调产品全球第一制造大国、消费大国和贸易大国的地位，制冷空调产品的全国规模以上生产企业由2012年的751家上升到1 317家，2021年我国制冷空调行业工业总产值达到7 600亿元。我国制冷空调节能技术取得了巨大的发展。在制冷剂替代技术、直流同步调速和磁悬浮技术、低环境温度热泵技术、高温热泵技术、温湿度独立控制技术、蒸发冷却技术等领域不断取得新的进展；制冷空调用压缩机在变频化、高能效、小型化、轻量化等方面均取得巨大成果。展望未来，在党的二十大精神引领下，我国制冷空调行业将继续守正创新，聚焦核心科技，为我国经济实力、科技实力、综合国力大幅跃升贡献力量。

任务一 制冷原理认知

制冷是指利用物体相变或状态变化产生冷效应的过程。现代食品工业中所应用的冷源都是由人工制冷得到的。根据制冷剂状态变化，人工制冷可以分为液化制冷、升华制冷和蒸发制冷三类。通常将利用压缩机、冷凝器、膨胀阀和蒸发器等构成的蒸发制冷称为机械制冷。机械制冷在食品工业中应用最为广泛。

一、单级压缩制冷循环

单级压缩制冷循环是以制冷剂为工作介质（通常称工质，在制冷过程中指氨、氟利昂等），通过压缩机对制冷剂压缩做功为补偿，利用制冷剂状态变化产生的吸热和放热效应达到制冷目的的循环过程。如图 6-1 所示，最基本的单级压缩制冷循环由压缩机、冷凝器、膨胀阀和蒸发器组成。

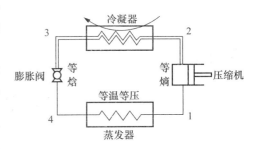

图 6-1 单级压缩制冷循环原理

在这个单级压缩制冷系统中，制冷剂在 1 处进入，在压缩机之前为低压低温蒸气，经压缩机压缩成高压高温的过热蒸气（等熵过程），如图 6-1 中 1→2 所示。高压高温过热蒸气的温度高于环境介质（水或空气）的温度，其压力使制冷剂蒸气能在常温下凝结成液体状态。因而排至冷凝器时，经冷却、冷凝成高压的液态制冷剂，把热量传给冷却水（等压过程），如图 6-1 中 2→3 所示。高压液体通过膨胀阀时，因节流而降压，在压力降低的同时，液态制冷剂因沸腾蒸发吸热，而使其本身的温度也相应下降（只要降压足够，就可使其温度降低到所需要的低温）此为等焓过程，如图 6-1 中 3→4 所示。把这种低压低温的制冷剂引入蒸发器，让其在蒸发器内蒸发吸热，发生冷效应，使周围空气及物料温度下降为等压等温过程，如图 6-1 中 4→1 所示。从蒸发器出来的低压低温蒸气重新进入压缩机，这样就完成了一次制冷循环。

单级压缩制冷循环的设备结构简单，应用比较广泛。制冷循环若以压缩机和膨胀阀为界，可粗略地分成高压、高温和低压、低温两个区，高压端压强与低压端压强的比值称为压缩比，蒸发制冷温度越低，压缩比越高。对于氨压缩机来说，单级压缩制冷循环适用于蒸发制冷温度-25 ℃以上的较高制冷温度及蒸气压强较小的情况；如果要达到更低的温度，要求压缩机的压缩比更大。但压缩比过大会使冷却系数下降，压缩机的排气温度高，润滑油变稀，制冷量下降。一般来说，单级氨制冷压缩机的最大压缩比要小于 8，氟利昂制冷压缩机小于 10。为了解决这一问题，人们采用双级压缩或多级压缩来达到所需的温度。

二、双级压缩制冷循环

一些食品特别是水产品要求冷冻温度更低，同时要保证速冻食品的质量，关键在于提高冻结速度，在贮藏和运输过程中控制速冻食品的温升，在速冻食品的冻结和贮藏过程中需要制冷设备达到-60~-50 ℃的蒸发温度，此时可采用双级压缩制冷系统。双级压缩制冷循环，就是制冷剂蒸气在一个循环过程中要经过两次压缩，在制冷循环的蒸发器和冷凝器之间设有两个压缩机，并在两个压缩机之间再设一个中间冷却器。一般当压缩比大于 8 时，采用双级压缩比较合理。双级压缩制冷原理如图 6-2 所示，在状态 1 处，蒸发器中

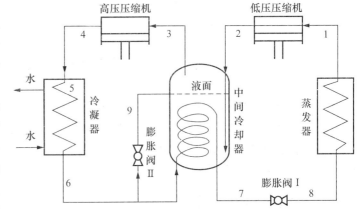

图 6-2 双级压缩制冷循环示意

形成的低温低压制冷剂蒸气被低压压缩机吸入，被绝热压缩至中间压力的过热蒸气而排出（状

态2),进入中间冷却器降温,再经高压压缩机增压(状态3→4),冷凝器冷却,蒸气转化为高压液体制冷剂(状态6),然后分流为两路:一路经膨胀阀Ⅱ节流降压后的制冷剂进入中央冷却器;另一路在中央冷却器的盘管内进行过冷,过冷后的制冷剂(状态7)经过膨胀阀Ⅰ节流降压,节流降压后的制冷剂(状态8)进入蒸发器,蒸发吸热,产生制冷效果。

双级压缩机制冷系统的优点是可以获得较低的蒸发制冷温度(-40~-70 ℃),缺点是设备投资一般比单级压缩机大,操作、维护也更为复杂。

任务二 制冷剂与载冷剂

一、制冷剂

制冷剂是制冷压缩机的工作介质,简称制冷工质,在蒸发式制冷系统中循环,通过其本身的状态变化来传递热量。

(一) 制冷量和制冷系数

1. 制冷量 制冷量是指在一定的操作条件(即一定的制冷剂蒸发温度、冷凝温度、过冷温度)下,单位时间制冷剂从被冷冻物取出的热量,以 Q 表示之,单位为 W。

制冷系统的制冷量 Q_0 与单位制冷量(q_m,J/kg)和制冷剂循环量 G(kg)关系:

$$Q_0 = G q_m \tag{6-1}$$

2. 制冷系数 制冷机(或制冷系统)为获得一定的制冷量需要输入一定的能量,即需要消耗一定的功率。制冷量与输入功率之比称为制冷系数,制冷系数用 ε 来表示

$$\varepsilon = \frac{Q_0}{P} \tag{6-2}$$

制冷系数表示制冷机产出的制冷量是所消耗的功率的倍数,是衡量制冷机(或制冷系统)的重要技术经济指标。如制冷系数为3,即是说每消耗 1 kW 的能量可以获得 3 kW(2 580 kcal/h)的制冷量。

(二) 常用制冷剂

选择制冷剂主要从热力学、物理化学、生理学及经济性和对环境影响等方面考虑。需要特别注意其对环境的影响。一般来说,制冷剂应满足以下要求:

第一,热力学上的要求:易于蒸发和液化,制冷剂的沸腾温度、凝固温度要低,冷凝压力不宜过高。单位产冷量大,制冷剂的蒸发潜热大,蒸汽容积小。导热系数和散热系数大,以提高热交换器的传热效率;第二,物理化学上的要求:制冷剂对金属不应有腐蚀作用。相对密度和黏度要小,使制冷剂在循环流动时阻力小。化学性质稳定,不燃烧,在压缩机所产生的高压高温下不分解,制冷剂与润滑油应当不起化学作用;第三,生理学上的要求:制冷剂要无毒、无害;第四,经济上的要求:制冷剂应易于购得,价格低廉。

制冷剂种类很多,比较常用的有无机化合物和氟利昂类,用 R 作为制冷剂代号。

1. 无机化合物制冷剂 氨(NH_3)是应用非常广泛的制冷剂,在制冷剂中代号为 R717,在1标准大气压下的蒸发温度为-33.4 ℃,适用的制冷温度范围为-65~10 ℃,具有良好的热力学性质,热导率高,单位容积制冷量大,价格低廉,易于获得,具有较理想的制冷性质,在工业中被广泛采用。

纯氨对润滑油无不良影响,但有水分时,会降低润滑油的润滑性能。工业用氨所含的水

分不得超过 0.2%。氨中含有水分时，则对铜及铜合金具有强烈的氧化作用。因此氨制冷机及其管道不能使用铜及铜合金。但氨对青铜和磷铜腐蚀性较小，故压缩机的活塞环或轴瓦等部件，有时也有使用这些材料。另外，氨有一种强烈的特殊臭气，对人体有害，空气中含有 1% 以上氨时，就可能发生中毒事故。氨为可燃物，若空气中氨浓度达到 16%～25% 时，遇明火会发生爆炸。目前，很多氨制冷设备采用 CO_2/NH_3 复叠式制冷系统、使用新型耐腐蚀材料、控制氨制冷剂的充注量等方式提高氨制冷系统的安全性。

2. 氟利昂类制冷剂 这类制冷剂是以氟、氯、氢、碳等化学元素组成的化合物，由于部分氟利昂制冷剂的大量使用，会破坏大气中的臭氧层，同时致使地球产生温室效应。所以，R22（二氟一氯甲烷）作为替代 R12（二氯二氟甲烷）的重要工质，20 世纪末在我国获得了高速发展。R22 是综合性能很优秀的制冷剂。人们在 R22 制冷剂的设计、制造、运行、维修等方面已成功地积累了数十年的经验。

国际上要求未来制冷剂不能对臭氧层产生任何破坏作用，尽量小的产生温室效应，因此限制部分氟利昂制品的使用。R22 虽然热力性能十分优秀，但其具有较高的 ODP（Ozone depletion potential 臭氧破坏指数），对臭氧层会产生一定破坏作用，根据蒙特利尔协议，国内新机组已不能再采用；R407C，R507，R410A 以及 R134a 虽然对臭氧层无破坏，但其具有较高的 GWP（Global Warming Potential 全球温室效应指数），根据最新的基加利协议，这些制冷剂也已进入衰减期，R410A 已经实行了配额拍卖制度，严格控制使用量。目前主要采用 R290、R600a、R744、HCs 类环境友好型自然工质和人工合成低 GWP 工质替代较高 GWP 的 R22、R404A 和 R134a 等传统工质，提升产品环保性能。

氟利昂制冷剂的共性是无味、不易燃烧、毒性小，对金属的腐蚀性小，但对橡胶和塑料有腐蚀作用，其渗透性强，易泄漏且不易被发现。氟利昂与油能充分溶解，但不溶于水，所以氟利昂制冷系统常设有干燥过滤器，用来去除少量的水分。

二、载冷剂

在食品工业中，需要进行制冷的场所往往较大或进行冷冻作业的机器台数较多，将制冷剂直接送往各处很不现实。因此，通常专设制冷间，采用间接制冷过程以迎合这种需要。即用廉价物质作媒介载体，先接受制冷剂的冷量，再用媒介载体去冷却其他物质，这种媒介载体称为载冷剂。常用的载冷剂有空气、水、氯化钠溶液、氯化钙溶液和氯化镁溶液等。

选择载冷剂一般应考虑选冰点低、比热容大、无金属腐蚀性、化学上稳定、价格低及容易获取等因素；作为食品工业用的载冷剂，往往还须具备无味、无臭、无色和无毒的条件。食品工业中常用的载冷剂有空气、水和盐水及有机物水溶液等。

(一) 空气

用空气作载冷剂虽然有较多优点，但由于它的比热容小，而且作为气态使用，它的对流换热效果差，所以在食品冷藏或冷冻加工中，空气是以直接与食品接触形式使用的。

(二) 水

水虽然有比热容大的优点，但是它的冰点高，所以仅能用作制取 0 ℃ 以上冷量的载冷剂。如果要制取低于 0 ℃ 的冷量，则可采用盐水或有机溶液作为载冷剂。

(三) 盐水

盐水的性质与盐浓度有关。根据溶液的性质，即在一定范围内浓度增加，凝固点下降，浓盐水的冰点远低于纯水的冰点。工业上一般都用氯化钠（NaCl），氯化钙（CaCl₂），氯化镁（MgCl₂）等调制盐水。氯化钠盐水共晶点为$-21.2\ ℃$，此时密度为 $1\ 170\ kg/m^3$。氯化钙盐水共晶点为$-55\ ℃$，此时密度为 $1\ 286\ kg/m^3$。当用盐水作为载冷剂传递冷量时，工作温度要高于盐水的凝固点，一般制冷温度比凝固点高 6～8 ℃。

盐水作为载冷剂，其缺点是对金属有强烈的腐蚀作用，造成盐水系统的设备需要经常更换。在盐水中加抗腐剂或减少盐水与空气的接触，可以减弱盐水的腐蚀作用。冷却盐水用于间接制冷循环制冷原理见图 6-3。

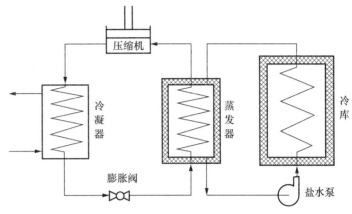

图 6-3 冷却盐水用于间接制冷原理

（四）有机载冷剂

有机载冷剂也具有低凝固点的特点，工业上最有代表性的两种载冷剂是乙二醇和丙二醇的水溶液。它们都无色无味，冰点都比较低，最低温度可达$-48.9\ ℃$，化学稳定性好，对管道和容器等材料无腐蚀作用。

任务三 制冷机械与设备的工作部件

制冷机械与设备包括压缩机、蒸发器、膨胀阀（节流阀）和冷凝器四大主要工作部件以及油分离器、高压贮液器、中间冷却器、气液分离器、空气分离器等辅助设备。

一、制冷压缩机

制冷压缩机是制冷系统的核心部件，是制冷剂循环的动力，通常称为制冷主机。它的作用是抽吸蒸发器中的低压低温制冷气，并将其压缩成高温高压的过热蒸气，为制冷剂蒸气升压液化创造条件。食品工业中常用的制冷压缩机有活塞式和螺杆式。

（一）压缩机的分类

压缩机的分类方法有多种，有活塞式、离心式、并联式、螺杆式及吸附式等多种。其中活塞式使用最多，下面介绍一下活塞式压缩机的主要类别：

按活塞的运动方式分，可分为往复式压缩机和回转式压缩机；

按一台压缩机中蒸气被压缩的次数来分，可分为单级压缩机（可制取$-40\ ℃$以上温度）、双级压缩机（可制取$-70\ ℃$以上温度）以及三级压缩机（可制取$-110\ ℃$以上温度）；

按压缩机组的封闭程度可分为开启式、半封闭式和全封闭式。

（二）压缩机的工作原理

1. 活塞式制冷压缩机 活塞式制冷压缩机又称往复式制冷压缩机，在工艺冷却设备、与食品相关的制冷和冷库链中广泛应用。其工作原理如图 6-4 所示。旋转的曲轴 3 通过连杆带动活塞 2 在气缸中作直线往复运动，并通过吸气阀 8、排气阀 1 相应的配合动作，来完成吸气、压缩、排气和膨胀四个过程。

活塞式制冷压缩机的基本结构如图6-5所示，主要构件有活塞、气缸体、曲轴、前轴承、后轴承、连杆、排气管、吸气管等。气缸体的前、后端分别装有吸、排气管。低压蒸气从吸气管经滤网进入吸气腔，再经吸气阀进入气缸体。压缩后的制冷剂蒸气通过排气阀进入排气腔，从气缸体盖处排出。吸气腔和排气总管之间设有安全阀，当排气压力因故障超过规定值时，安全阀被顶开，高压蒸气将流回吸气腔，保证制冷压缩机的安全运行。

活塞由铸铁或铝合金制作，所用活塞环有两道气环、一道油环。气环用于活塞与气缸体壁之间的密封，避免制冷剂蒸气从高压侧窜入低压侧，以保证所需的压缩性能，同时防止活塞与气缸体壁直接摩擦，保护活塞。油环用于刮去气缸体壁上多余的润滑油。

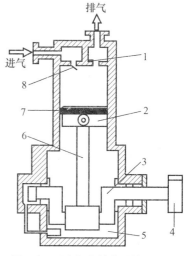

图6-4 活塞式制冷压缩机原理
1. 排气阀 2. 活塞 3. 曲轴 4. 联轴器
5. 曲轴箱 6. 连杆 7. 活塞环 8. 吸气阀

如图6-5所示，制冷压缩机的气缸体套依靠低压蒸气进行冷却，也有的压缩机利用气缸体周围的水套进行冷却。气缸体周围设有顶开吸气阀的顶杆和转动环等卸载机构。转动环由油缸的拉杆机构进行控制，用于压缩机制冷量的调节和启动时的卸载。

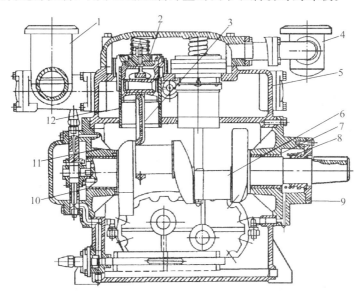

图6-5 活塞式制冷压缩机的基本结构
1. 吸气管 2. 假盖 3. 连杆 4. 排气管 5. 气缸体 6. 曲轴 7. 前轴承 8. 轴封
9. 前轴承盖 10. 后轴承 11. 后轴承盖 12. 活塞

活塞式制冷压缩机结构复杂、零部件较多，制冷剂气体吸入和排出呈间歇性，易引起气柱及管道振动，且与其他回转式压缩机相比，其体积较大、维护费用相对较高、成本优势低；在小冷量范围与涡旋式或转子式压缩机竞争，在大冷量范围面临螺杆式压缩机的冲击。尽管我国制冷行业活塞式制冷压缩机的一些传统市场正逐步被低温螺杆式及涡旋式压缩机替代,但凭借其可适用的工作压力和流量范围广、在恶劣工况下可靠性高等技术优势,活塞式制冷压缩机在市场上仍占一席之地。

2. 螺杆式制冷压缩机 螺杆式制冷压缩机是一种回转型压缩机,利用一对设置于机壳内的螺杆形阴阳转子的啮合转动来改变齿槽的位置和容积,完成吸入、压缩和排出过程。

(1) 构造。螺杆式制冷压缩机(图6-6)是由阴、阳转子3和5,机体4,吸、排气端座2和7,滑阀10,平衡活塞1等主要零件组成。机体内呈"∞"字形,水平配置两反向旋转的螺杆形转子——阳转子5(表面为凸齿)和阴转子3(表面为齿槽)。

机体两端座上设有吸气、排气管和吸气、排气口。机体下部设有排气量调节机构——滑阀及向气缸体喷油用的喷油孔(一般设在滑阀上)。

(2) 工作过程。如图6-7所示,上方为吸气端,下方为排气端。在理想工作状态下工作过程有三个阶段,即吸气、压缩和排气。

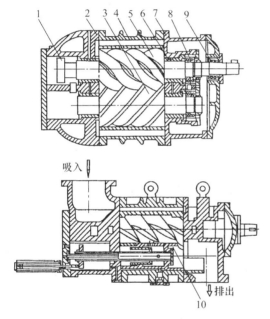

图6-6 螺杆式制冷压缩机的结构
1. 平衡活塞 2. 吸气端座 3. 阴转子 4. 机体 5. 阳转子
6. 主轴承 7. 排气端座 8. 推力轴承 9. 轴封 10. 滑阀

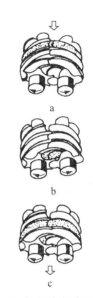

图6-7 螺杆式制冷压缩机的
工作过程
a. 吸入 b. 压缩 c. 排气

A. 吸气过程:当转子上部一对齿槽和吸气孔连通时,由于螺杆回转啮合空间容积不断扩大,蒸发的制冷蒸气由吸气口进入齿槽,开始进入吸气阶段。随着螺杆的继续旋转,吸气端盖处因齿槽与齿的啮合而封闭,完成吸气阶段。

B. 压缩过程:随着螺杆的继续旋转,啮合空间的容积逐渐缩小,进入压缩阶段。当啮合空间和端盖上的排气口相通时,压缩阶段结束。

C. 排气过程:随着螺杆的继续旋转,啮合空间内的被压缩气体将压缩后的制冷剂蒸气经排气口排至排气管道中,直至这一空间逐渐缩小为零,压缩气体全部排出,排气过程结束。随着螺杆的不断旋转,上述过程经连续、重复进行,制冷剂蒸气就连续不断地从螺杆式制冷压缩机一端吸入,从另一端排出。

与活塞式制冷压缩机相比,喷油式螺杆制冷压缩机的体积小、吸气系数大、排温低、单级压缩比大,对湿行程不敏感,排气脉动小、易损件少、检修周期长、制冷量可调节,容积效率一般可达到90%以上,在大冷量领域已经显示出其优越性,有逐步取代活塞式制冷压缩机等其他种类压缩机的趋势,当标准工况超过58 kW时宜选择螺杆式制冷压缩机。

二、蒸发器

蒸发器是制冷系统的热交换部件之一,节流后的低温低压液体制冷剂在蒸发管路内蒸发,吸收待冷却介质的热量,达到制冷降温的目的。

按照被冷却介质的类型,蒸发器可分为冷却液体蒸发器和冷却空气蒸发器两类。

(一)冷却液体蒸发器

1. 立管式蒸发器 立管式蒸发器如图6-8所示,蒸发器的两排或多排管组安装在一个长方形水箱内,每个蒸发器管组由上总管和下总管及介于其间的许多立管组成。上总管的一端连接有液体分离器,分离器下面有一根立管直接与下总管相通,可使制冷剂气体回流至制冷压缩机内,使分离出来的制冷剂液体流至下总管。下总管的一端设有集油罐,集油罐上端的均压管与回气管相通,可将润滑油中的制冷蒸气抽回至制冷压缩机内。

节流后的低压液体制冷剂从上总管穿过中间一根直立粗管直接进入下总管,并可均匀地分配到各根立管中去。立管内充满液体制冷剂,汽化后的制冷剂上升到上总管,经液体分离器,气体制冷剂被制冷压缩机吸回。

被冷却的水从上部进入水箱,由下部口流出。为保证水在箱内以一定速度循环,管内装有纵向隔板和螺旋搅拌器,水流速度可达0.5~0.7 m/s。水箱上部装有溢水口,当箱内装入的冷冻水过多时,可以从溢水口流出。箱体底部又装有泄水口,以备检修时放空水箱内的水。立管式蒸发器属于敞开式设备,其优点是便于观察、运行和检修。缺点是如用盐水作为冷冻水,与大气接触吸收空气中的水分,盐水浓度易降低,而且系统易被迅速腐蚀。这种蒸发器适用于冷藏库制冰。

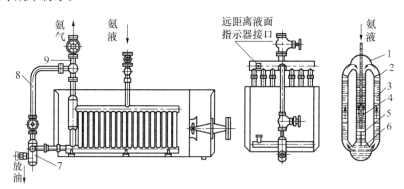

图6-8 立管式蒸发器

1. 上总管 2. 液面 3. 直立细管 4. 导液管 5. 直立粗管 6. 下总管 7. 集油罐 8. 均压管 9. 回气管

2. 螺旋管式蒸发器 为提高传热效果,目前在氨制冷设备中广泛采用双头螺旋管式蒸发器,如图6-9所示。

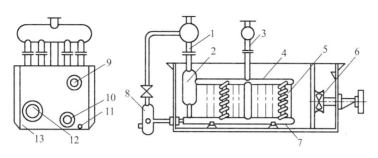

图 6-9 双头螺旋管式蒸发器
1. 氨气出口管 2. 氨液分离器 3. 氨液进口 4. 上总管 5. 螺旋管
6. 搅拌机叶轮 7. 下总管 8. 蒸发器油包 9. 溢流管 10. 冷冻水出口
11. 排污管 12. 搅拌机飞轮 13. 蒸发器箱体 14. 浮球阀

双头螺旋管式蒸发器的液面由浮球阀控制，经过浮球阀节流降压后的氨液从供液总管进入下总管并送至各螺旋管。氨液在螺旋管组内汽化吸热，通过管壁和管外水箱中循环的载冷剂（冷冻水或盐水）进行热交换，达到降低水箱中冷冻水温度的目的。氨气通过上总管进入氨液分离器，分离器分离出来的液滴重新流回至下总管，再分配到螺旋管中进行汽化，而氨气和液氨在氨液分离器里分离，氨气被分离到顶部，然后被制冷压缩机工作过程产生的真空作用力抽走，再被压缩成液氨。

这种蒸发器加工制作方便、节省材料，并具有载冷剂贮存量大的特点，但螺旋管式蒸发器也是敞开式结构，缺点与立式蒸发器相同。

3. 卧式壳管蒸发器 卧式壳管式蒸发器如图 6-10 所示，其筒体由钢板焊成，两端各焊有管板，两管板之间焊接或胀接多根水平传热管，管板外面两端各装有带分水槽的端盖。通过各分水槽的端盖将水平管束分成几个管组，使冷冻水经端盖下部进水管进入蒸发器，并沿着各管组做自下而上的反复流动，将热量传给水管外部液体制冷剂使其汽化，被冷却后的水从端盖上部出水管流出，冷却水在管内流动速度为 1~2 m/s。

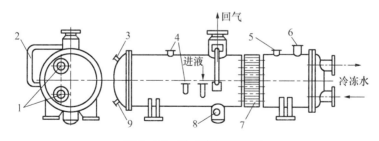

图 6-10 卧式壳管蒸发器
1. 冷冻水接管 2. 液位管 3. 放空气口 4. 浮球阀接口
5. 压力表 6. 安全阀 7. 传热管 8. 放油口 9. 泄水口

卧式壳管式蒸发器构造简单、结构紧凑、金属消耗虽少、制造工艺简单、造价较低、传热性能好。以盐水作为载冷剂时，可以实现盐水系统的封闭循环系统，不仅系统简单，而且减轻了盐水对系统管路及设备的腐蚀。

卧式壳管式蒸发器也有下列一些缺点：第一，当蒸发器壳体的直径较大时，液体静压力的影响会使下部液体的蒸发温度提高，这就无形中减小了蒸发器的传热温差；第二，对于卧式壳管式氟利昂蒸发器，制冷剂液体中溶解的润滑油很难排出，需要采取一定的回油措施解决。

（二）冷却空气式蒸发器

冷却空气蒸发器分为空气自然对流式和强迫空气对流式两种。

1. 自然对流式蒸发器 自然对流式蒸发器有盘管式、立管式和U形管式。

盘管式蒸发器如图6-11所示，多采用无缝钢管制成，横卧蒸发盘管或翅片盘管通过U形管卡固定在竖立的角钢支架上，气流通过自然对流进行降温。这种蒸发器结构简单、制作容易、充氨量少，但排管内的制冷气体需要经过冷却排管的全部长度后才能排出，而且空气流量小、制冷效率低。

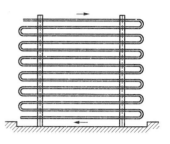

图6-11 盘管式蒸发器

立管式蒸发器如图6-12所示，常见于氨制冷系统，一般用无缝钢管制造。氨液从下横管的中部进入，均匀地分布到每根蒸发立管中。各立管中液面高度相同，汽化后的氨蒸气由上横管的中部排出。这种立管式蒸发器中的制冷剂汽化后，气体易于排出，从而保证了蒸发器有效传热效果，减少了过热区。但是，当蒸发器较高时，因液柱静压力作用，下部制冷剂压力较大，蒸发温度提高，蒸发温度较低时制冷效果较差。

U形管式蒸发器采用U形无缝钢管制成，一般水平吊放在冷库的天棚上，又称顶排管。也有多排U形细管排列成隔架式排管，作为速冻间的货架使用，如图6-13所示。

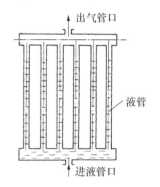

图6-12 立管式蒸发器

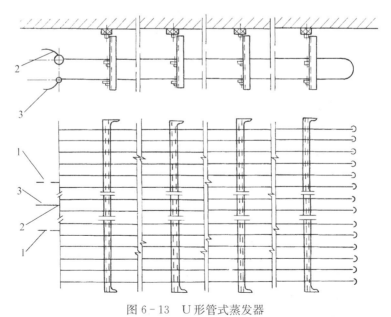

图6-13 U形管式蒸发器
1. 供液管（多根U形管时） 2. 回气管 3. 供液管

2. 强迫对流式蒸发器　强迫对流式蒸发器又称冷风机，如图 6-14 所示。空气在风机作用下流过蒸发器，与盘管内的制冷剂进行热交换。它由数排盘管组成，一般采用铜管或铜管外套缠翅片。氨、氟利昂制冷系统都可采用这种蒸发器。

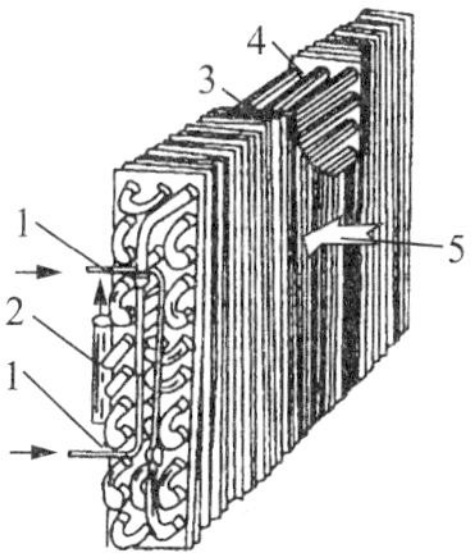

三、冷凝器

冷凝器是一种热交换设备，它的作用是将制冷压缩机排出的高温高压气体制冷剂进行冷却降温，使其凝结成中温高压液体，采用的冷却介质为空气或水。根据冷却介质的不同，冷凝器分为水冷式冷凝器和风冷式冷凝器。

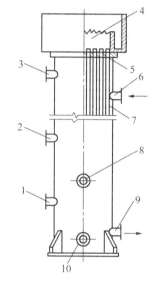

图 6-14　强迫对流式蒸发器
1. 液体制冷剂进口　2. 制冷剂蒸气出口
3. 冷却管　4. 翅片　5. 气流

（一）水冷式冷凝器

1. 立式壳管式冷凝器　如图 6-15 所示，立式壳管式冷凝器的筒体为立式圆柱形壳体，其上下两端各焊接一块管板，两管板之间焊接或胀接有多根小口径无缝钢管组成的换热管。冷却水从冷凝器上部送入管内，吸热后从冷凝器下部排出。冷凝器顶部装有配水箱，可通过配水箱将冷却水均匀地分配到每根换热管中。

制冷剂蒸气从上部的进气管进入冷凝器换热管束留有的气道，在换热管表面凝结成液体。冷凝后的液体制冷剂沿着管壁外表面向下流，在冷凝器底部的出液管流出。这种冷凝器占地面积小，传热效率高，无冻结危害，可以安装在室外，便于清除铁锈和污垢，对使用的冷却水水质要求不高，清洗时不必停止制冷系统。缺点是冷却水用量大，体型较笨重，目前大中型氨制冷系统采用这种冷凝器较多。

2. 卧式壳管式冷凝器　卧式壳管式冷凝器如图 6-16 所示，其桶形壳体为卧式结构，壳体内部装有无缝钢管制成的换热管束，用扩张法或焊接法固定在两端的管板上。管板两端装有带分水槽的端盖，端盖与壳体之间用螺栓连接。

图 6-15　立式壳管式冷凝器
1. 放气管　2. 均压管　3. 安全阀接管
4. 配水箱　5. 管板　6. 进气管　7. 换热管
8. 压力表接管　9. 出液管　10. 放油管

工作时，高温高压制冷剂气体由壳管顶部进气管进入壳体内冷却水管的空隙间，遇冷后的制冷蒸气便凝结成液滴下落到壳体的底部，由壳体底部的出液管流出。冷却水由水泵供送，从端盖下部冷却水进口 10 流入冷凝器。通过端盖内的分水槽，使冷却水在筒内分成数个流程，自下而上在冷却水管内按顺序反复流动，最后由端盖上部的冷却水出口 9 流出。端盖顶部的放气旋塞用于供水时排出积存在内的空气。下部的放水旋塞用于冷凝器停止使用时放出积水。

卧式壳管冷凝器传热系数高，冷却水耗用量较少，反复流动的水路长，进出水温差大

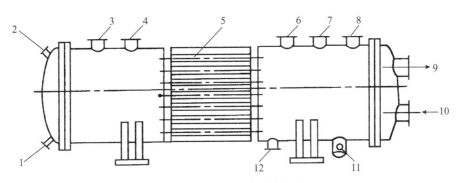

图 6-16 卧式壳管式冷凝器
1. 放水旋塞 2. 放空气管 3. 进气管 4. 均压管 5. 传热管 6. 安全阀接头 7. 压力表接头
8. 放气管 9. 冷却水出口 10. 冷却水进口 11. 放油管 12. 出液管

（一般为 4~6℃），但制冷剂泄漏时不易被发现，清洗冷凝器污垢时需要停止制冷压缩机的运行。

3. 套管式冷凝器 套管式制冷设备如图 6-17 所示，多用于小型氟利昂制冷机组。套管式冷凝器的外管多采用无缝钢管，管内套有一根或数根紫铜管或肋片铜管，总体呈长圆螺旋形结构，冷却水在内管中流动，流向为下进上出。高压氟利昂气体由上部进气口流入外套管内，冷凝后的液体制冷剂从下部出口流出。这种冷凝器结构紧凑、冷凝效果好，但单位传热面积金属消耗量大、水垢清洗困难、水质要求高，主要用于小型制冷设备。

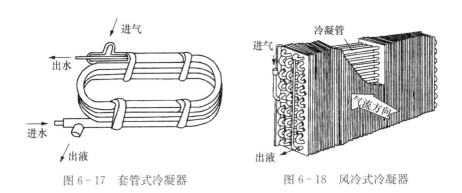

图 6-17 套管式冷凝器　　　　图 6-18 风冷式冷凝器

（二）风冷式冷凝器

风冷式冷凝器是利用常温空气作为冷却介质的冷凝器，如图 6-18 所示。风冷式冷凝器又分为自然对流式和强迫对流式两种，前者适用于制冷量较小的制冷设备，后者适用于中小型制冷设备。

四、膨胀阀

膨胀阀又称节流阀，安装在冷凝器和蒸发器之间的管路上。它的作用为：

第一，节流降压。从冷凝器液化流出的高压液体制冷剂经膨胀阀后压力下降，沸腾而膨胀为蒸气后进入蒸发器。

第二，调节流量。膨胀阀用于调节进入蒸发器的制冷剂流量。

第三,通过对膨胀阀的调节,可使制冷剂离开蒸发器时具有一定的过热度,保证制冷剂液体不会进入制冷压缩机而引发液击。

常用的膨胀阀有手动膨胀阀、浮球式膨胀阀、热力式膨胀阀。

(一) 手动膨胀阀

手动膨胀阀如图 6-19 所示,它的阀芯为针形椎体,根据蒸发器热负荷的变化利用手动调节方式通过旋转调节杆调整手动膨胀阀的开度,可使其缓慢地增大或减小。如果蒸发器出口处制冷剂蒸气的过热度过高,需要调大阀口,使较多的制冷剂液体进入蒸发器,从而降低蒸发器出口处制冷剂蒸气的过热度,反之亦然。目前手动膨胀阀已被自动膨胀阀所取代,只在氨制冷系统中仍在使用。在氟制冷系统中,手动膨胀阀作为备用阀,仅供维修时使用。

(二) 浮球式膨胀阀

浮球式膨胀阀如图 6-20 所示,此膨胀阀依靠浮球室中浮球的升高或降低控制阀门的开启或关闭,来保持满液式蒸发器内的液体制冷剂维持一定的液面。浮球室位于蒸发器的一侧,上下用平衡管与蒸发器相通,使两处的液面高度一致。当蒸发器内的液面下降时,浮球也下降,依靠杠杆使阀口开启度增大,增加供液量。当蒸发器内的液体制冷剂蒸发量减少时,其液面与浮球室内的液面同时升高,浮球也升高,依靠杠杆的作用使阀口开启度减小,以缩减制冷剂的供液量。

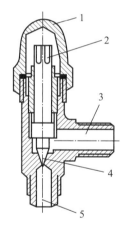
图 6-19 手动膨胀阀
1. 防尘帽 2. 调节杆 3. 进液口
4. 阀芯 5. 出液口

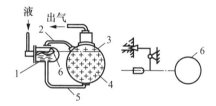
图 6-20 浮球式膨胀阀
1. 浮球室 2. 上平衡管 3. 蒸发器
4. 蒸发器传热管 5. 下供液管 6. 浮球

(三) 热力式膨胀阀

热力式膨胀阀如图 6-21 所示,此膨胀阀通过控制蒸发器出口处气体制冷剂的过热度,实现对流入蒸发器制冷剂的流量控制,应用广泛,常用于空调系统或低温制冷系统内的所有非满液式蒸发器,尤其是氟制冷系统使用最多。

热力式膨胀阀的传动膜片上方的气室通过一毛细管与捆扎在低压回气管上的感温包相通,其内部充有一定量的与制冷系统相同类型的制冷剂,利用感温包感受回气管的温度变化,并转变为压力变化,使传动膜片上方始终受到饱和蒸气压力作用。传动膜片的下方与蒸发器相通。传动膜片通过传动杆推动或拉动针阀体。

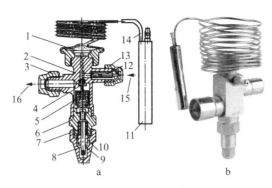

图 6-21 热力式膨胀阀
a. 结构图　b. 外形图

1. 传动膜片　2. 阀体　3、13. 连续螺母　4. 阀座　5. 针阀体弹簧　6. 调节杆座　7. 密封填料　8. 阀帽
9. 调节螺杆　10. 填料压盖　11. 感温包　12. 过滤网　14. 毛细管　15. 制冷剂入口　16. 制冷剂出口

当制冷设备在某一工况下运行而使得传动膜片保持不动时，液体制冷剂所通过的针阀处于一定的开启位置，液体制冷剂将以一定的流量进入蒸发器，保持蒸发器出口处制冷剂蒸气的过热度稳定不变。当热负荷增大时，被冷却介质温度便回升，回气管温度也随之升高。感温包内的制冷剂受热膨胀，压力增大，使得传动膜片移向针阀开度增大的方向，使进入蒸发器的制冷剂流量增加。反之，针阀开度减小，使进入蒸发器的制冷剂流量也减少。

（四）电子膨胀阀

热力膨胀阀虽然可以自动调节制冷剂的流量，但缺点也很明显：首先，对过热度响应的延迟时间长，调节效果对小型装置需要十几分钟，对大型装置时间更长；第二，调节范围有限；第三，调节精度低。电子膨胀阀是一类由电压或电流控制驱动开启度的膨胀阀，可应用于不同规模自动控制的制冷系统。按照预设程序调节蒸发器供液量，因属于电子式调节模式，故称为电子膨胀阀。提供给电子膨胀阀的电信号大小，一般通过压力或温度传感器的反馈信号以适当方式转换而成。电子膨胀阀适应了制冷机电一体化的发展要求，具有热力膨胀阀无法比拟的优良特性，为制冷系统的智能化控制提供了条件。电子膨胀阀需要采用传感器、控制线路板、带步进电机的执行机构。按照驱动原理，电子膨胀阀有电磁式膨胀阀和电动式膨胀阀两种。

1. 电磁式电子膨胀阀　电磁式电子膨胀阀主要由线圈、柱塞、阀杆、阀针等组成。图 6-22 为电磁式电子膨胀阀的结构示意。电磁线圈通电前处于全开位置，通电后由于电磁力的作用，磁性材料所支撑的柱塞被吸引上升，带动针阀向上运动使开度变小。阀的开度取决于加在线圈上的控制电压（或电流），故可以通过改变控制电压来调节流量。这种电磁式膨胀阀结构简单，动作响应快，但工作时需要一直为它提供控制电压。

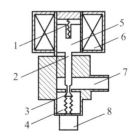

图 6-22 电磁式电子膨胀阀结构
1. 柱塞弹簧　2. 阀杆　3. 阀针　4. 弹簧
5. 柱塞　6. 线圈　7. 入口　8. 出口

2. 电动式电子膨胀阀　电动式电子膨胀阀的结构如图 6-23 所示，主要由步进电动机、针阀、阀杆等组成。电动式膨胀阀采用电动机驱动，目前使用最多的是

四相永磁式步进电动机。流量调节是靠步进电动机正向或反向运转带动阀杆上下运动，从而改变阀的开度。控制器根据制冷系统的工况要求，按一定的控制规律向步进电动机输出脉冲驱动信号，以改变阀的开度。电动式膨胀阀结构简单，调节控制方便、故障率低，并具有相当高的可靠性，因而其应用也是较为广泛。

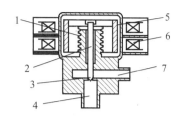

图 6-23 电动式电子膨胀阀结构
1. 阀体丝杠 2. 阀杆 3. 针阀 4. 出口
5. 转子 6. 定子 7. 入口

电子膨胀阀的阀口从全闭到全开状态其用时仅需几秒钟，准确地调节流量，适用温度低，过热度设定值可调，可起到节能的作用。当前，越来越多的制冷装置采用电子膨胀阀节流，其舒适性、节能性、满足特殊工作需要的灵活性充分显示出电子智能控制的特色。大型制冷装置在制冷循环水平上实现智能优化运行，电子膨胀阀的应用必不可少。在远洋船舶中，空调系统和冷藏箱的制冷系统由于其恶劣多变的工作条件及较高的工作要求，以电子膨胀阀取代热力膨胀阀效果较好。

五、制冷机械的附属设备

制冷系统的主要辅助设备有油分离器、高压贮液器、中间冷却器、气液分离器、空气分离器、干燥过滤器等。

（一）油分离器

油分离器又称分油器。图 6-24 为洗涤式油分离器，在氨制冷系统中用于分离压缩后的氨气中所挟带的润滑油，以防止润滑油进入冷凝器，使传热条件恶化。油分离器的工作原理是借油滴和制冷剂蒸气的比重不同，利用增大管道直径，增大静压能，减小动能以降低流速，从而将油滴收集在分离器内壁；也有依靠离心力作用，促使油滴沉降而分离。这种油分离器能将氨气中 95% 以上的润滑油分离出来。

对于蒸气状态的润滑油，则采用洗涤或冷却的方式降低蒸气温度，使之凝结为油滴而分离。有的则采用过滤等方法来增强分离效果。目前国内常用的油分离器，用于氨制冷的有洗涤式、填料式和离心式三种；用于氟利昂制冷的为过滤式油分离器。

（二）高压贮液器

高压贮液器，又称高压贮液桶，用于贮存和供应制冷系统内的液体制冷剂，以便工况变化时能补偿和调剂液体制冷剂的量，是保证压缩机和制冷系统正常运行的必需设备；在检修制冷系统时，可将系统中的制冷剂收集在贮液器中，以避免将制冷剂排入大气造成浪费和环境污染。高压贮液器常与冷凝器安装在一起，可以贮存从冷凝器来的高压液体。小型制冷系统，往往不装贮液器，而是利用冷凝器来调节和贮存制冷剂。

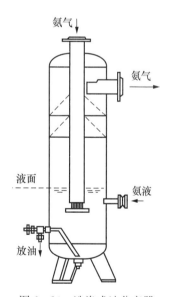

图 6-24 洗涤式油分离器

氨制冷系统常用的高压贮液器是用钢板焊成的圆柱形压力容器，如图 6-25 所示，筒体上装有进液、出液、放空气、放油、平衡管及压力表等管接头及液位计等。

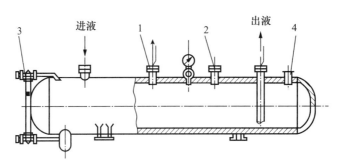

图 6-25 高压贮液器
1. 平衡管接头 2. 安全阀接头 3. 液位计 4. 放气管接头

（三）中间冷却器

中间冷却器用于双级或多级压缩制冷系统中，装设于低、高压级压缩机之间，用以对低压压缩机排出的过热气体进行级间冷却，以保证高压级压缩机的正常工作。它具有分离低压级排气中挟带的润滑油，以及冷却制冷剂，使制冷剂获得较大过冷度的功用。

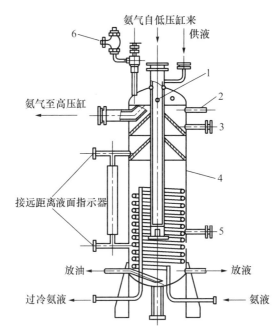

图 6-26 中间冷却器
1. 平衡孔 2. 压力表接口 3. 气体平衡管 4. 液面标志 5. 液面平衡管 6. 安全阀

在氨制冷系统中，中间冷却器均采用氨液冷却的方法。如图 6-26 所示，中间冷却器是立式带蛇形盘管的钢制壳体，上下封头焊接而成。冷却器上设有氨气进出口，氨液进出口，远距离液面指示器，压力表和安全阀等接头。氨气进入管位于容器中央并伸入氨的液面以下。来自低压压缩机的中压氨过热蒸气，经过氨液的洗涤而迅速被冷却。液面的高低由浮球阀维持。氨气进入管上焊有伞形挡板两块，用以分离通向高压压缩机氨蒸气中夹带的氨液和润滑油。

（四）气液分离器

气液分离器在氨用制冷设备中位于系统膨胀阀之后，设在压缩机与蒸发器之间，用于分离蒸发器出来的制冷剂蒸气，保证压缩机工作是干冲程，即保证进入压缩机的是干饱和蒸气，防止制冷剂液进入压缩机产生液压冲击造成事故，还可以分进入离蒸发器的制冷剂中的气体，提高蒸发器的换热效率。气液分离器的结构见图6-27。气液分离器是低压容器，有时也称低压贮液器。

（五）空气分离器

制冷系统在工作时，易混入气体，一者是来源于空气的渗入，另一是由润滑油在高温下分解产生。这样使得冷凝器与高压贮存器等设备内聚有气体，降低冷凝器的传热系数，引起冷凝温度升高，增加压缩机的能耗。空气分离器是用以分离排除这些空气及其他不凝性气体，保证制冷系统正常运行。

空气分离器形式较多，其中最常用的是四重套管式空气分离器，如图6-28所示，由4根同心无缝钢管套焊而成，由里向外数，第一层和第三层相通，第二层和第四层相通。为了能够回收混合气体中的被冷凝的氨液，在第一层与第四层之间设有旁通管，旁通管上装有膨胀阀。工作时从贮氨器进入的液氨经节流阀降压后进入一、三管蒸发吸热汽化，氨气由第三层上

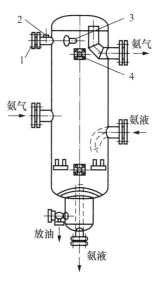

图6-27 气液分离器结构
1. 平衡管　2. 压力表
3. 安全阀　4. 液面指示器

的出口被压缩机吸出。来自冷凝器和高压贮液箱的混合气体从第四层进入到第二层管，氨气由于受冷凝结为液氨从第四层管下部经膨胀阀回到第一管蒸发，分离出来的不凝性气体从第二层管放至存水容器中，经水吸收部分氨液后排到大气中。

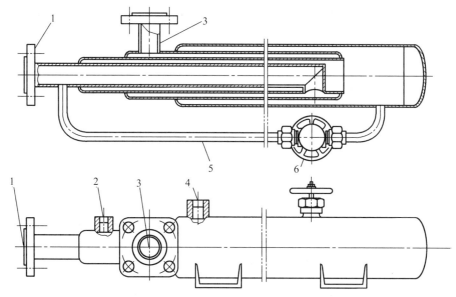

图6-28 四重套管式空气分离器
1. 氨液进口　2. 放空气管　3. 回气管　4. 混合气体进口　5. 回液管　6. 膨胀阀

六、制冷机械的使用维护

设备操作人员每班进行例行性维护保养，包括班前安全巡回检查；班中注意设备运转情

况、仪表压力、各部位温度、液位计液位、安全装置等是否正常有效；班后卫生清扫。发现隐患及时排除，当班不能立即解决的应该予以上报。

设备维护保养"四项要求"：

1. 整齐 工具、工件、附件放置整齐，设备零部件及安全防护装置齐全，线路、管道完整。

2. 清洁 设备内外清洁，无黑油污、无碰伤，各部位无"跑、冒、滴、漏"现象。

3. 润滑 制冷压缩机按时加油、换油，油质符合要求。各类阀门涂抹润滑油，起到密封、开闭顺畅的作用。

4. 安全 实行定人定机和交接班制度，熟悉设备结构，遵守操作维护规定，合理使用维护，监测异状，不出事故。

任务四 食品速冻设备

食品速冻是使食品快速通过最大冰晶形成区（$-1 \sim -4\ ℃$）并使其平均温度尽快降到$-18\ ℃$以下的快速冻结方法。速冻能有效保持食品的品质，保持原有的色香味，解冻时汁液流失少。食品常用速冻有空气冻结法、间接接触冻结法和直接接触冻结法。每种方法都有多种形式的冻结装置。

一、空气冻结法冷冻设备

空气冻结法，又称鼓风冻结法。在冻结过程中用冷空气对流传热，吸收食品的热量使其降温，虽然空气导热性差，传热系数小，但资源丰富，因此空气冻结法冷冻设备仍然广泛应用。

（一）隧道式连续冻结装置

隧道式连续冻结装置是一种冷空气强制循环的冻结装置，适用于分割肉、家禽、冰淇淋、水产品和面食类等形态较小的食品的冻结。其结构如图 6-29 所示，主要由隔热层、翅片蒸发排管、冷风机、冲霜淋水管、集水箱、冻结盘提升装置等组成。它的输送装置为料盘垂直升降机构和水平向的多层输送机。隧道内装有数组蒸发器，蒸发器一般为翅片式，并带有融霜系统，蒸发温度为 $-40 \sim -35\ ℃$，每组蒸发器配置若干台鼓风机。速冻隧道的隔热护围墙壁及顶棚用聚苯乙烯泡沫塑料制作，地坪用软木，隔热层厚度约为 300 mm。

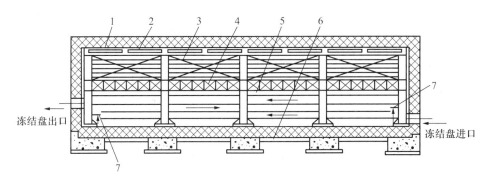

图 6-29 隧道式连续冻结装置
1. 隔热层 2. 冲霜淋水管 3. 翅片蒸发排管 4. 冷风机 5. 集水箱 6. 水泥空心板 7. 冻结盘提升装置

其工作过程为将食品装入冻结盘后,在隧道入口处由液压推进机构将冻结盘推入隧道,随水平传送带运动,冻结盘到达第一层轨道末端时被提升装置运到第二层轨道,如此反复再进入第三层轨道。冻结盘在移动过程中,被强烈的冷风冷却,食品在输送过程中被冻结,最后从隧道口送出。

(二) 螺旋式冻结装置

螺旋式冻结装置如图 6-30 所示,主要由转筒、蒸发器、输送带、风机及附属设备组成。输送系统的主体是一螺旋塔,具有挠性的输送带绕在转筒上,转筒靠摩擦力带动输送带运转,均匀分布在输送带上的冻品随输送带做匀速螺旋线运动,输送带螺旋升角为 2°,由于转筒直径较大,输送带接近水平。缠绕的圈数由生产能力和冻结时间决定。在输送过程中,由蒸发器送来的冷风穿过物料层、传送链对物料进行冻结,并循环使用(图 6-31)。输送带由下而上,冷风由上而下,与食品对流换热,提高了冷冻速度,与冷空气横向流动相比,冻结时间可缩短 30% 左右。冻结完毕的物料从卸料口卸出,输送带重新回到进料口循环运转(图 6-32)。

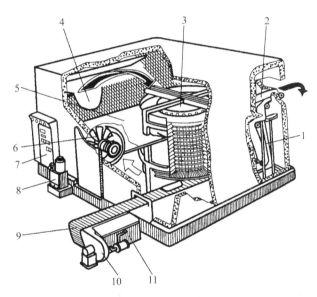

图 6-30 螺旋式冻结装置
1. 张紧装置 2. 出料口 3. 转筒 4. 翅片式蒸发器 5. 分隔气流通道的顶板 6. 风机
7. 控制箱 8. 液压装置 9. 进料口 10. 风机 11. 输送带清洗系统

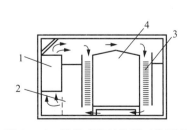

图 6-31 螺旋式冻结装置工作原理
1. 蒸发器 2. 风机 3. 传送链 4. 转筒

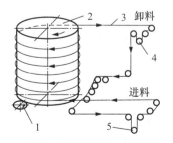

图 6-32 螺旋速冻机传送链条循环传动示意
1. 驱动轮 2. 转筒 3. 传送链条 4. 重力张紧器 5. 电动张紧器

螺旋式冻结装置的特点是生产连续化、结构紧凑、占地面积小，食品在移动中运行平稳，受风均匀、冻结速度快、效率高、干耗小，但不锈钢材料消耗大，投资大，适用于体积小、数量多的食品，如肉丸、鱼片、冰淇淋、饺子等。

（三）流态化冻结装置

食品流态化冻结是在一定流速的冷空气作用下，使食品在流态化条件下得到快速冻结的方法。固体颗粒在冷空气气流的作用下，处于悬浮、类似于沸腾状态，暴露在冷空气中的表面积增大，其有效传热面积较正常冻结状态大 3.5～12 倍，冻结速度快。流态化冻结装置具有冻结速度快，产品质量好，耗能低，可以连续化生产的特点，适用于颗粒状、片状、块状食品的快速冻结，是实现单体速冻（IQF）的理想设备。

1. 斜槽式流态化冻结装置　斜槽式流态化冻结装置如图 6-33 所示，由斜槽、蒸发器和风机等组成，结构简单，无传送带和振动筛等传动机构。斜槽是一个倾斜放置并在底板上开有很多孔的槽体，槽的物料进口端稍高于出口端。在冻结过程中，被冻结的食品从进料口 1 进入斜槽 2，在斜槽内食品被从底板孔高速流入的低温空气吹起来进入流态化，同时倾斜的槽体也使得食品向出料口 4 流动。料层的高度可由出料口的导流板 3 进行调节。

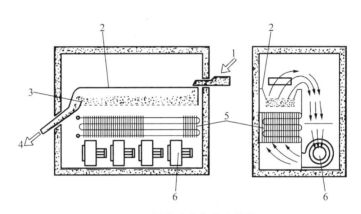

图 6-33　斜槽式流化床冻结装置
1. 进料口　2. 斜槽　3. 导流板　4. 出料口　5. 蒸发器　6. 风机

2. 带式流态化冻结装置　带式流态化冻结装置结构如图 6-34 所示，主要由进料装置、脱水装置、输送带、风机和隔热层等构成，食品在传送带输送过程中被流态化冻结。食品首先经过脱水振荡器，去除表面的水分，然后随传送带进入冷冻机的流化松散区，在此区域流态化程度较高，食品悬浮在高速冷气流中，避免了相互黏结。食品表面冻结后，用均料棒搅动食品，使其内部进一步降温冻结。冻结后的食品由出料口排出。这种设备的特点是适用范围广，但设备占地面积较大。

为了减小占地面积可以采用多流程一段带式流态化冻结装置，它也只有一个冻结区段，但上面所用的单层传送带换成了多层传送带，传送带摆放位置为上下串联式，如图 6-35 所示。与单流程式相比，这种结构外形总长度较短，需要的配套动力较小。

3. 振动流态化冻结装置　振动流态化冻结装置以振动槽作为物料水平方向传送手段。由于物料在行进过程中受到振动作用，因此，这类形式的冻结装置可显著地减少冻结过程中的黏结现象的出现。

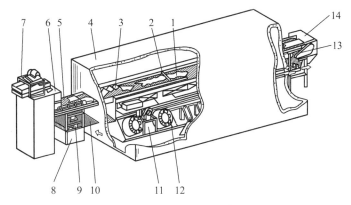

图 6-34　一段带式流态化冻结装置

1. 稠密流化区　2. 均料棒　3. 松散流化区　4. 隔热层　5. 变速输送带　6. 计量漏斗　7. 脱水振动器
8、9、10. 输送带清洗干燥装置　11. 离心风机　12. 轴流风机　13. 传送带变速驱动装置　14. 出料口

图 6-35　多流程一段带式流化冻结装置传送带的排列

a. 双流程　b. 三流程

振动槽传输系统主要由两侧带挡板的振动筛和传动机构构成。由于传动方式的不同,振动筛有两种运动形式:一种是往复式振动筛,另一种是直线振动筛。后者除了有使物料向前运动的作用之外,还具有使物料向上跳起的作用。

图 6-36 为瑞典 Frigo-scandia 公司制造的 MA 型往复式振动流态化冻结装置。这种装置的特点是结构紧凑、冻结能力大、耗能低、易于操作,并设有气流脉动旁通机构和空气除霜系统,是一种比较先进的冻结装置。

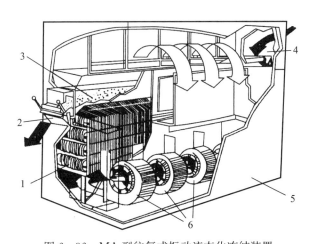

图 6-36　MA 型往复式振动流态化冻结装置

1. 蒸发器　2. 卸料口　3. 物料　4. 进料口　5. 隔热层　6. 风机

二、间接接触式冻结设备

间接接触式冻结设备是指产品与一定形状（内通制冷剂或载冷剂）的蒸发器或换热器表面进行接触换热的冷冻设备。接触式速冻设备主要依靠传导方式传热，冻结效果与产品和换热器表面的接触状态有关。常见的间接接触式冻结设备有平板式冻结装置、钢带式冻结装置和转鼓式冻结装置等。

（一）平板冻结装置

平板冻结装置是一组与制冷剂管道相连的空心平板作为蒸发器的冻结装置，将冻结食品放在两相邻的平板间，借助液压系统使平板与食品紧密接触。由于金属平板具有良好的导热性能，所以其传热系数高，传热效果较好。根据平板取向，这种冻结装置分为卧式平板冻结装置和立式平板冻结装置。

1. 卧式平板冻结装置 卧式平板冻结装置如图 6-37 所示，整体为厢式结构，冻结平板水平安装，一般有 6～16 块。平板间的位置由液压控制。被冻食品装盘放入两相邻平板之间后，启动液压油缸，使被冻食品与冻结平板紧密接触进行冻结。为了防止压坏食品，相邻平板间有限位块。

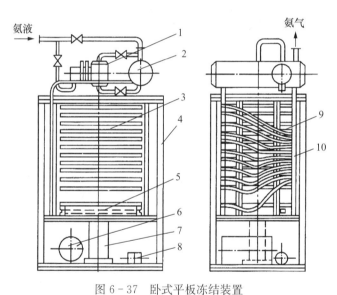

图 6-37 卧式平板冻结装置
1. 浮球阀 2. 氨液分离器 3. 蒸发板 4. 外壳 5. 升降台 6. 油箱
7. 油压罐 8. 油泵 9. 氨液进管 10. 软橡皮管

2. 立式平板冻结装置 立式平板冻结装置的结构原理与卧式平板冻结装置相似。但冻结平板呈垂直状态平行排列，如图 6-38 所示，平板一般有 20 块左右。待冻结食品一般直接散装倒入平板间进行冻结，操作方便，适用于小杂鱼和鱼类副产品的冻结。冻品脱离平板的方式有上进下出、上进上出和上进旁出等，平板的移动、冻块的提升和推出等动作，均由液压系统驱动和控制。

（二）回转式冻结装置

回转式冻结装置如图 6-39 所示，是一种新型的间接接触连续式冻结装置。其主体是一不锈钢制成的回转筒，外壁为冷却表面，内壁之间的空间供载冷剂流过换热，载冷剂由空心

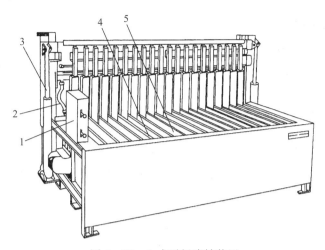

图 6-38 立式平板冻结装置
1. 操纵箱 2. 制冷剂软管 3. 液压升降柱 4. 冷冻板 5. 冻结区

轴一端输入桶内，从另一端排出。被冻食品呈散状由入口送到回转筒的表面，由于回转筒的表面温度很低，食品立即粘在上面，进料传送带再给冻品施加压力，使其与回转筒表面接触得更好。转筒回转一周，完成食品的冻结过程。冻结食品转到刮刀处被刮下，刮下的食品由传送带输送到包装生产线。

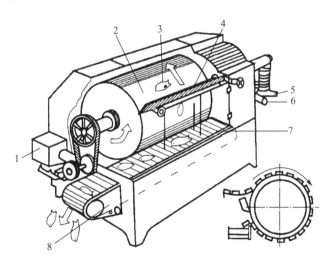

图 6-39 回转式冻结装置
1. 电动机 2. 冻结转筒 3. 待冻结食品投入口 4、7. 刮刀 5. 盐水进口 6. 盐水出口 8. 输送带

利用回转式冻结装置，可对虾仁进行单体速冻，进料温度 10 ℃，出料温度 −18 ℃时，冻结时间为 15~20 min。

这种冻结装置占地面积小，结构紧凑，冻结速度快，干耗少，生产率高。

三、直接接触式冻结设备

直接接触式冻结装置的特点是食品直接与冷媒接触进行冻结。所用的冷媒可以是载冷剂如食盐溶液，也可以是低温制冷剂的液化体气体，如液氮、液体二氧化碳等。冷媒与食品的接触方式有浸渍式和喷淋式两种。

(一) 盐水浸渍冻结装置

盐水浸渍冻结装置如图6-40所示。该装置主要用于鱼类的冻结,与盐水接触的容器用玻璃钢制成,有压力的盐水管道用不锈钢,其他盐水管道用塑料,从而解决了盐水的腐蚀问题。鱼由进料口与盐水混合后进入进料管,进料管内盐水涡流下旋,使鱼克服浮力而到达冻结器底部。冻结后的鱼体密度减小,浮至液面,由出料机构送至滑道,在此鱼和盐水分离由出料口排出。冷盐水被泵送到进料口,经进料管进入冻结器,与鱼体换热后盐水升温,密度减小,冻结器中的盐水具有一定的温度梯度,上部温度较高的盐水溢出冻结室后,与鱼体分离,盐水进入除鳞器除去鳞片等杂质,然后返回盐水箱,与盐水冷却器换热后降温,完成一次循环。

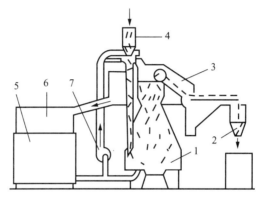

图6-40 盐水浸渍冻结装置示意

1. 冻结器 2. 出料口 3. 滑道 4. 进料口 5. 盐水冷却器 6. 除鳞器 7. 盐水泵

其特点是冷盐水既起冻结作用又起输送鱼作用,冻结速度快,干耗小,缺点是装置的制造材料要求较特殊,要耐盐水腐蚀。

(二) 液氮喷淋冻结装置

使用液氮作冷媒时,可将液氮直接喷向食品,使食品直接与−196 ℃的低温接触而快速冻结。典型的液氮喷淋冻结装置外形如图6-41所示,结构如图6-42所示。其主体为一网状输送机,在其接近出口的后端上方液氮以雾状方式喷下,随即吸热汽化,汽化的氮在风机的抽吸下,再吹向刚从入口端进入的高温食品作预冷处理,以提高氮气的利用效率。来不及汽化的液氮,收集后用泵回送重新喷雾。

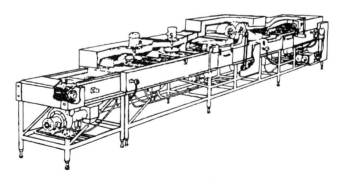

图6-41 液氮喷淋冻结装置外形

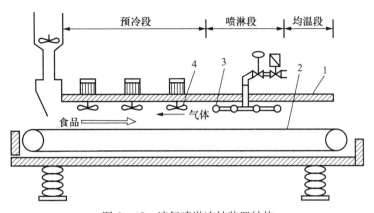

图 6-42 液氮喷淋冻结装置结构
1. 隔热箱体 2. 不锈钢丝网输送带 3. 喷嘴 4. 风机

液氮的蒸发潜热约为 192.6 kJ/kg，每千克液氮只能冻结 1 kg 食品。因此，液氮的价格是决定冷冻费用的重要条件。由于液氮可以冻结得到优良的产品，并且设备的成本也较低，因此液氮冻结具有很大发展潜力。

复习思考题

1. 压缩制冷循环中四大基本部件是什么？
2. 活塞式制冷压缩机的工作原理是什么？
3. 简述常用制冷剂的种类及其性质。
4. 制冷压缩机主要由哪些设备构成？它们的作用是什么？各有哪些类型？
5. 什么是制冷量？何为制冷系数？
6. 简述高压贮液器的结构组成及工作原理。
7. 制冷机械常用的附属设备有哪些？他们的作用分别是什么？
8. 简述隧道式连续冻结装置的特点。
9. 简述膨胀阀的结构及其工作原理。
10. 平板冻结装置都有哪些类型？它们的结构组成和工作原理分别是什么？

实验实训 制冷设备的结构观察与使用

一、目的要求

通过对制冷设备的观察与使用，掌握制冷设备的工作原理、类型、特点、构造和应用范围。

二、设备与工具

冰箱、冷柜、小型冷库、冰淇淋机、乳品或肉品企业隧道式制冷装置。

三、实训内容和方法步骤

（1）认识实验室小型冷库的构造，布局；了解制冷压缩机的安装位置、型号、功率，压力表的读数、单位，根据铭牌判断制冷剂的类型；了解制冷剂贮存罐的位置、特征；

了解蒸发器、膨胀阀、风扇、温度探头的安装位置；了解小型冷库框架所采用的保温材料；掌握冷库操作条件设置方法；实际操作冷库对食品原料进行低温贮藏。

（2）根据小型冷库学习的知识，类比学习了解家用冰箱和冷柜的构造，指出主要制冷部件的位置，找出冰箱和冷库的主要区别，分析影响冷却速度的因素。

（3）学习螺旋式冻结设备的原理，根据条件了解冰淇淋机主要制冷部件的位置，可以对实验室冰淇淋机进行拆解，或者讲解冰淇淋机内部结构图，了解冰淇淋机的工作原理和工作过程，用冰淇淋粉、纯净水为原料，熟练操作冰淇淋机制作冰淇淋。

（4）到乳品、肉品、冷饮或啤酒生产企业，参观大型食品企业大型冷库的制冷机组；了解乳品、肉品企业隧道式冷却装置，了解啤酒企业低温发酵的间接制冷控制方法；了解现代食品企业制冷远程自动控制设备和方法。

四、能力培养目标

能够根据不同的食品生产工艺和贮存要求合理选择制冷设备。

项目七

水 处 理 设 备

【素质目标】
通过本项目的学习，提升学生节约水资源的意识，加强对生态文明的认识。培养学生严谨认真的学习态度和爱岗敬业的职业素养。
【知识目标】
掌握典型的水净化处理设备和水软化处理设备的种类、结构与工作原理、使用与维护。
【能力目标】
能够根据食品加工的目的和要求，选择合适的水处理设备。能够初步掌握水处理加工设备的使用及日常维护方法。

任务一 水净化处理设备

水净化处理设备的功用是除去水中的不溶性杂质。常用的净化设备有混凝设备和过滤设备。

一、混凝设备

混凝是指向原水中加入混凝剂，破坏水中胶体颗粒的稳定性，通过胶粒间以及胶粒和其他颗粒之间的相互碰撞与聚集，形成易于从水中分离的絮状物的过程。混凝时使用的设备称为混凝设备。

水中的胶体物质长期处于稳定状态，用一般的沉淀方法很难除去。这是由于胶体颗粒一般都带负电荷，彼此之间存在着静电斥力，使颗粒不能互相结合成大团粒。而加入的混凝剂一般是能离解出阳离子的无机物（如明矾、硫酸铝、碱式氯化铝、硫酸亚铁、硫酸铁、三氯化铁等），能使胶体颗粒彼此聚集，形成易于分离的絮状物。

（一）混凝设备的构造

图 7-1 为一快速混凝沉淀装置，它主要由第一反应室、第二反应室和分离室三大部分构成。在设备上部有混凝剂投入口、驱动电动机以及净化水出口，中部有原水进口和搅拌叶轮，下部有排泥系统及采样阀等。

混凝沉淀装置的主要运动部件是搅拌叶轮，其功用是搅拌原水，使混凝药剂均匀地扩散到整个水系。叶轮的叶片分为上、下两部分，下部叶片为垂直叶片，功用是对进入第一反应室的水进行搅拌；上部叶片为曲叶片，功用是将第一反应室的水提升到第二反应室。搅拌叶

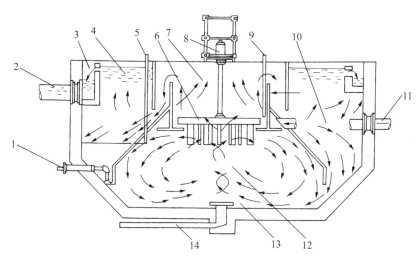

图 7-1 混凝沉淀装置
1. 采样口 2. 净水出口 3. 净水室 4. 分离室 5、9. 加药口 6. 搅拌叶轮 7. 第二反应室
8. 驱动电动机 10. 配水槽 11. 原水入口 12. 第一反应室 13. 沉降泥渣 14. 排泥口

轮由驱动电动机通过变速器带动，叶轮的转速可通过变速器调整，以适应水质和水量的变化。

（二）混凝设备的工作原理

原水由入水口进入三角形配水槽后，从配水槽下部流入第一反应室，与以前反应室留存的活性泥渣以及从加药口加入的药剂搅拌混合絮凝，形成的较大泥渣颗粒沉降在反应室底部，小的絮状物与水被叶轮提升到第二反应室。在第二反应室药剂与水继续反应絮凝，凝结成较大的絮粒，并随水流进入分离室。在分离室内，由于分离室容积较大，水流速度骤然降低，泥渣迅速沉降并流回第一反应室，清水从分离室上部出水管流出。

（三）混凝设备的使用维护

1. 混凝剂选用　使用混凝剂的类型与水的 pH 有关。pH 在 5.5～8.0 时，宜选用铝盐作混凝剂。pH 在 8.0～10.0 时，选用铁盐效果较好。

2. 混凝剂投入量的确定　混凝剂的投入量应该与原水中胶体颗粒的含量相适应，应根据实验确定添加量。混凝剂加入量过大，反而会使胶体再回到稳定状态。

3. 泥渣清除　从分离室沉降的泥渣除少部分参加反应外，大部分沉降在反应室底部。多余的泥渣必须通过反应室的排泥系统定时排出。

二、过滤设备

过滤设备的功用是将原水中的悬浮物和胶体物质截留在滤料层的孔隙中或介质表面，分离水中的不溶性杂质。根据滤料层的种类不同，常用的过滤设备有压力过滤器、砂滤芯过滤器等。

（一）压力过滤器

压力过滤器根据使用的滤料又分为砂过滤器和活性炭过滤器，它们都是广泛使用的水过滤设备。

1. 压力过滤器的结构 压力过滤器的结构如图7-2所示,主要由罐体,滤料层,承托层及进、出水管构成。

罐体由圆柱形罐身、球形罐底及罐盖构成,均用不锈钢板制造。在罐盖上有进水口,罐底有出水口。罐身中部为滤料层,下部为承托层。

滤料层是过滤器的关键工作部件。滤料层由不同的滤料组成,是过滤的基本介质。对滤料的要求是:滤料要有足够的机械强度和化学稳定性,不溶解,不产生有毒、有害物质;有适当的孔隙度,形状均匀。常用的滤料有石英砂、活性炭、磁铁矿、砾石等。

砂过滤器滤料层的结构由上而下为:细砂、中砂、粗砂、小砾石、大砾石,也有与上述顺序相反排列的。滤料层还可以采用多种滤料,如在上面两层为活性炭和石英砂,在其下再加一层比石英砂更细,但相对密度更大的滤料,如石榴石、磁铁矿等。这样,可以允许悬浮物颗粒在滤层中穿透得更深一些,进一步发挥整个滤层的作用。

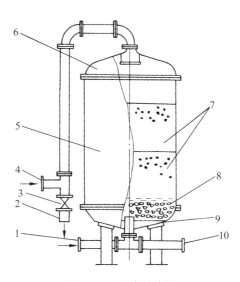

图7-2 压力过滤器
1. 冲洗水入口 2. 冲洗水出口 3. 阀门
4. 原水入口 5. 罐体 6. 罐盖 7. 滤料层
8. 承托层 9. 罐底 10. 过滤水出口

承托层的功用是支撑滤料层,并使冲洗水均匀分布在滤料层。承托层一般采用砾石,也可以用不锈钢板制成冲孔筛。

2. 过滤器的工作原理 当原水从上而下通过滤料层时,悬浮物颗粒大于滤料空隙时,悬浮物被阻挡在滤料层的空隙间,并逐渐在滤层表面形成一层由截留的颗粒组成的薄膜,起到机械过滤作用。

当水继续通过滤层时,滤料颗粒提供了大量的沉降面积,在适宜的流速下,水中的悬浮物就会沉淀在这些滤料表面。

滤料层有巨大的表面积(尤其是活性炭),因此,吸附凝聚作用在过滤过程中起着重要作用。滤料一般带有负电荷,而铁、铝等胶体微粒带有正电荷,这些微粒被吸附在滤料表面,形成带正电荷的薄膜,又将带负电荷的胶体及其他有机物凝聚在滤料上。

3. 压力过滤器的使用维护 压力过滤器的主要维护是要定时清洗,以剥离滤料表面吸附的悬浮物,恢复滤料的净化能力和交换能力。

清洗方法一般采用逆流水力冲洗,即关闭原水入口和过滤水出口,打开冲洗水入口和冲洗水出口阀门,由底部冲洗水入口(图7-2)通入冲洗水,把滤料冲成悬浮状。由于水流的剪切力作用,将悬浮物剥离,并从冲洗水出口流出。

为提高冲洗效果,节约冲洗用水,可以采用压缩空气反冲与水力反冲相结合,并增加超声波扰动等措施冲洗。即先用压缩空气使滤料悬浮并搅动,然后通入反冲水,将悬浮物冲走。

(二)砂滤芯过滤器

砂滤芯过滤器用于过滤机械杂质含量较少的原水,如深井水、自来水等。

1. 构造及过滤原理 其结构如图7-3所示,主要由砂滤芯,圆柱形壳体及进、出水管等组成。

砂滤芯又称为砂芯或砂棒，是过滤器的主要工作部件，其结构为中空的圆柱体。安装时，将每根砂芯装到固定螺杆上，用螺母把固定螺杆拧紧，使砂芯稳固牢靠。在砂芯与上、下隔板之间加橡胶或毡垫片，防止原水与净水互串，砂芯的材料是用水生植物硅藻的化石，经过煅烧、粉碎等加工过程，除去氧化铁、有机物和其他杂质而形成的硅藻土制造的。它的主要成分是二氧化硅（SiO_2），占 85%～90%，约 90% 为可透性空隙，形成的孔隙为 0.000 16～0.000 41 mm。

过滤时，原水由进水口进入过滤器内，砂芯周围的原水由砂芯上的毛细孔进入中空的砂芯内部，水中的机械杂质及细菌被阻挡在砂滤芯外表面。进入各砂芯管内的净水在过滤器下部汇集，由出水管流出。

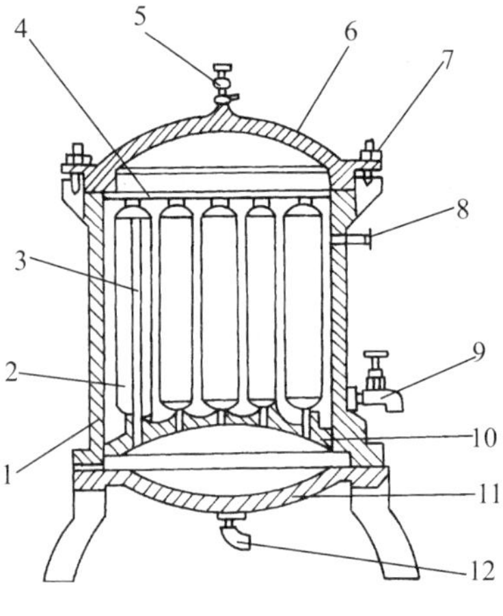

图 7-3　砂滤芯过滤器
1. 壳体　2. 砂滤芯　3. 固定螺杆
4. 上隔板　5. 排气阀　6. 上盖　7. 螺栓
8. 进水口　9. 排污口　10. 下隔板
11. 底座　12. 净水出口

2. 使用与维护　砂滤芯过滤器的使用压力不能过大或过小，一般使用压力控制在 0.1～0.2 MPa。压力过大，使出水水质达不到标准要求；压力过小，出水量减少，不能满足生产要求。

定期打开排污阀门，从排污口排出沉淀在过滤器下部的沉淀物和杂质。

砂芯过滤器使用一段时间后，砂芯外壁逐渐结垢，堵塞毛细管，使表压上升，出水量减少。这时应把砂芯拆卸取出，用水砂纸在水中擦拭，清洗掉表面污垢层，再安装使用。经多次打磨后，砂芯厚度变薄。当砂芯厚度降为 2～3 mm 时，出水水质可能下降，不能达到水质要求的标准，应及时更换新滤芯。

过滤器冬天不用时，应将砂棒取出，清洗后晾干，以防冻裂，过滤器要擦干封存。

任务二　水软化处理设备

自然界的水一般都是硬水，含有大量的钙离子（Ca^{2+}）、镁离子（Mg^{2+}）。在食品生产中，有些工艺要求除去水中的 Ca^{2+} 和 Mg^{2+}，称为水的软化。水的软化设备有石灰软化处理设备、离子交换器、电渗析器、反渗透器、超滤器等。其中，离子交换器、反渗透器等是使用比较广泛的水软化设备。

一、离子交换器

（一）离子交换的工作原理

离子交换是溶液同带有可交换离子（阳离子或阴离子）的不溶性固体物接触，溶液中的阳离子或阴离子代替固体物中相反离子的过程。具有交换离子能力的物质均称为离子交换剂。

常用的离子交换剂是有机合成物，称为离子交换树脂。离子交换树脂是球形多孔状有机高分子聚合物，不溶于酸、碱和水。交换树脂分阳离子交换树脂和阴离子交换树脂。树脂上带酸根的称阳离子交换树脂，它能与水中的阳离子结合。树脂带有碱基的称阴离子交换树脂，它能与水中的阴离子结合。

离子交换器工作时，在交换、再生和冲洗几个过程中循环进行。

交换是指交换树脂中的阴、阳离子分别同水中存在的各种阳离子和阴离子进行交换（结合），从而达到软化水的目的。

再生就是除去树脂中所吸附的阳离子或阴离子，它是水软化的逆反应。离子交换树脂处理一定水量后，交换能力下降，当下降到一定程度时，就失去软化水的能力。由于离子交换树脂价格比较昂贵，故一般对树脂进行再生。再生时常用的再生剂有氯化钠（NaCl）、氢氧化钠（NaOH）、盐酸（HCl）等，其浓度为5%~10%。

再生前应对树脂进行反洗，至其松动无结块为止，这一过程称为松床。其目的是除去滤出的杂物、污染物，以利树脂再生。

冲洗是指对再生后的树脂进行水洗，以除去过量的再生剂和再生置换物。

（二）离子交换器的构造

离子交换器的主要工作部件是离子交换柱（又称离子交换床）。图7-4为一离子交换柱外形。离子交换柱常用有机玻璃或不锈钢制成圆柱形，交换量较大时，材质多为钢衬胶或复合玻璃钢的有机玻璃。布水板的功用是使水均匀地分布在交换柱内。交换柱内部填充交换树脂，交换树脂的填充量一般为柱高的2/3。

离子交换器按离子交换树脂的处理方式分为固定床和连续床。

固定床是将离子交换树脂装填于管柱式容器中，形成固定的树脂层。这种装置设备少，操作简单，出水水质稳定。缺点是树脂用量大，利用率低，树脂层清洗时用水量大。固定床使用的方式有单级离子交换器（单床）、多级离子交换器（多床）、复合离子交换器（复床）、混合离子交换器（混合床）、双层离子交换器（双层床）和双流离子交换器（双流床）。

连续床是指离子交换树脂不是固定在一个交换柱内，而是在多个容器内流动完成交换、再生、冲洗几个过程。它的特点是克服了固定床利用率低，运行不连续的缺点。连续床又分为移动床和流动床。

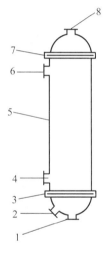

图7-4 离子交换柱
1. 进水口 2. 排污口
3. 下布水板 4. 树脂排出口
5. 交换柱外壳 6. 树脂装入口
7. 上布水板 8. 出水口

（三）离子交换器的工作过程

图7-5为一连续交换的双柱固定床离子交换器的工作流程。交换器由左、右两个离子交换柱组成，由微机控制平面多功能集成阀换位，自动实现左右两个交换柱的交换、再生和冲洗工艺的切换。设备运行时的六种状态如图7-5所示。

图7-5a为左交换柱交换（出水），右交换柱再生。原水通过集成阀从左交换柱下部送入交换柱内，水中的Ca^{2+}、Mg^{2+}与树脂中的阴离子结合，处理后的软水从交换柱上部流出。这时，右交换柱处于再生状态，由盐泵将盐水（NaCl溶液）送入右交换柱内，由Na^+将树脂中的Ca^{2+}、Mg^{2+}置换出来，使树脂恢复交换能力。置换出的Ca^{2+}、Mg^{2+}由排污管排出。

图7-5b为左交换柱交换，右交换柱冲洗。左交换柱继续交换软化水，右交换柱由微机控制停止供盐水，用净水对再生的树脂进行冲洗，将过量的再生剂和再生置换物冲洗干净。

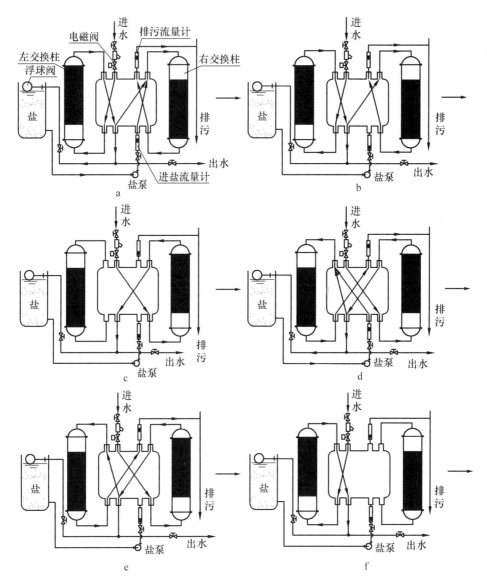

图 7-5 离子交换器工作流程
a. 左交换（出水），右再生　b. 左交换，右冲洗　c. 左松床，右交换
d. 左再生，右交换　e. 左冲洗，右交换　f. 左交换，右松床

图 7-5c 为左交换柱松床，右交换柱交换。左交换柱停止供水，树脂在重力作用下下沉，使树脂层变松，以利于树脂再生。右交换柱这时处于交换状态，其工作过程与 a 图左交换柱工作过程相同。

图 7-5d 为左交换柱再生，右交换柱交换。左、右交换柱的工作原理与 a 图右、左交换柱工作原理相同，重复其工作过程。

图 7-5e 为左交换柱冲洗，右交换柱交换。其工作过程重复 b 图的右冲洗，左出水的工作过程。

图 7-5f 为左交换柱交换，右交换柱松床。其工作过程重复 c 图的右出水，左松床的工

作过程。

上述过程结束后,再自动进入图7-5a的左交换柱交换,右交换柱再生的循环过程,周而复始重复图7-5a到f的工作过程。这一设备的特点是设备全自动工作,操作运行方便,软化水的出水为连续出水。

(四) 离子交换器的使用维护

1. 确定各工况运行时间　使用前应根据原水的硬度、再生剂浓度和再生剂流量确定交换、再生、松床和冲洗的时间,并进行设置。

2. 调节进水量　进水压力应符合设备要求,调节进水阀,使出水量达到设备公称产水量。

3. 检验水质　每个交换柱从产水开始到结束,每隔半小时化验一次水质。产水结束前半小时,每隔5 min化验一次水质。设备连续运行三个循环后,化验水质合格,即可投入使用。

4. 维护　工作中应定期加入再生剂(一般为NaCl),保证再生剂浓度。及时对再生剂系统进行清洗,确保再生剂系统管道畅通。

二、反渗透器

反渗透是利用反渗透膜(半透膜)具有选择性的透过(半透过)水的性质,对原水施加压力,使水分子通过反渗透膜从溶液中分离出来的过程。反渗透设备的优点是连续运行,产品水质稳定,无需用酸碱再生,节省了反洗和清洗用水,可以高产率,生产超纯水。它广泛用于工业纯水及电子超纯水设备,饮用纯净水生产等。在离子交换前使用反渗透设备可大幅度降低操作用水和废水的排放量。

(一) 反渗透原理

反渗透工作原理是将纯水与含有溶质的溶液用一种只能通过水分子的半透膜隔开,如图7-6所示。此时,纯水侧的水就自发的透过半透膜,进入溶液一侧,使溶液侧的水面升高,这种现象就是渗透。当液面升高至一定高度时,膜两侧压力达到平衡,溶液侧的液面不再升高,这时,膜两侧有一个压力差,称为渗透压。如果给溶液侧加上一个大于渗透压的压力,溶液中的水分子就会被挤压到纯水一侧,这个过程正好与渗透相反,称为反渗透。

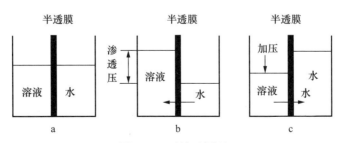

图7-6　反渗透原理

a. 初始状态　b. 渗透及渗透平衡状态　c. 反渗透平衡状态

反渗透除盐原理,就是施以比自然渗透压更大的压力,使渗透向相反方向进行,把原水中的水分子压到膜的另一边,从而达到除去水中盐分的目的。

(二)反渗透膜(半透膜)

反渗透膜是反渗透法的关键工作部件,目前常用的反渗透膜主要有醋酸纤维素膜和芳香聚酰胺纤维膜。

醋酸纤维素膜为乳白色半透明膜,表层结构致密,孔隙很小,是过滤的工作层,厚度为 $1\sim10~\mu m$;下层结构疏松,孔隙大,是整个膜的支撑层,其厚度约占膜厚的 99%。

芳香聚酰胺纤维膜具有良好的透水性,较高的脱盐率,较高的机械强度和化学稳定性,耐压实,能在 pH 为 $8\sim10$ 范围内使用。

反渗透膜是特殊性能的高分子复合膜,表面分布有 $1\sim10~nm$ 的极小孔隙,而水中各种离子的直径为十几个纳米,病毒、细菌的直径为几十纳米以上。所以在压力的推动下,这些物质都无法透过膜,被截留在膜的浓水端,随浓水排出,而透过膜的水是不含任何杂质、有机物及细菌的纯水。

(三)反渗透器的构造

反渗透器有板框式、螺旋卷式、管式和毛细管式等类型。

1. 板框式反渗透器 板框式反渗透器的特点是制造、组装简单,膜的清洗、更换、维修容易。当处理量比较大时,可以通过增加膜的层数来增大处理量。

板框式膜组件是板框式反渗透器的主要工作部件,如图 7-7 所示。膜框内有渗透水收集通道,半透膜安装在膜框两边,外边再安装能通过原水的多孔支撑板构成一个膜组件(单元)。安装时,每两个膜组件之间留有原水通过的通道,多个膜组件组装起来构成板框式反渗透器。多孔支撑板和膜框之间的周边叠合处用垫圈密封,用中央螺栓或四周紧固螺栓锁紧,其安装方式类似于板式换热器。

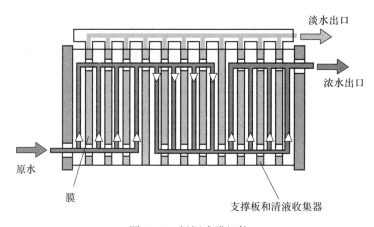

图 7-7 板框式膜组件

工作时,原水强制地通过膜组件之间的通道,在支撑层的内空间流动,透过半透膜向膜框内迁移,进入每对膜之间的膜框内渗透水收集通道,再经膜框外圈的孔道向外流出而被收集。通过增加或减少膜组件的数量,可调整水的处理量。

2. 螺旋卷式反渗透器 螺旋卷式反渗透器结构如图 7-8 所示,主要由反渗透器壳体,卷式膜组件,端盖,进、出液口等构成。将卷式膜单元组件用联结器串联起来,装在反渗透器中,便组成了螺旋卷式反渗透装置。工作时,原水由进水口进入,充满反渗透器壳体与卷式膜组件之间。在进水压力作用下,水分子通过半透膜进入多孔集水管汇集,由渗透水出口流出，浓缩液由浓缩液出口排出。

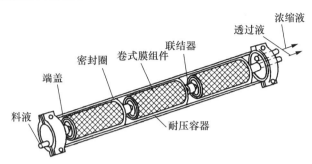

图 7-8　螺旋卷式反渗透器

卷式膜组件是螺旋卷式反渗透器的主要工作部件，如图 7-9 所示。它是在两片反渗透膜中间夹入一层多孔支撑材料，组成板膜，再铺上隔网，然后卷绕在多孔集水管上制成一个单元组件，膜之间用一个多孔的清液传导材料隔开。

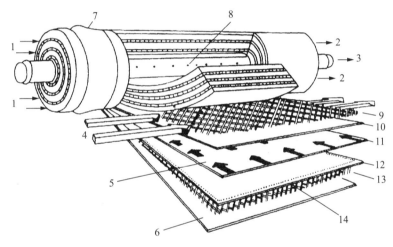

图 7-9　卷式膜组件

1. 原水　2. 浓缩液　3. 渗透水出口　4. 原水流向　5. 渗透水流向　6. 保护层　7. 膜组件与外壳之间的密封
8. 多孔集水管　9、13. 隔网　10、12. 半透膜　11. 渗透水收集系统　14. 连接两层膜的缝线

（四）反渗透器的使用与维护

(1) 为保证反渗透器运转正常，水处理达到预期效果，对进入反渗透器的原水要进行预处理，以满足装置对进水水质的要求。如过滤，或在水中添加柠檬酸、酒石酸来防止铁盐、碳酸盐等结垢的形成。

(2) 设备额定是在原水温度在一定的恒温下设定的，反渗透系统的产水量随温度降低而下降。一般情况下，温度每降低 1℃，产水量下降 3% 左右。

(3) 系统供水压力不能小于最小供水压力，否则产水量下降。

(4) 反渗透系统一般工作 4 h，自动冲洗系统对膜组件进行短时间冲洗，冲洗完后自动进入正常运行状态。

(5) 反渗透膜经过长时期使用，会在膜表面积累胶体、金属氧化物、细菌、有机物、水垢等杂质，造成膜污染。应根据半透膜污染的种类配制不同的清洗剂进行清洗。

清洗时间可由以下几种方式决定：一般每三个月清洗一次；或当反渗透装置进出口压差比运行初期增加10%～20%时；或产水量比上次清洗后产水量少10%～20%时；或产水脱盐率下降10%～15%时。

（6）反渗透膜元件经过多次清洗达不到使用要求时，需更换膜元件，更换的膜元件必须与原膜元件型号相同。

在安装两端的端头时，应在橡胶密封圈上涂一层凡士林，既增加密封性又方便下次拆卸。拆卸时应防止损坏密封圈。

（7）对反渗透水处理系统要做好严格的质量监控，对反渗透器进出口的水应定时做好pH、电导率、水温、水压及流量等记录。

三、电渗析器

当水中的含盐量大于500 mg/L时，常选用电渗折器，它是对水进行除盐处理的常用设备。

（一）电渗析器的工作原理

在有离子的液体中放入正、负两个电极，并接入直流电形成直流电场。在直流电场中，液体中的阴、阳离子做定向移动，阳离子移向负极，阴离子移向正极。如果在两个电极之间放置一种具有选择通过性和良好导电性的阴、阳离子交换膜（渗析膜），阳膜允许水中阳离子透过而阻挡阴离子，而阴膜允许水中阴离子透过却阻挡阳离子。这样就达到了降低水中正、负离子浓度的目的。

将阴、阳离子交换膜按一定的形式排列，就能有效降低水中正、负离子的浓度，如图7-10所示。原水均匀分布在电渗析器内，1、3、5、7室水中的离子在直流电场作用下做定向移动，阳离子向负极移动，透过阳膜进入极水室和2、4、6、8室；阴离子则向正极方向移动，穿过阴膜进入极水室和2、4、6、8室。在2、4、6、8室内的阳离子移向负极，遇阴膜而受到阻挡；阴离子移向正极，遇阳膜而受到阻挡，因此进入2、4、6、8室的正、负离子不能流出而聚集在室内，使室内浓度升高，排出的是浓水。而1、3、5、7室内离子浓度降低，排出的是淡水。

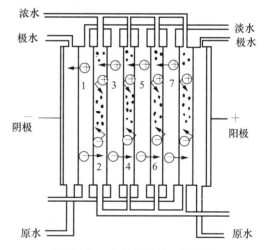

图7-10 电渗析器的工作原理

（二）电渗析器的构造

电渗析器有卧式和立式两种类型。其结构部件基本相同，都是由膜堆，浓、淡水室的隔板，阳极室，阴极室和压紧装置组成，如图7-11所示。

1. 离子交换膜 它的功用是选择性通过离子，用由高分子材料制成的具有离子交换能力的薄膜。按其透过性能分为阳离子交换膜和阴离子交换膜，简称阳膜、阴膜。离子交换膜要求选择透过性好，电阻低，化学性质稳定，水的渗透性小。

2. 电极 电极的功用是渗析器内形成稳定的直流电场。按电极结构不同可分为板状、网状及丝状三种。由于在电离过程中,阳离子在阴极集结形成水垢,阴离子在阳极发生氧化反应,对电极造成腐蚀和损坏,所以电极必须有良好的耐腐蚀性。阳极一般用石墨、铅、二氧化铝等;阴极多用不锈钢、钛钢等。

3. 隔板 隔板安装在阴、阳膜之间,把两张膜分开,并作为水流的通道。按通过水流的不同,可分为浓水室隔板和淡水室隔板。隔板上有进水孔、出水孔、布水槽、流水道及过水槽等,如图7-12所示。

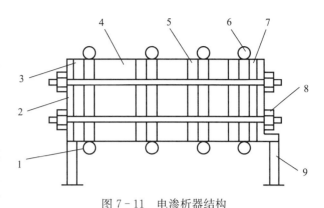

图 7-11 电渗析器结构
1. 给液管 2. 压板 3. 阳极室 4. 膜堆 5. 分段隔板
6. 集液管 7. 阴极室 8. 压紧装置 9. 支架

隔板材料为聚氯乙烯硬板或橡胶,厚度为 1.5~2 mm。

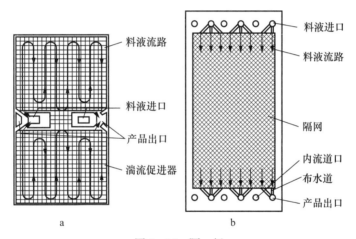

图 7-12 隔 板
a. 回流式隔板 b. 直流式隔板

4. 极框 极框置于阴、阳电极两侧,用来保持电极与交换膜之间的距离,并构成阴极室和阳极室。在保证极水分布均匀、水流通畅、能带走电极产生的气体和腐蚀沉淀物的前提下,极框厚度越小,水流和电能的消耗越少。

5. 压紧装置 压紧装置是把离子交换膜、隔板、电极、板框按一定顺序排列并压紧,以形成各自互不相通的水道,防止产生内渗外漏现象。一般用不锈钢板做压板,用分布均匀的螺杆压紧。

(三)电渗析器的使用与维护保养

1. 组装 对多级多段的电渗析器,在采用多孔板成隔板倒向时应按正确的顺序,将隔板、交换膜、电极、板框、垫板、垫圈等按其排列顺序放置。

2. 压紧 压紧装置上的金属螺杆等金属构件,不能与交换膜、电极相接触。调整好膜堆四周的高度差后,再拧紧螺杆。由中间向四周交叉拧紧,分 2~3 次拧紧,每次下压 3 mm

左右，以高度均等和不漏水为准。

3. 调电压 当流量与压力稳定后，开启整流器，使电压由最低值缓慢升到预定的工作电压值。

4. 调换电极 根据水质情况，电渗析器每工作 2~8 h 要调换一次电极。调换电极前，先将电压降至最低，停电半分钟，然后按"反向启动"按钮，再将电压、电流升到预定值。倒换电极时，要同时倒换浓、淡水阀，按规定排水。调换电极后，观察流量与压力有无异常。

5. 停机 关机停止运行前，将整流器电压降到最低值，再关闭整流器。停泵后将回流阀及时关闭，防止水泵进气。若只是暂停使用，应切断电源。

6. 离子交换膜及设备保养 交换膜要保持湿润状态，防止干燥收缩，引起变形和破裂。交换膜在冬季应防冻，夏季不能暴晒。

设备长期不用时，需将其拆开，将各部件洗净，流量计中的积水放空，金属件要涂油存放，以防生锈。

复习思考题

1. 水的过滤设备有哪几种？过滤原理有什么不同？
2. 砂滤芯过滤器应怎样维护保养？
3. 水软化处理的目的是什么？离子交换器软化水的原理是什么？
4. 离子交换器工作时有哪几个过程？
5. 反渗透原理是什么？

实验实训一　砂滤芯过滤器的使用维护

一、目的要求

通过实训，使学生熟悉砂滤芯过滤器的构造和工作过程，掌握砂滤芯过滤器的维护保养，在生产中能正确使用砂滤芯过滤器。

二、设备与工具

(1) 砂滤芯过滤器 4 台。
(2) 连接管道若干，拆装工具 4 套。
(3) 实验用离心分离机 1 台。
(4) 水源 4 处。

三、实训内容和方法步骤

(1) 观察砂滤芯过滤器的整体结构。
(2) 用管道将砂滤芯过滤器与水源连接起来，并检查各连接处是否有泄漏。
(3) 打开水源开关进行过滤。
(4) 从过滤的水中取样，用离心分离机分离杂质，检查过滤后的水质是否符合要求，并与用离心分离机分离未过滤的水样进行对比分析。
(5) 按照先外后里的方法，逐步拆卸砂滤芯过滤器，并对拆下的零部件及拆卸顺序进行记录。拆卸密封圈时，应细心认真，防止损坏密封圈。

(6) 观察砂滤芯过滤器的内部结构。

(7) 对砂滤芯进行清洗保养。

(8) 按照先拆后装，后拆先装的原则装配砂滤芯过滤器。

实验实训二　反渗透器的拆装

一、目的要求

通过实训，使学生熟悉的反渗透器构造和工作过程，掌握反渗透器的维护保养，在生产中能正确使用反渗透器。

二、设备与工具

(1) 反渗透器 4 台。

(2) 拆装工具 4 套。

(3) 水源 4 处。

三、实训内容和方法步骤

(1) 观察反渗透器的整体结构。

(2) 按照先外后里的方法，逐步拆卸反渗透器，并对拆下的零部件及拆卸顺序进行记录、编号。拆卸密封圈时，应细心认真，防止损坏密封圈。

(3) 观察反渗透器的内部结构、主要部件结构。

(4) 对反渗透膜进行清洗保养。

(5) 按照先拆后装，后拆先装的原则装配砂滤芯过滤器。

项目八

面食制品加工机械与设备

【素质目标】
通过本项目的学习,培养学生团结协作、吃苦耐劳、科学严谨、勤于思考、勇于创新的精神。

【知识目标】
了解方便面、饼干的加工工艺流程。
掌握和面机、熟化机、蒸面机、方便面干燥设备、饼干成型机和烘烤设备的种类、结构与工作原理、使用与维护。

【能力目标】
能够根据面食制品加工的目的和生产量选择合适的生产机械与设备。
能够初步掌握面食制品加工机械的使用与维护。

任务一 方便面加工机械

方便面亦称快熟面、即食面、快餐面。它是在现代食品加工技术基础上,为适应人们的主食社会化需要而生产的一种新型食品。近年来在我国得到较快的发展。

方便面具有加工专业化,生产效率高,食用方便,包装精美,便于携带,营养丰富,安全卫生,花样多等显著特点,生产工艺流程及设备布置见图8-1。

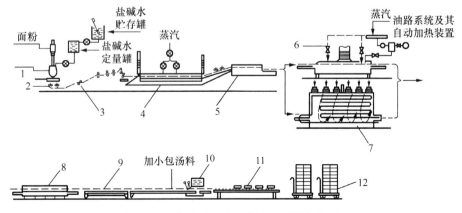

图 8-1 方便面生产工艺流程及设备布置
1. 和面机 2. 熟化机、复合轧片机 3. 连接轧片成型机 4. 蒸面机 5. 定量切断机
6. 油炸机 7. 烘干机 8. 冷却机 9. 检查输送机 10. 包装机 11. 成品输送机械 12. 成品入库

方便面的生产流程是将预处理后的原辅料在和面机中将它们搅匀,制成颗粒松散的面团;在熟化机里,在慢速搅拌下使面团得以改良,然后经复合压延、切条折花等工序制成方便面块;再经过蒸面机将面块熟化,然后在烘干机内或油炸机中进行干燥定型;最后经过冷却、检测与包装即成合格的产品。

一、和面机

和面机实际上是一种搅拌机。其工作过程是将水、面粉及其他原辅料倒入搅拌容器内,开动电动机使搅拌桨叶转动,面粉颗粒在桨叶的搅动下均匀地与水结合,首先形成胶体状态的不规则小团粒,进而小团粒相互黏合,逐渐形成一些零散的大团块。随着桨叶的不断推动,团块扩展揉捏成整体面团。由于搅拌桨对面团连续进行的剪切、折叠、压延、拉伸及揉合等一系列作用,调制出表面光滑,具有一定弹性、韧性及延伸性的理想面团。

和面机按主轴安装形式,可分为卧式和立式和面机两大类。主要由搅拌容器、搅拌器、传动装置、容器翻转机构和机架等组成。

(一)卧式和面机

卧式和面机的搅拌容器轴线与搅拌器回转轴线均处于水平位置,结构简单,造价低,卸料、清洗、维修方便,但占地面积较大。这类机器的和面容量一般在 25～400 kg。图 8-2 是卧式和面机的结构。

和面机工作时,由电动机 1 带动蜗杆 3,经过蜗轮减速机构,使主轴(桨叶轴)4 转动,带动桨叶 5,用以调和面团。

1. 搅拌器 搅拌器也称作搅拌桨,是和面机的重要部件,按搅拌轴数目分为单轴式和双轴式两种。卧式的与立式的也有所不同。

单轴式和面机结构简单、紧凑、操作维修方便,使用普遍。这种和面机只有一个搅拌器,每次和面搅拌时间长,生产效率较低。由于它对面团的拉伸作用较小,如果投料少或操作不当,则容易出现抱轴

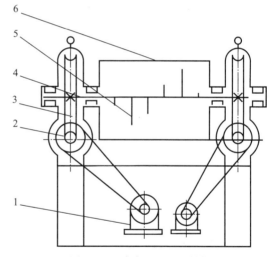

图 8-2 卧式和面机的结构
1. 电动机 2. 蜗杆 3. 蜗轮 4. 主轴 5. 桨叶 6. 筒体

现象,使操作发生困难。因此单轴式和面机只适于揉制酥性面团,不宜揉制韧性面团。

双轴式和面机有两组相对的反向旋转的搅拌器,且两个搅拌器相互独立,转速也可不同,相当于两台单轴式和面机共同工作。运转时,两桨时而互相靠近,时而又加大距离,可加速均匀搅拌。双轴和面机对面团的压捏程度较彻底,拉伸作用强,适合揉制韧性面团。缺点是造价高,起面较困难,需附加相应的装置。

和面机搅拌器的结构形状直接影响和面机的操作效果,因而搅拌器有多种类型,对应于不同物料特性及工艺要求。

(1)桨叶式搅拌器。适用于调制酥性面团。

如图 8-3 所示。在和面的过程中,桨叶搅拌对物料的剪切作用很强,拉伸作用弱,对

面筋的形成具有一定破坏作用。搅拌轴装在容器中心,近轴处物料运动速度低,若投粉量少或操作不当,易造成抱轴或搅拌不均匀的现象。桨叶式搅拌器结构简单,成本低。

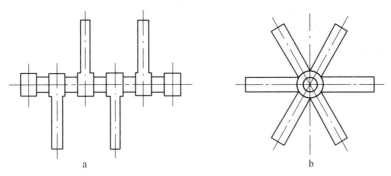

图 8-3 桨叶式搅拌器
a. 主视图 b. 左视图

（2）Z形和∑形搅拌器。这两种搅拌器的桨叶母线与其轴线呈一定角度（图8-4）。目的是增加物料的轴向和径向流动,促进混合,适宜高黏度物料调制。其结构多是整体铸造再锻制成型。其中,∑形应用广泛,有很好的调制作用,卸料和清洗都很方便。Z形搅拌桨调和能力比∑形叶片稍低,但能产生更高的压缩剪力,多用在细颗粒与黏滞物料的搅拌。

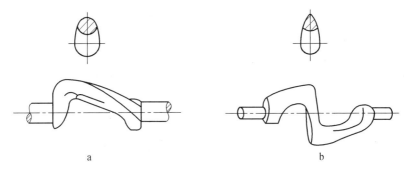

图 8-4 Z形和∑形搅拌器
a. Z形搅拌器 b. ∑形搅拌器

（3）滚笼式搅拌器。适用于调和水面团、韧性面团等经过发酵或未发酵的面团。

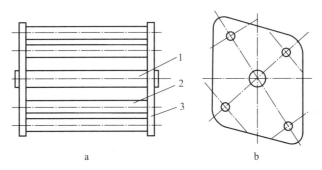

图 8-5 滚笼式搅拌器
a. 主视图 b. 左视图
1. 轴 2. 直辊 3. 连接板

如图8-5所示,它结构简单,主要是由连接板、4~6个直辊及搅拌轴组成。直辊分为加有活动套管和不加套管两种。活动套管在和面时自由转动,可减少直辊与面团间的摩擦及硬挤压,以降低功率消耗,减少面筋的破坏。直辊的安装位置有平行于搅拌轴线和倾斜于搅拌轴线两种。后者倾角为5°左右,作用是促进面团的轴向流动。直辊在连接板上的分布分X形、S形、Y形。其中Y形结构的搅拌器,两连板间无中心轴,可避免面团抱轴或中间调粉不均匀的现象。

滚笼式搅拌器和面时作用力柔和,面团形成慢。对面团有举、打、折、揉、压、拉等操作(图8-6),有助于面团的捏合,利于面筋网络的形成,但操作时间较长。

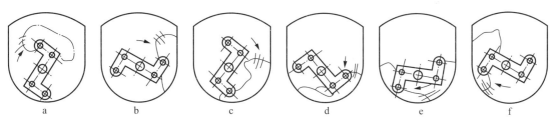

图8-6 滚笼式搅拌器调和面团操作流程示意
a. 举 b. 打 c. 折叠 d. 揉 e. 压 f. 拉

(4)其他搅拌器。其他类型卧式搅拌器:在卧式和面机中,也使用着一些不同于上述形状的搅拌器。如花环式搅拌器、扭叶式搅拌器、椭圆式搅拌器。它们的特点是:采用整体结构,桨叶外缘母线与容器内壁相似,间距很小,中心无搅拌轴,因此容器内无死角,所有物料都均匀地接受搅拌,同时也不存在面团抱轴的问题,但面筋生成能力稍低于滚笼式搅拌器。

2. 搅拌容器 搅拌容器,也称搅拌槽,多由不锈钢焊接而成。其结构见图8-7。搅拌容器的容积有25 kg、50 kg、75 kg、100 kg、200 kg、400 kg等系列。

和面操作时,面团形成质量的好坏与温度有着很大的关系,而不同性质的面团又对温度有不同的要求。高功效和面机常采用带夹套的换热式搅拌容器,在夹套中通入冷水来控制温度。

3. 传动装置 卧式和面机的传动装置(图8-8)是由电动机1和8、蜗杆3和6及搅拌器4等组成,也有的采用皮带传动。

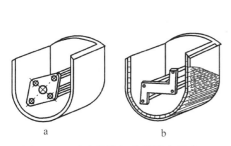

图8-7 卧式搅拌机的搅拌容器类型
a. 搅拌容器 b. 夹套换热式搅拌容器

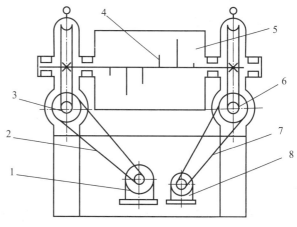

图8-8 卧式和面机传动示意
1、8. 电动机 2、7. 皮带 3、6. 蜗杆 4. 搅拌器 5. 容器

和面机工作转速低,多为 25～30 r/min,故要求降低速度,常用蜗轮蜗杆减速器或行星减速器(与电动机直连),实现工作速度的调节。

4. 容器翻转机构 卧式搅拌机的搅拌容器一般设有翻转机构(图 8-8)。机动翻转容器机构由电动机 1 和 8、蜗杆 6 及容器翻转齿轮组成。和面操作结束后,启动电动机 1 和 8,经皮带 7 带动蜗杆 6,从而带动容器翻转齿轮使容器 5 翻转一定的角度,将物料卸出。有时也采用人工手动操作,使容器翻转。

5. 机架 小型和面机转速低,工作阻力大,产生的振动及噪声都较小,因此一般不用固定的机座。机架结构有的采用整体铸造,有的采用型材焊接框架结构,还有的是底座下部铸造而上部采用型材焊接的。

(二)立式和面机

立式和面机的搅拌容器轴线为垂直方向布置,搅拌器垂直或倾斜安装。有些设备搅拌容器做回转运动,并设置了翻转或移动卸料装置。

立式和面机结构简单,制造成本不高。但占空间较大,卸料、清洗不如卧式和面机方便。直立轴封如长期工作会使润滑剂泄漏,造成食品污染。

1. 立式和面机的搅拌器 立式和面机的搅拌器也有桨叶式、象鼻式、扭环式等几种常用形式,但与前述的卧式和面机搅拌器有所区别。桨叶式搅拌器与卧式和面机中桨叶式搅拌器结构形状相似,其轴线与地面垂直。象鼻式搅拌器通过一套四杆机构模拟人手调粉时的动作来调制面团,有利于面筋的揉制,适于调制发酵面团。一次调粉可达 300 kg 以上,但该种机器复杂,搅拌器动作慢。

扭环式搅拌器桨叶(图 8-9)从根部至顶端逐渐扭曲 90°,有利于促进面筋网络的生成。适用于调制韧性面团与水面团类面食。

2. 搅拌容器 立式和面机的搅拌容器有固定式和可移动式两种。固定式的搅拌轴可上下移动。操作结束后将搅拌轴上升,移开可绕机架立柱左右转动的容器。可移动式容器下面有小轮子,和面结束后可将容器推出,作为发酵罐使用,既减少生产设备,又简化了搬运面团的操作。

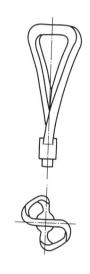

图 8-9 扭环式搅拌器桨叶

二、熟化机

熟化机(图 8-10)是一台有一定面料贮存量用以"静置熟化";又能均匀地向下方的面条复合机供应面料的设备。主要有进料器、搅拌器、传动装置、出料管、机架等组成。

1. 工作原理 电动机转速经带轮、蜗轮蜗杆和链轮三级减速后驱动搅拌桨叶转动。面料在搅拌桨叶的作用下形成散粒、块状的面团,并向下料管送料。为能达到良好的熟化效果,面料在熟化机中的停留时间应达 15～45 min。

2. 操作注意事项 该机属连续工作的机械设备,需注意皮带的张紧程度和链传动装置处于水平位置,长时间工作后链节磨损,链条增长,易造成掉链现象。

若面料的黏性较强,易形成较大面团,不易从下料口下落,需人工将其捣碎。

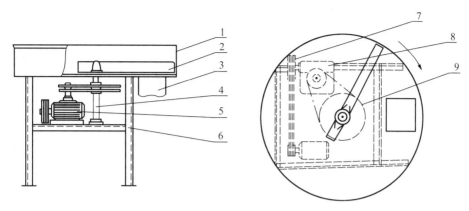

图 8-10 熟化机结构示意
1. 喂料器 2. 搅拌桨叶 3. 下料管 4. 搅拌轴 5. 电动机 6. 机桨
7. 皮带及大小带轮 8. 减速器 9. 链条及大小链轮

三、压延机械

压延机械亦称辊压机械。该机利用一对或多对相对旋转的辊对面类或糖类食品进行辊压操作。辊压操作广泛应用于各种食品成型的前段工序中。如饼干、水饺生产中的压片，糖果拉条，技面和方便面生成中的压片等。

辊压的作用主要使面团形成厚薄均匀，表面光滑，质地细腻，排除内部气泡，内聚性和塑性适中的面带。

1. 卧式压延机 图 8-11 为卧式压延机外形。它主要由上压辊、下压辊、压辊间隙调整装置、撒粉装置、工作台、机架及传动装置等组成。

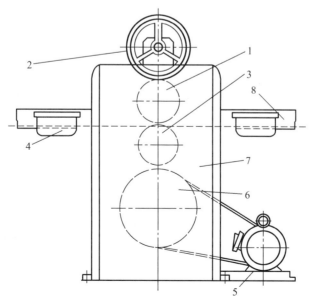

图 8-11 卧式压延机外形
1、3. 压辊 2. 调节轮 4. 面粉 5. 电动机 6. 皮带轮 7. 机架 8. 工作台

上、下压辊安装在机架上，上压辊的一侧设有刮刀，以清除粘在辊筒上面的少量面屑。自动撒粉装置可以避免面团与压辊粘连。

图 8-12 为卧式压延机的传动系统示意。其工作原理是：动力由电动机驱动，经一级皮带轮 2、3 及一级齿轮 4、5 减速后，传至下压辊；再经齿轮 7、8 带动上压辊回转，从而实现了上、下压辊的转动。

为保证压制不同厚度面片的工艺需要，可通过手轮调节压辊之间的间隙。调节程序是通过转动手轮。经一对圆锥齿轮啮合传动，使升降螺杆回转，从而带动上压辊轴承座螺母 10 作升降直线运动，使压辊间隙得以调节。一般调整范围为 0～20 mm。

由于两压辊之间的传动为齿轮传动，传动比通常为 1。主动辊由另一齿轮带动。因此在调整压辊间隙时，只能调整被动压辊。

间歇式压延机工作时，面片的前后移动、折叠、转向均由人工完成。如果只用以单向压延，则需多台间歇式压延机组合在一起，中间用输送装置连接。这样即可与饼干成型机联合组成自动生产线。

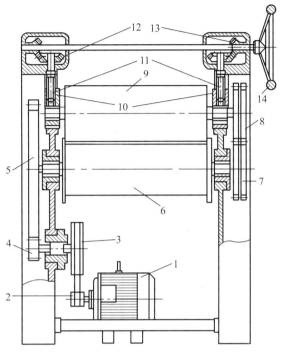

图 8-12 卧式压延机的传动系统示意
1. 电动机 2、3. 皮带轮 4、5、7、8. 齿轮 6. 下压辊
9. 上压辊 10. 上轧辊轴承座螺母 11. 升降螺杆
12、13. 锥齿轮 14. 轧距调节手轮

2. 立式压延机　图 8-13 为立式压延机操作示意。相对于卧式压延机，立式压延机具有占地面积小，压制面带的层次分明，厚度均匀，工艺范围较宽，结构复杂等特点。它主要由料斗、压辊、计量辊、折叠器等组成。

立式压延机工作时，面带依靠自身重力垂直供料，因此可以免去中间输送带，简化了机器结构，而且辊压的面带层次分明。计量辊的作用是使压延成型后的面带厚度均匀一致，一般由 2～3 对压辊组成，辊的间距可椭圆带厚度自动调节。

3. 多层压延机　多层压延机是一种新型的高效能压延设备，是饼干起酥生产中的关键设备，它压制的面层可达 120 层以上，且层次分明、外观质量与口感较佳，因而能生产手工所不及的面点。但其结构复杂，设备成本高，操作维修技术要求较高。

图 8-14 为多层次压延机的结构示意。它主要由环形压辊组 5 及速度不同的三条输送带 1、2、3 组成。输送带

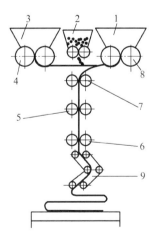

图 8-13 立式压延机操作示意
1、3. 料（面）斗 2. 油酥料斗
4、8. 喂料辊 5、6、7. 计量辊
9. 折叠器

速度沿面片流向逐渐加快（$v_1 < v_2 < v_3$）。上压辊组中各辊既有沿面带流向的公转，又有逆于此向的自转，其公切线上的绝对速度接近输送带的速度。

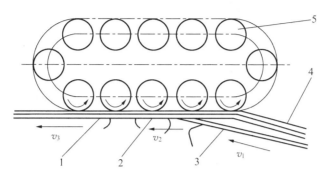

图 8-14　多层压延机结构示意
1、2、3. 输送带　4. 多层面片　5. 环形压辊组

工作时，倾斜进料输送带 1、将多层次厚面片 4 导入由环形压辊组与三条输送带所构成的狭长楔形通道内。随着面片逐渐变薄，输送带速度递增。在整个压延过程中，面片表面与接触件间的相对摩擦很小，面片几乎是在纯拉伸作用下变形。因此面片内部的结构层次未受影响，从而保持了物料原有品质。

四、切条折花自动成型装置

经过连续的压延，面片已达到所需的厚度，需将其切成若干根细面条，按方便面生产工艺要求再折叠成波浪花纹。完成此过程在图 8-15a 所示装置上进行。

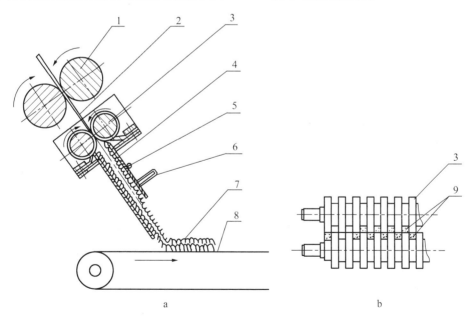

图 8-15　切条折花自动成型装置示意
1. 轧辊　2. 面片　3. 面刀　4. 折花成型导向盒　5. 铰链　6. 压力门重量调整螺栓
7. 折花面块　8. 输送带　9. 面条

面刀（切条刀）的工作原理是利用一相对转动的刀辊上的圆刀，对面片施加以纯剪切力而分离成条，如图 8-15b 所示。

面条折花是该工序的关键。折花成型导向盒是装在面刀下方的一个精密设计制作的波浪成型导向盒。切好面条进入导向盒后，与盒壁摩擦形成运动阻力。另外，面条的运动速度大于输送带的运动速度，因而在盒中自然地形成滞流，在盒的导向作用下有规律地折成细小的波浪形花纹。这种花纹的大小和松紧程度受两个因素的影响：①调节门上压力大小的影响：可以靠增减压力门重量调整螺栓上螺母的重量，来改变压力门对面条的压力。压力门重量小时，摩擦力小，产生的波纹疏松，反之紧密。②面条线速度与输送带线速度之比的影响：速比小时，波纹疏松，反之紧密。通常比值为（8~10）：1。

五、蒸面机

蒸面机是利用钢丝网状输送带把折好波纹的面条通过蒸汽室，使面条中蛋白质变性，淀粉 α 化。在蒸面过程中，设法使面条充分吸水，这样有利于淀粉的 α 化，从而提高产品的品质。为此而设计如图 8-1 中 4 所示的倾斜式连续蒸面机。

倾斜式连续蒸面机具有 1:30 的斜度，出口处高，进口处低。当通道内通入蒸汽时，蒸汽沿斜面由低到高在蒸面机中分布，这样入口端的蒸汽量较小，面条进入时温度低，易使蒸汽在冷凝聚集在面条上，促进面条吸收蒸汽水分，含水量增加，利于面条的 α 化。出口端蒸汽较多，温度亦高，面条的水分被加热蒸发出来，含水量降低。这样倾斜式连续蒸面机中的温度由低到高，而面条中水分由高到低，符合淀粉 α 化的机理，面条容易蒸熟，蒸汽利用率高。

蒸面机的蒸汽压力是 0.147~0.196 MPa，通道内温度应控制在 96~98 ℃，同时为保证面条的韧性和食用口感，要求面条在蒸面机中的时间为 60~90 s。

为保证压延机的产品不积压，要求该机输送带的速度与面刀的线速度保持恒定的速比，采用传动系统与压延机连用的设计，从压延机下部通过一长轴将动力传至输送带驱动轮。

六、定量切块及自动分路装置

蒸好的面在进入油炸机或干燥机之前，趁其还具有一定的柔韧性进行定量切块，切成一定质量的叠成双层的面块。再经分路装置把原来三块分成六路，最后送入油炸机或干燥机。完成此操作要采用定量切断装置和自动分路装置。

1. 定量切断装置 定量切断装置如图 8-16 所示。蒸熟的面条被送到一对装有回转式

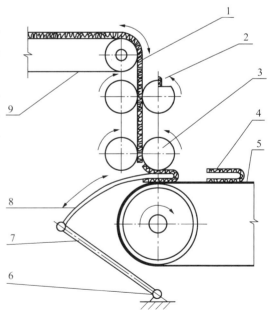

图 8-16 定量切断装置示意
1. 熟面条 2. 回转式切断刀 3. 引导定位滚轮
4. 成型的面块 5. 分路传送带 6. 摆杆
7. 摆杆轴 8. 往复式折叠导板 9. 蒸面机输送带

切断刀的滚轮间，滚轮每转动一周，面条将被切断一次。切断的面条被滚轮下方的引导定位滚轮夹持着继续向下，下降到一半时，往复折叠导板向右运动将面条推向分路传送带，在引导定位滚轮和传送带间的间隔里折叠成双层面块。

方便面重量受面条切断的长度和面条花纹疏密决定。若在定长切断的前提下，每块面的重量受面条花纹疏密影响而波动。疏则重量轻，密则重量大，因而正确计量的关键是掌握好前面的折花成型工序。

在定量切断装置运行过程中，往往出现上下层不等长的不正常现象。上述现象的出现需调整导板摆杆与摆杆角的安装角。如出现图 8-17a 情况时，摆杆向左调；出现图 8-17b 情况时，摆杆向右调。

图 8-17 面块折叠偏差示意
a. 上长下短　b. 上短下长

2. 自动分路装置　自动分路装置如图 8-18 所示。同时被切断折叠的 3 个面块落到一片钢丝网带上，该网带可在链条的带动下向前运动，也可在两根钢棍上横向移动。在输送链带的下方装有一个"八"字形导向滑槽，每片钢丝网带的边缘装有一个销轴，销轴在右滑道时，该片钢丝网带载着 3 个面块向右运动；在左时，网带向左运动，如此完成分路动作。

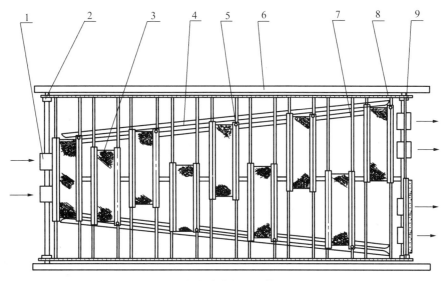

图 8-18 自动分路装置工作原理示意
1. 滚轮　2. 链轮　3. 钢丝网带　4. 导向滑道　5. 销轴　6. 机架　7. 钢辊　8. 链条　9. 链轮

上述两装置的动力同蒸面机。

七、方便面干燥设备

1. 油炸机　油炸的本质是干燥。干燥的目的是除去水分，固定 α 化的形态组织和面块的几何形状。对于方便面的干燥，要求有较快的干燥速度，以防止回生。方便面油炸设备为图 8-19 所示的连续式深层油炸机。这种炸机可以全自动连续操作。

连续式深层油炸机的主要部件有：机体、输送带和潜油网带等。机体装有油槽和渍槽加热装置。待炸方便面坯由入口处进入油炸机后，落在油槽内的网状输送带上。由于生坯在炸

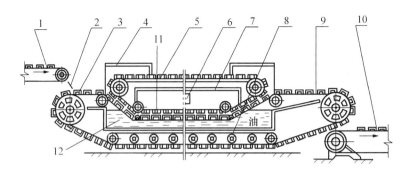

图 8-19 连续式深层油炸机示意
1. 分路机输送带 2. 滑板 3. 面盒 4. 护罩 5. 面盒盖 6. 排烟道
7. 排烟罩 8. 燃烧口 9. 输送链 10. 冷却器输送带 11. 潜油网带 12. 油槽

制过程中,水分大量蒸发,体积膨松,相对密度减少,因此易漂浮在油面上,造成其上下表面色泽差异较大,成熟度不一。因此油槽上设有六路面盒盖的输送链,在入槽前,面盒盖传动链同步驱动面盒盖盖在每一个面盒上,出槽后自动分开,它强迫炸坯潜入油内。潜油网带与炸坯输送带回转方向相反,但速度一致。同步协助生坯前进,制品停留在油槽的时间来保证其成熟度。

油槽中油的加热方式有两种,一种利用高压蒸汽在热交换器中将油加热;另一种是直焰式,靠燃烧重油或煤气对食油通过间壁加热。此外,也可用远红外加热元件对油进行加热,用此法油温更加均匀,也更易控制,热效率高,耗能少。

油炸设备的类型根据油炸物料的工艺要求有两种:一种是单槽式,物料在一只油桶内完成油炸工艺,适于厚度较大的物料油炸;另一种是双联槽式,物料先后在两个不同油温的油槽内完成油炸工艺,适于厚度较小的物料油炸。这是因为油炸薄的物料时,如一开始就进入高温油炸,表面易裂开而内部未油炸透,先低温然后高温油炸可保持物料外形并炸透。

油炸食品的质量与油温稳定和油质有关,直接加热式油炸设备存在油温不均匀和油炸碎屑未及时清除而过热焦化使油变质的缺点,间接式加热可避免这些缺点。方便面一般要求入槽温度为 100 ℃,出槽端温度为 155 ℃。油炸时间为 70 s 左右,较高的油炸温度可使面条的膨化程度高些,但在油炸时间不变的情况下,油温不可过高,否则面块会被炸焦。

2. 烘干机 为防止方便面长期贮藏时油的酸败和降低方便面的成本,α化的组织结构的固定方法也可采用热风干燥,使其迅速脱水。但该法的干燥温度较油炸温度低,干燥时间较油炸长,干燥后面条没有膨化现象,没有微孔,开水浸泡的复水性较差,且浸泡时间较长。烘干机设备的外形和内部示意如图 8-20、图 8-21 所示。

定量切断后的面块放入烘干机的输送链条上,随输送链的运动自上而下的往复循环,在热风的作用下达到干燥的目的。连续式烘干机传送装置有两种:一种是不锈钢网状输送带,面块运动到一端后靠重力落到下一层输送带上,如此往复。这种输送方式的烘干机结构简单,但面块容易破碎。另一种是输送链上装有不锈钢板制作的面盒,面块入盒后随输送链运动。这种面盒的重心始终在下部,当链条转弯折入下一层时,不会把盒中的面块倾倒出来。由于面块始终静止在盒中,所以不会产生碎面。

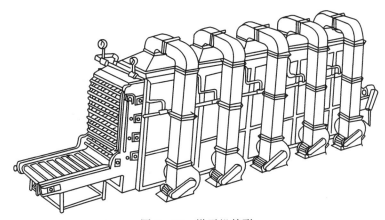

图 8-20　烘干机外形

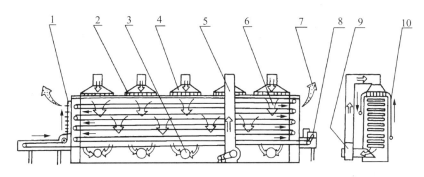

图 8-21　链条式连续烘干机
1.输送带　2.蒸汽加热器　3.回风口　4.风罩　5.风道　6.热风
7.排蒸汽口　8.传动装置　9.风机　10.蒸汽管道

在图 8-21 中，面块由 4～6 台风机和以蒸汽为热源的翅片式空气加热器分段循环干燥，气流与面块移动方向垂直相交，干燥均匀，湿空气在烘干机的两端自然排出，在风机的入口处可以补充新鲜空气，以保持机内较低的相对湿度。

八、冷却机

经干燥的面块有较高的温度，若不经冷却，在高温条件下将无法进行包装，冷却机设备示意如图 8-1 中 8 所示。

该机工作时，由多台风机强制将散布在一多网孔、透气性好的传送带上的面块温度降下来。

九、检测器

冷却后的面块进入包装机前，先对有无金属杂质和面块重量进行检查。在金属检测器中如发现面块中有金属杂质，金属检测器就会感应到电信号，并把信号放大后控制一个横向推杆或是一个压缩空气喷嘴的阀门，把该面块推（吹）出输送带。接着，面块经过一个电子皮带秤对重量进行分选，分选装置示意如图 8-22 所示。

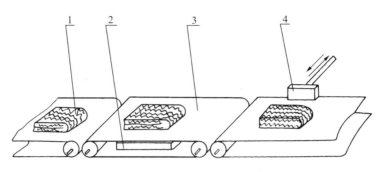

图 8-22 重量分选装置示意

面块压在电子皮带秤下方的重量感应器上,当面块重量超出或低于标准重量时,感应器发出信号放大后到执行机构,驱动推杆运动或空气喷嘴,将出现重量偏差的面块推出或吹出。

任务二 饼干加工机械与设备

饼干是以小麦粉、糖、油脂等为主要原料经和面机调制,通过滚轧机轧片,成型机压成饼坯,最后经烤炉烘烤而成的食品。饼干具有口感酥松,水分含量少,体积小,块形完整,便于包装和携带,营养丰富,食用方便等特点。

一、饼干生产工艺流程

(一) 生产工艺流程

饼干生产工艺流程及设备布置示意如图 8-23 所示。

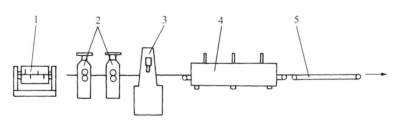

图 8-23 饼干生产工艺流程及设备布置
1. 和面机 2. 压片机 3. 成型机 4. 烘干机 5. 冷却机

(二) 流程简述

饼干生产过程一般包括原辅材料处理;面团调制,压片,成型,烘烤,冷却,包装等工艺。

(1) 原、辅材料处理。原、辅材料在进行调制面团以前还必须对各种原、辅材料适当的预处理以利于调粉和保证产品质量。

(2) 面团调制。面团调制就是将预处理后的原、辅材料,按配方在和面机中加入,再加入定量的水加以搅拌,调制成既符合质量要求,又适合机械运转的面团。

(3) 压片。压片也叫辊轧、辊压,它是利用压片机(辊轧机)将调制好的面团辊压成厚度均一,形态平整,表面光滑,组织均匀的面片,为成型做好准备。

(4) 成型。成型就是根据配方和品种的不同，选用冲印成型机、辊印成型机、辊切成型机、挤压成型机等不同的成型机，将面片制成不同形状的饼坯。

(5) 烘烤。成型后的饼坯移入烤炉，经过高温短时间的加热后，产生一系列化学的、物理的和生物性的变化，使饼坯由生变熟，成为具有色深、味香和多孔性海绵状结构的产品。常用的烘烤设备有风车式转炉、链条式平炉、钢带式平炉等。

(6) 冷却。饼干刚出炉时，表面温度可达180℃以上，中心层温度在100℃以上，此时饼干呈柔软状态，略受外力作用就易发生变形。因而高温、柔软的饼干必须冷却。冷却设备较简单，一般采用带式输送机，为加快冷却速率，可进行送风强制冷却。

(7) 包装。饼干的包装可以起到美化商品、防止破碎、减少饼干油脂的氧化、保持饼质量等作用。包装的形式有多种，要依品种、销售对象、贮存时间来定。

二、饼干生产机械

和面机和压片机结构和原理与方便面的机械基本相同。

在焙烤制品的生产中，均需将面带加工成一定的形状，以适应不同产品对形状的不同要求，完成此道工序的设备称成型机。在饼干生产中，几乎都是由成型机加工成型。常用的有冲印成型机、辊印成型机、辊切成型机等。

（一）冲印式饼干成型机

冲印成型是目前食品厂使用最广泛的一种成型方法，它是利用带有各种形状印模冲头的上下往复运动，将面带冲压成所需形状的饼坯。适合于生产粗饼干、韧性饼干、酥性饼干及苏打饼干等。

1. 冲印式饼干成型机的组成 冲印式饼干成型机如图8-24，主要由压片机构、冲印机构、分拣机构和输送机构等组成。

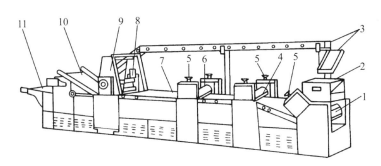

图8-24 冲印式饼干成型机
1. 头道辊 2. 面斗 3. 回头机 4. 二道辊 5. 压辊间隙调整手轮 6. 三道辊
7. 面带输送带 8. 冲印机构 9. 机架 10. 分拣输送带 11. 饼干生坯输送带

(1) 压片机构。压片机构一般由三组压辊组成。它将压好的面带压延成产品所需厚度的面皮。压辊分别称为头道辊、二道辊、三道辊。压辊的直径依次减小，辊间间隙也依次减小，而各辊转速依次增大。

各组压辊之间由帆布输送带输送面带，帆布输送带的宽度与压辊的长度相同，传动速度与压辊的线速度相同。为防止面带的过分张紧和堆积，在帆布带上还安有张紧机构，以稳定地输送面带，并保持面带输送的连续性。

(2) 冲印机构。冲印机构是饼干成型的关键机构，其作用是将压制好的面带冲制成饼坯，主要包括冲印驱动机构和印模组件两部分。

冲印驱动机构用于驱动印模组件完成冲印作业，分间歇式和连续式两种。

间歇式冲印机构动作进行时，曲柄滑块机构驱支印模在静止的物料做简单的直线运动，完成对饼坯的冲印。这种饼干机冲印速度受到坯料间歇送进的限制，冲印频率过高会因惯性冲击引起机身振动。造成面带厚薄不均，边缘破裂，影响饼干的质量。该机的生产能力较低，冲印频率最高不超过 70 r/min，因而不适于与连续烘烤炉配套使用。

连续式冲印机构如图 8-25，也称为摇摆式冲印机构。它在冲印饼干时，印模随面坯输送带连续运动，完成同步摇摆冲印动作。该机构主要由一组曲柄连杆机构、一组双摇杆机构和一组曲柄摆动滑块机构所组成。机构工作时，冲印曲柄和摇杆曲柄同步旋转，其中曲柄通过连杆带动滑块在滑槽内做直线往复运动；曲柄借助连杆和摆杆使印模摆杆 7 摆动。这样使得冲头在随滑块做上下运动的同时，还沿着输送带运动的方向前后摆动。于是保证在冲印的瞬间，冲头与面坯的移动同步。冲印动作完成后，冲头抬起，并立即向后摆到未加工的面坯上。采用该种机构冲印频率可达 120 r/min，运行平稳，生产能力高，生坯的成型质量好，便于与烤炉配套组成自动流水线。

印模组件（图 8-26）作为成型部件，其结构由印模支架、冲头芯杆、切刀、印模芯、面头推板等组成。

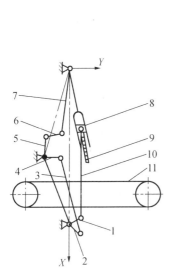
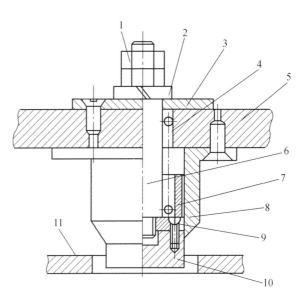

图 8-25　连续式冲印机构
1. 冲印曲柄　2. 摇杆曲柄
3、6、10. 连杆　4、5、7. 摆杆
8. 冲头滑块　9. 冲头　11. 输送带

图 8-26　印模组件的结构
1. 螺母　2. 垫圈　3. 固定垫圈　4. 弹簧
5. 印模支架　6. 冲头芯杆　7. 限位套筒　8. 切刀
9. 连接板　10. 印模芯　11. 面头推板

冲印工作时，印模组件在冲印驱动机的带动下做往复运动。印模芯杆下沉冲印面带，将图案印在饼坯表面上，然后印模不动，切刀下移把面带切断，切刀上升时，推板将面头推出，随着偏心轮的转动，印模芯中的弹簧将饼坯推出，完成一个冲印周期。

由于饼干品种不同，印模具有轻型和重型之分，前者图案凸起较低，印制花纹较浅，冲印阻力也较小；后者图案下凹较深，印制花纹清晰，但冲印阻力较大。

(3) 分拣机构。冲印式成型机的分拣是指将冲印成型后的饼干生坯与面头在面坯输送带尾端分离开来的操作。由于各种冲印式成型机结构形式的差异，其面料输送带的位置也各不相同，但大都是倾斜设置的，其倾角受面带的性质影响。韧性面带与苏打面带结合力较强，分拣操作容易完成，其倾角在40°以内；酥性面带结合力很弱，而且面头较易断裂，故倾角不能太大，通常在20°左右。分拣机构见图8-27。

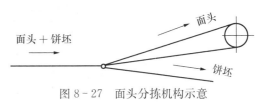

图8-27 面头分拣机构示意

2. 冲印式饼干成型机的工作特点 垂直冲印成型与摇摆冲印成型不同。它属于间歇式操作，冲头垂直冲下时，帆布不动，印模冲出花纹，刀口冲断面带，使饼坯成型。这时偏心轴动作，冲头提起，帆布带靠棘轮机构控制前进一步。同时它的饼坯传送带也应是间歇式，如果与连续式的烤炉输送带相配合，要使饼干坯十分均匀地落到输送带上是极其困难的。因而其缺点是工作时有振动，噪声较大，生产效率较低。

摇摆冲印机构的主要特点是上下模同时作相对冲压，克服了垂直冲印成型的缺点。同向摆动的位移与帆布输送带运动速度几乎相等，这样输送帆布带在运转过程中便能连续完成一个冲印操作，既实现与连续式烤炉的同步运转，又保证多品种的生产。同时，由于运动的间歇变为连续，所以工作平稳，噪声较低，改善了劳动条件。

3. 冲印式饼干成型机的使用与维护

(1) 饼干成型与面带的质量有很大关系，应根据不同配方的面团，选择合适的压延比。

(2) 各组压辊的间隙应从头道辊依次减小，并与其速度相匹配，防止面带拉长或堆积，以免影响面带质量。

(3) 各组压辊的线速度应与帆布带的运行速度就尽量接近，才能使饼坯实现连续化生产，因此调节时要特别注意。

(4) 不同饼干品种的面带，其抗拉强度差异很大，故需采用不同的输送速度。抗拉性差的面带，输送速度应小一些，以免在面头分离时被拉断。

(5) 要及时清扫压辊表面的余料，保持其良好的工作性能。

(6) 工作完毕，应全面清扫机器，放松帆布输送带，各组压辊应涂抹植物油后存放，其他运转部件也要加注润滑油。

(二) 辊印式饼干成型机

辊印式饼干成型机是较先进的饼干成型机，占地面积小，产量高，不需面头分离，运行平稳，噪声低。

辊印式饼干成型机主要用于加工生产高油脂饼干，更换印模后，还可以用于加工桃酥类糕点。辊印式饼干成型机一方面能确保饼坯成型脱模后不断裂，另一方面也能制得花纹图案十分清晰的饼坯。但是该机不适于含油脂低的饼干品种成型。

1. 辊印式饼干成型机的主要结构 由于辊印印模规格不同，辊印式饼干成型机结构体积变化较大，但其主要构件及工作原理基本相同。辊印式饼干成型机（图8-28）主要由成型脱模机构、生坯输送带、面头接盘、传送系统及支架等组成。

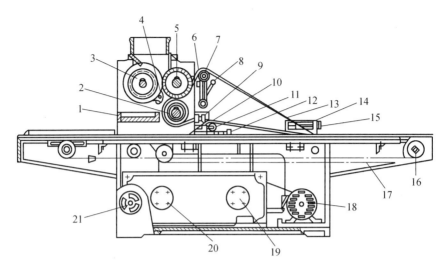

图 8-28 辊印式饼干成型机结构示意

1. 接料盘 2. 橡胶脱模辊 3. 喂料辊 4. 分离刮刀 5. 印模辊 6. 间隙调节手轮 7. 张紧轮 8. 手柄 9. 手轮 10. 支架 11. 刮刀 12. 面头接盘 13. 帆布脱模带 14. 尾座 15. 调节手柄 16. 输送带支撑轴 17. 生坯输送带 18. 电动机 19. 减速器 20. 无级变速器 21. 调节手轮

成型脱模机构是辊印饼干机的关键部件。它由喂料辊、印模辊、分离刮刀、帆布脱模带及橡胶脱模辊等组成。喂料辊与印模辊分别由齿轮传动面相向转动，橡胶脱模辊则借助于紧夹在两辊之间的帆布脱模带所产生的摩擦，由印模辊带动进行与之同步的回转。

2. 辊印式饼干成型机的工作原理　图 8-29 为辊印式饼干成型机的工作原理示意。面斗 4 的面团在喂料辊 3 与印模辊 6 相对转动中，被压入花纹的凹槽里，形成饼坯。位于两辊下面的铲刀 2 铲去多余的面屑，面屑沿模辊切线方向落在残料盘中回收再用。成型辊筒继续旋转，此时橡胶脱模辊 1 依靠自身变形将粗糙的帆布脱模带 9 压在饼坯底面上，并使其接触面间产生吸附作用。在帆布脱模带的吸附及重力作用下，落在帆布带上，送入烤炉进行烘烤。

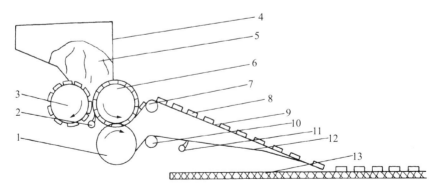

图 8-29 辊印式饼干成型机的工作原理示意

1. 橡胶膜模辊 2、11. 分离刮刀 3. 喂料辊 4. 面斗 5. 面团 6. 印模辊 7、10. 帆布带辊 8. 生坯 9. 帆布膜模带 12. 帆布带 13. 帆布带或烤盘

3. 影响辊印成型的因素

（1）喂料辊与印模辊的间距。喂料辊与印模辊的间距应随被加工面带的性质而改变。加

工饼干的间隙为3~4 mm，加工桃酥糕点需适当放大，否则会出现加料现象。

（2）分离刮刀的位置。分离刮刀的位置直接影响饼坯的重量，当刮刀刀口位置较高时，凹槽内切除面屑后的饼坯略高于轧辊表面，从而单块饼坯的重量增加；当刀口位置较低时，又会出现负坯毛重减少的现象。刮刀刃口合适位置应在印模中心线下3~8 mm处。

（3）橡胶脱模辊的压力。橡胶脱模辊的压力大小也对饼坯成型质量有一定影响。若压力太小，会出现坯料黏模现象；若压力太大会使饼坯厚度不均。因此应调节橡胶脱模辊，使其在顺利脱模的前提下，尽量减少压力。

（三）辊切式饼干成型机

辊切式饼干成型机（简称辊切饼干机）兼有冲印式饼干成型机和辊印式饼干成型机的长处，具有生产效率高，成型速度快，设备噪声低，振动小等优点，能明显地降低劳动强度，改善劳动条件，是一种较有前途的高效能饼干生产机型，广泛应用于苏打饼干、韧性饼干、酥性饼干及桃酥的生产。

1. 辊切式饼干成型机的主要结构　辊切式饼干成型机主要由压片机构、辊切成型机构、余料回头机构（分拣机构）、传动系统及机架等组成。其中压片机构、面头返回机构与冲印成型机大致相同，只是在压片机构末道辊与成型机构间缺少一段中间缓冲输送带。

辊切式饼干成型机与辊印式饼干成型机机构相类似。它有两种形式，一种是将印花部分和切花部分制成类似冲印成型机的复合模具嵌在同一轧辊上；另一种是将印模模、切块模分别安装在两轧辊上。实际生产中以后一种为主，其结构如图8-30所示。

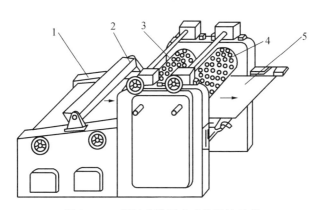

图8-30　辊切式饼干成型机结构示意
1. 机架　2. 撒粉器　3. 印花辊　4. 切块辊　5. 帆布脱模带

2. 辊切式饼干成型机的成型原理　辊切式饼干成型机的成型原理如图8-31所示。面片经压片机构压延后，形成光滑、平整、连续、均匀的面带。为了消除面带内的残余压力，避免成型后的饼干生坯收缩变形，通常在成型机构设置一缓冲带，适度过量的输送带可使此处的面带形成一些均匀的波纹，这样可使面带在恢复变形的过程中张力得到吸收。

辊切成型与辊印成型的最大区别在于面头的产生。辊切成型一般印花与切断是分两步完成的。即面带经印模辊，压印出花纹，然后再经同步运转的切块辊，切出带有饼干花纹的饼干坯。位于印模辊和切块辊之下的大直径橡胶脱模辊，借助于帆布脱模带，在印花和切块过程中，起到弹性垫板和脱模的作用。当面带通过辊切成型机后，饼坯由水平输送带送往烤炉，面头则经过斜帆布输送带送至余料回头机构，再送回辊轧机构。这种辊切成型技术的关

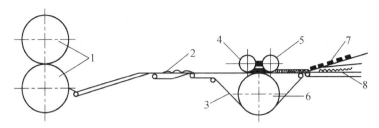

图 8-31 辊切式饼干成型机的成型原理
1. 定量辊 2. 花纹状面带 3. 帆布脱模带 4. 印模辊 5. 切块辊
6. 橡胶脱模辊 7. 面头 8. 饼坯

键在于应保证印模辊和切块辊转动的相位相同,速度同步。否则,切出的饼干图案不完整,会严重影响产品的质量。

3. 辊切式饼干成型机的使用与维护

(1) 面带质量的好坏将影响饼坯的成型,对不同配方的面团,压延比也不相同,应根据不同成品的要求,对不同配方的面团来选择合适的压延比,有时还可以通过试验来确定。

(2) 仔细调节印模辊和切块辊的相对位置,使印模辊碾压出来的花纹处于切块辊的中心,可有效保证饼坯的质量。

(3) 橡胶脱模辊是印模辊和切块辊的垫模,故必须调整到合适的压力,否则难以成型和使饼坯分离。

(4) 为保证饼坯的连续化生产,尽量调节印模辊、切块辊、橡胶辊的线速度与帆布输送带的运行速度相近。

(5) 不同饼干品种的面带,其抗拉强度差异较大,故面带的输送速度也不同,一般抗拉性强的面带,输送速度也较大。

(6) 要及时清扫印模辊。切块辊模型内的面头,保持良好的工作状态,模型有损伤,应及时更换或修复。

(7) 工作完毕,应全面清扫机器,在运动部件加注润滑油,并放松输送带、轧辊、印模辊、切块辊等部件涂植物油后存放。

(四) 烘烤设备

烘烤设备是将成型的饼干坯、面包、糕点等经过高温加热,使产品成熟的设备。当生坯入烘烤设备后受到高温加热,淀粉和蛋白质发生一系列理化变化,开始制品表面受到高温作用使水分大量蒸发、淀粉糊化、羰氨反应等变化使表皮形成薄薄的焦黄色外壳,然后外部水分逐渐转变为汽态向坯内渗透,加速生坯熟化,形成疏松状态的产品,并赋予优良的保藏性和运输性。

烘烤设备在焙烤制品时,应注意温度(包括炉温、底火、面火及高低温的先后顺序)的调节。只有适宜的温度,才能保证产品外形丰满,形状整齐,色泽黄亮,内部松脆。具体的温度调节视产品特性而定。焙烤食品出炉后,必须立即冷却,然后进行包装。

按结构类型,烤炉分为隧道式炉和箱式炉;根据食品在炉内输送装置不同,隧道式炉分为钢带式、链条式、网带式及手推烤盘隧道;根据食品在炉内的运动形式不同,箱式炉分为烤盘固定箱式炉、水平放置旋转炉和风车炉。

1. 电烤炉 电烤炉是以电热为热源的烤炉的总称,按形式和传动方式不同又可分为链条式炉和橱式炉。橱式炉又分为底盘固定式和底盘旋转式两种。

电烤炉结构简单,不会产生有毒气体和物质,产品干净卫生,温度容易调节,操作方便,劳动强度低,适应性强,生产能力大。缺点是耗电量大,生产成本高。

底盘固定式的电烤炉内部一般设有 2～7 层烤架,每层可放数只烤盘。底盘旋转的电烤炉为单层,可同时放数只烤盘。图 8-32 为底盘水平旋转电烤炉结构。它由加热元件、烤盘、保温层、动力装置等组成,炉壁外层为钢板,中间为保温材料,内壁为抛光铝板或不锈钢板,顶部装有抛光弧形铝板,可增加反射能力,并有排气孔,供排除炉内产生的水汽和其他挥发性气体,炉内还装有控温元件。

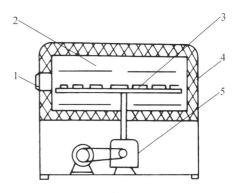

图 8-32 底盘水平旋转电烤炉结构
1. 炉门 2. 加热元件 3. 烤盘
4. 保温层 5. 动力装置

2. 链条炉 链条炉是指或载体(一般以烘盘为载体)被链条带动的烤炉,其使用热源以电、煤气或天然气为主。链条炉结构简单,造价低,占用空间小,炉体保温性能好,生产能力大,产品质量好,同时能适应多种产品的生产,是食品厂中生产烘烤制品的常用设备。同时链条炉升温快,20 min 内即可达到烘烤温度,可与成型机械配套使用而组成连续化的生产线。

链条炉结构如图 8-33 所示,主要由炉体、加热系统和传动系统等组成。炉体采用钢板和铁角架结构,内部装有上加热管、下加热管、保温层、电动机、主动链轮、被动链轮等装置。为提高热效率,炉顶一般设计为拱形,并在炉体内装有抛光铝板制成的反射罩,排湿管装在炉体顶部。传动系统包括调速电动机、减速器、链轮等。

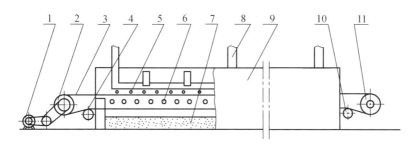

图 8-33 链条炉结构示意
1. 电动机 2. 主动链轮 3. 链条 4. 托轮 5. 上加热管 6. 下加热管 7. 保温层
8. 烟囱 9. 炉体 10. 张紧装置 11. 被动链轮

链条炉工作时,先关闭排气烟囱上的活门,以防止热量散失,接通电源或燃烧煤气,使炉体升温,并使电动机运转,带动链条运动,以免部分链条过热。在通电 10 min 左右,检查炉内温度,待其达到正常温度时,即可进行工作。此时可把装有生坯的烘盘放到链条中间的圆钢上,烘盘随链条的运动进入炉内,要及时开启排气囱上的活门,以排出水蒸气。生坯在随着烘盘前进的过程中,经历了快排水,恒速蒸发和表面着色等三个阶段,生坯也就由生变熟，成为可口的食品。烘盘在出炉后，产品要及时冷却才能包装。若生坯不停地输入，产品便会不断地生产出来。

复习思考题

1. 和面机的工作原理是什么？常用的搅拌器有哪些？
2. 方便面的脱水方式有哪几种？所用机械的工作原理和特点是什么？
3. 饼干辊印成型与冲印成型的原理有什么不同？各有什么特点？
4. 辊印式饼干成型机与辊切式饼干成型机使用时注意哪些事项？
5. 常见的烘烤设备有哪些？它们各自的优缺点是什么？

实验实训　参观面食制品厂

一、实训目的

通过参观当地的面食制品厂或跟班实践，了解面食加工的生产工艺流程和所需设备。

二、方法与步骤

请厂家有关技术人员介绍建厂情况、生产规模、生产任务、生产设备等，对所参观的面食制品厂有一个初步的认知。

设计参观项目并依次进行。

（1）观察面食制品加工厂的厂址选择、设备购置与安装及工艺设计等，总结设备选择和安装存在的问题、经验及教训。

（2）查看面食制品加工工艺和生产设备配套情况。

（3）了解各设备的生产厂家、生产能力及运行情况。

（4）了解并掌握面食制品生产的主要设备的操作过程。如在厂家参与实践锻炼，应学会部分设备的维修。

三、实训任务

参观面食制品厂，在规定的时间内绘制出面食制品厂的生产工艺设备流程图。

书写实训报告，总结参观面食制品厂的收获与感想，发现问题并提出改进建议或方案。

项目九

肉制品加工机械与设备

【素质目标】
通过本项目的学习，使学生牢固树立"食品安全无小事"的责任意识，守护百姓"舌尖上的安全"。培养学生严谨认真、一丝不苟的工作态度。

【知识目标】
了解肉制品机械设备的结构；明白肉制品设备的工作过程；掌握肉制品设备的使用维护方法。

【能力目标】
掌握肉制品机械设备的用途，能正确使用和维护肉制品设备，并能根据肉制品加工工艺流程选择相应的肉制品生产设备。

任务一 原料前处理设备

原料的前处理主要是对原料肉进行初步的加工，使其满足后续工艺的加工要求。原料前处理设备主要包括绞肉机、斩拌机和搅拌机等。

一、绞肉机

绞肉机的功用是将大块的原料肉切割、破碎成细小的肉粒（一般为 2~10 mm），便于后续工艺的加工（如斩拌、混合、乳化等）。绞肉机是加工各种香肠和乳化型火腿肠的必备设备。

绞肉机按处理的原料分为普通绞肉机和冻肉绞肉机两类。普通绞肉机用于鲜肉（冷却至3~5 ℃）；冻肉绞肉机可以直接绞制－25~2 ℃的整块冻肉，也可绞制鲜肉。按绞肉机的孔板数量分为一段式（1 个孔板 1 组刀）和三段式（3 个孔板 2 组刀）。先进的绞肉机带有搅拌或剔骨功能。

（一）绞肉机的构造与工作过程

绞肉机由进料斗、变径变螺距螺旋供料器、绞刀、孔板等构成，如图 9-1 所示。绞刀固定在螺旋供料器上随螺旋一起转动。孔板用紧固螺母固定在机壳上。

工作时，将经过修整（去皮、去骨、去筋膜）并切成适当大小的肉块，从进料斗加入。随着螺旋供料器的旋转，将肉从螺旋小直径端往螺旋大直径端推送，然后经过绞刀和孔板之间的剪切作用，将肉切断，被切断的肉粒被挤出孔板。

绞肉机的孔板可以自由拆换，使用不同孔径的孔板，可以加工出不同直径的肉粒。绞肉机的孔板孔径通常有粗孔（9~10 mm）、中孔（5~6 mm）和细孔（2~3 mm）三种。

用细孔孔板绞制较大的肉块时，工作阻力较大，而且可能将肉中的肉汁或脂肪挤出，严重影响肉馅的质量，电动机还容易过载。如果先用粗孔孔板绞一次，然后用中孔或细孔孔板继续绞碎，既费时又费力。而用三段式绞肉机，只需一次投料，就能依次通过粗、中、细孔孔板绞出细肉馅。

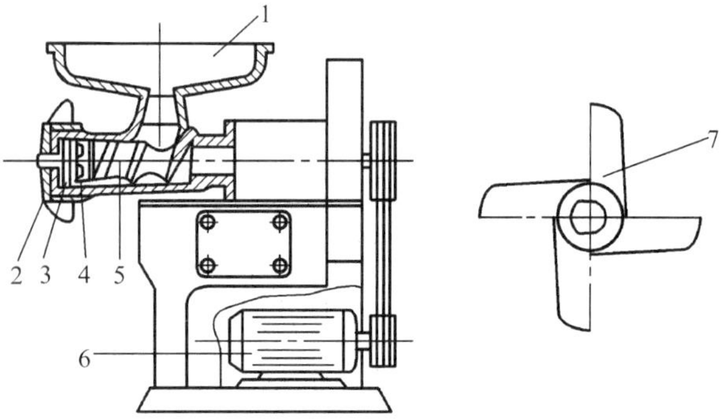

图 9-1 绞肉机结构
1. 进料斗 2. 紧固螺母 3. 孔板 4、7. 绞刀
5. 螺旋供料器 6. 电动机

（二）绞肉机的使用与维护及注意事项

1. 绞肉机的使用与维护 在绞肉前，要检查孔板和刀刃是否吻合。方法是将刀刃放在孔板上，横向观察有无缝隙。如有缝隙，在绞肉过程中，肌肉膜和结缔组织就会缠绕在刀刃上，妨碍肉的切断，破坏肉的组织细胞，削弱了添加脂肪的包含力。使用时要把绞刀和孔板编成组，避免混用。由于经常使用造成磨损，使刀刃和孔板的吻合度变差，需要对绞刀和孔板进行研磨。

装配绞肉机时，先将螺杆装入螺旋筒中，然后装上绞刀和孔板，最后用紧固螺母拧紧。拧得过紧，阻力大；拧的过松，绞刀和孔板之间就会产生缝隙，影响绞肉。装配时要根据原料肉的种类和肉制品的工艺要求，选择不同孔径的孔板。

三段式绞肉机的三块孔板之间有两副刀，组成一个绞刀组如图 9-2a 所示。如果方向装反，就不能起到绞肉的作用。从绞肉机的前方看，绞刀的旋转方向一般都是逆时针方向，如图 9-2b 所示。紧固螺母的松紧程度，以用手指轻轻紧固为好，如图 9-2c 所示。

作业结束后，要清洗绞肉机。按组装的相反顺序拆下孔板、绞刀和螺杆，清理表面的肉末，然后用热碱水或洗涤剂清洗上述部件及进料斗和机筒等。清洗干净后，擦去表面水分，正确地将刀具分组保管。

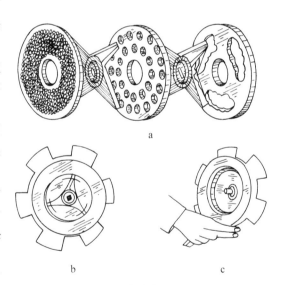

图 9-2 三段式绞肉机的组装方法
a. 孔板和刀的组合 b. 从前方看到的旋转方向
c. 最后紧固刀部的力量

2. 使用注意事项 每次使用前，应用热水对绞肉机进行清洗消毒。绞肉前要对肉块适当切割，而且要剔除骨、筋、脂肪和肉皮，这样才能使绞肉速度快，质量好。脂肪要单独绞切，喂入量不能过大。投料后用填料棒喂料，严禁用手喂料，以免发生事故。肉的温度应控制在 10 ℃以下，一般在 3~5 ℃才能保证肉馅的质量。

二、斩拌机

斩拌机的功用是对经过绞制的肉馅进行斩切,使肉馅产生黏着力,并将肉馅与各种辅料(冰屑、香辛料、调味剂等)进行搅拌混合,形成均匀的乳化物。通过乳化处理,使灌肠类产品的细密度与弹性大大增强。因此,斩拌机是加工乳化型产品或肉糜—肉块结合型产品的关键设备之一。

斩拌机分为普通型和真空型两类。真空斩拌机的优点是:避免空气打入肉糜中,防止脂肪氧化,保证产品风味;可释放出更多的盐溶性蛋白,得到最佳的乳化效果;可减少产品中的细菌数,延长产品贮藏期,稳定肌红蛋白颜色,保护产品的最佳色泽,相应减少体积8%左右。

(一)斩拌机的构造与工作过程

斩拌机由盛装物料的斩肉盘、高速旋转的切割刀具和出料机构组成。这三部分分别用一台或两台电动机带动。真空斩拌机还配有真空泵、真空盖和密闭系统等。真空斩拌机的结构如图9-3所示。

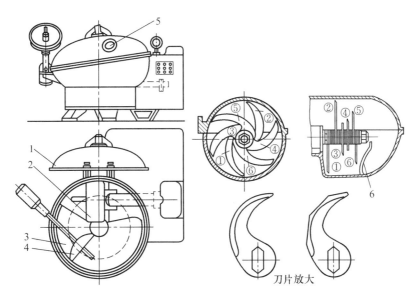

图9-3 真空斩拌机
1.机盖 2.刀具 3.斩肉盘 4.出料转盘 5.视孔 6.刮板
①②③④⑤⑥为刀片编号

斩肉盘用不锈钢制造。电动机的动力通过三角皮带和蜗轮蜗杆减速后,由棘轮机构带动斩肉盘轴,驱动斩肉盘单向旋转,转速为6~10 r/min。斩肉盘逆时针方向转动。

切割刀具由3~6把刀片组成,安装在刀轴上。刀具上方有保护和防止肉料飞溅的刀盖。刀轴由一台电动机通过三角皮带带动高速旋转,转速可以调节(2~3挡)。打开刀盖时,刀具自动停止转动,以保证安全。

出料机构由一台电动机通过齿轮减速机带动转轴和出料圆盘转动,整个机构可自由活动。斩拌时将出料盘向上抬起,圆盘不转。出料时,将出料机构放入斩肉盘内,接通电源,出料圆盘转动进行出料。

斩拌机工作时，先加入一部分瘦肉馅，开动刀具为斩拌转速。然后开动转盘低速转动，按斩肉盘的容量逐渐加入其他肉馅、冰屑、调味料等。一般 2～5 min 就可以把肉馅斩成肉糜。斩拌后整机转入搅拌速度状态，由出料机构将肉糜从斩肉盘内排出。

（二）斩拌机的使用维护

1. 使用前的准备 使用前应对斩拌机进行清洗、消毒。安装刀具前要对刀具进行检查，如果刀刃磨损应及时磨利，并称量每把切刀，质量差小于 1 g。切刀与转盘的间隙应小于 0.5 mm。

2. 斩拌机的使用 先将一部分瘦肉馅装入斩肉盘内，均匀铺开。开动斩拌机，逐渐加入水或冰屑、调味料、香辛料，然后加入脂肪。斩拌均匀后立即取出，准备灌制。斩拌结束后，将刀盖打开，清除刀盖内侧和刀刃部位的肉糜，最后清洗斩拌机。

3. 注意事项 斩拌时投入的原料量和辅料量不可过多或过少，否则对肉糜的温度和保水力有影响。

刀具的转速和斩拌时间，应根据肉糜的种类、工艺要求、环境温度、加入的水量和脂肪量来确定，以保证斩拌质量。

斩拌时应先启动刀轴电动机，待转速正常后，再启动斩肉盘电动机。工作中途停机时，应先使斩肉盘停止转动，再使刀轴停止转动。

任务二　腌制设备

生产火腿肠和传统的中式酱卤制品，腌制是必不可少的加工工艺。腌制的基本原理是将腌制液中所含的腌制材料，如食盐、硝酸盐、糖类、维生素 C 等充分渗透到肌肉组织中，与肌球蛋白等成分发生一系列的化学和生化反应，达到腌制的目的。

传统的腌制工艺是浸泡法和干腌法，周期长，难以满足现代食品加工的要求。而使用盐水注射机、嫩化机和滚揉机等腌制设备，能将腌制液迅速均匀地分散到肌肉组织中，并对肌肉组织进行一定强度的破坏，使肌球蛋白、肌浆蛋白等可溶性物质渗透溶解到盐水溶液中，加快腌制反应的进行。

一、盐水注射机

盐水注射机的功用是将腌制液迅速均匀地注射到肌肉组织中，这样可以加快腌制速度，使盐水均匀扩散、渗透，可缩短 2/3 的腌制时间，提高肉制品的质量，改善肉制品的保水性和出品率。盐水注射机有常压式和真空式两类。真空式盐水注射机的贮肉槽处于真空状态，可加速盐水在肉中的渗透和扩散。国产的盐水注射机多为常压式。

盐水注射机的构造如图 9-4 所示，由电动机、曲柄滑块机构、针板、盐水注射针、输送链板、盐水泵等组成。

盐水注射针由管径为 3～4 mm 的不锈钢无缝管制造，长度 180～200 mm。针端堵死，并磨出锋利的针尖，在离针尖 5～10 mm 的管壁上，开有 1～1.5 mm 的小孔 3～4 个，最多可达 20 个。

注射针的安装方法有两种：一种是固定安装，即将针座上的螺纹拧进针板的螺孔内。这样所有注射针随针板上下同步运动，主要适用于去骨肉的注射，如图 9-5 所示。另一种安

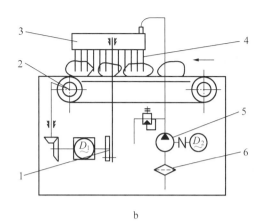

a   b

图 9-4 盐水注射机

a. 外形图   b. 工作原理图

1. 曲柄滑块机构   2. 棘轮机构   3. 针板   4. 盐水注射针   5. 盐水泵   6. 过滤网   7. 输送链板

装方法是弹性安装,即针头通过弹簧座安装在针板上,注射时所有的注射针除随针板一起上下运动外,每支针还可以相对针板独立运动。这样,当一个或几个针头遇到硬物而不能下降时,不会影响整个针板的继续下降,也不会损坏注射针,因而可以用于带骨肉和鸡等原料的注射,如图 9-6 所示。

图 9-5 去骨肉注射盐水   图 9-6 带骨肉注射盐水

  盐水注射针(几十个)固定在针板上,由曲柄滑块机构带动针板上下、往复运动。腌制液由盐水泵送入针板,由针板分配到各个注射针上,将腌制液迅速均匀地注射到肌肉组织中去。棘轮机构带动输送链板间歇向前运动,放到输送链板上的肉块,由输送链板将肉块逐步向前输送。注射盐水后的肉块从输送链板上滑入肉车中。

  工作时先启动盐水泵,调整盐水压力。开动驱动电动机,调整棘轮机构,保证输送链板间歇输送量。将肉块均匀地从输入端放到输送链上,当针板上升时,输送链板前进一定距离后停止。针板下降,注射针插入肉块并进行注射。针板上升,停止注射,输送链板再间歇前进一定距离。

  注射后,未进入肉块的盐水应回收。为防止可能混入的碎肉和脂肪堵塞针孔,必须进行过滤。过滤网的孔眼一般为 3 mm、1 mm、0.85 mm。当回收的盐水量很大,碎肉又较多时,可用振动筛或旋转筒形滤网等过滤装置处理,盐水通过网眼流出,滤渣则被滤筒内侧壁上的刮削导板刮除。

二、滚揉机

滚揉机的功用是将已经注射和嫩化的肉块进行慢速柔和地翻滚，使肉块得到均匀的挤压、按摩，加速肉块中盐溶蛋白的释放及盐水的渗透，增加黏着力和保水性能，改善产品的切片性，提高出品率。滚揉机是生产大块肉制品和西式火腿肠的理想设备。

滚揉机按肉块的滚揉方式可分为滚筒式和搅拌式（按摩式）。按压力情况分为常压式和真空式。真空滚揉机更有利于改善肉的品质，应用较广。真空滚揉机一般按照滚揉桶的工作特征可分为立式、卧式和肉车分离型三类，这里介绍卧式真空滚揉机和肉车分离型真空滚揉机。

（一）卧式真空滚筒滚揉机

卧式真空滚筒滚揉机如图9-7所示。外形为一卧置的滚筒，滚筒内壁有螺旋叶片。将需要滚揉的肉料装入滚筒内，随着滚筒的转动（2~15 r/min），肉在滚筒内上下翻动。先是被不锈钢滚筒内壁的螺旋形叶片带动上升，而后靠自重下落拍打滚筒低处的腌制液。由于肉块在上升和下落的同时也互相碰撞，因此也达到揉搓的效果。每次加工量可占滚筒容积的60%~70%，经11~16 h滚揉结束。

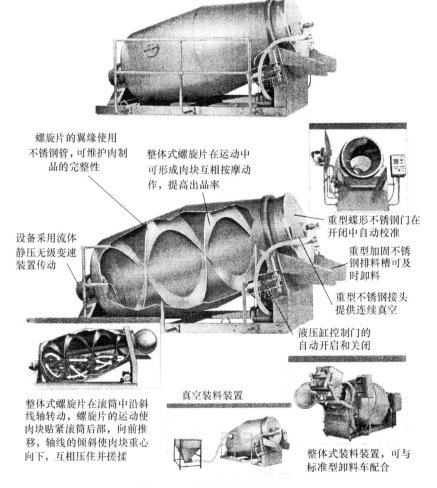

图9-7 卧式真空滚筒滚揉机

(二)肉车分离型滚揉机

肉车分离型滚揉机是指肉车和机体可以分开,如图 9-8 所示。肉车的容量有 200 kg、300 kg、400 kg、500 kg、600 kg、800 kg、1 000 kg 等,肉车可在盐水注射机和火腿充填机之间来回移动物料,而不用其他搬运容器和设备。

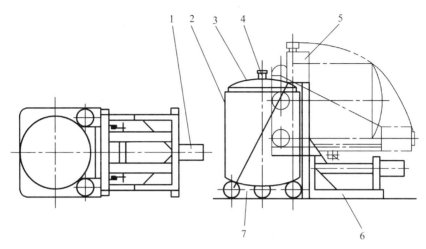

图 9-8 肉车分离型滚揉机
1. 翻转电动机 2. 肉车 3. 顶盖 4. 真空接口 5. 滚动电动机 6. 机架 7. 倾翻机架

操作时,将注射完盐水的原料肉用专用肉车推到滚揉机上,将肉车装入滚揉机,盖上顶盖,压紧螺旋,接通真空管道。开通真空泵,使肉车筒内达到一定真空度,顶盖被大气压紧紧压在肉车口上。开动倾翻装置将肉车倾倒 85°,肉车被两对滚轮所支承。开动滚轮驱动装置,肉车就在滚轮摩擦力带动下慢速滚动,对肉进行滚揉。滚揉工序和时间间隔由时间继电器控制。

任务三 灌制与熏制设备

经过绞肉、斩拌、搅拌、滚揉等加工处理后的肉馅,要根据灌制品的工艺要求,选择所需的肠衣,制成各种大小不同、形状不同的肠制品。因此需要用灌肠机进行灌制与成型。

根据肉制品的加工工艺和风味的需要,许多经过蒸煮后的肉制品还需进行熏制(有的肉制品先熏后蒸煮),以提高肉制品的色、香、味,同时进行二次脱水,以确保产品质量。

一、灌肠机

灌肠机又称充填机,是将斩拌机、搅拌机和滚揉机混合好的肉馅,在动力作用下填充到人造肠衣或天然肠衣中,形成各种肠类制品的机器。灌肠机的类型较多,按使用的动力分为气压式、液压式、机械式等;按机械结构分为活塞式和机械泵式;按肉馅的压力情况分为常压式和真空式;按工作方式分为连续式和间歇式等。

(一)活塞式灌肠机构造与工作原理

活塞式灌肠机的构造如图 9-9 所示,由盛肉料斗、灌装嘴(1~2 个)、肉缸、挤肉活塞、液压油缸、液压油泵等组成。

工作时,先将肉馅放入盛肉料斗内,启动液压油泵,用控制阀使液压油进入液压油缸上腔，液压活塞带动挤肉活塞向下运动，将肉馅吸入肉缸。灌肠时，关闭进料阀门，操作控制阀，使液压油进入液压油缸下腔，由液压活塞带动挤肉活塞上行。将准备好的肠衣套在灌装嘴上，逐渐开启灌装阀门，使肉馅均匀地充入肠衣。肉缸内肉馅装完后，使活塞下行，打开进料阀门，在重力和肉缸的负压作用下，肉馅又进入肉缸，进行下一批次的灌装。

该机的特点是结构简单、操作方便，灌装量可以根据需要调节，可换装不同口径的灌装嘴，适用于不同材质的肠衣，在大中小型肉制品厂普遍使用。

（二）灌肠机的使用维护

（1）使用各类灌肠机前先要检查各连接部位的情况，检查地线连接情况，转动、升降是否正常，气动管路是否漏气，并清洗机器，做好准备工作。

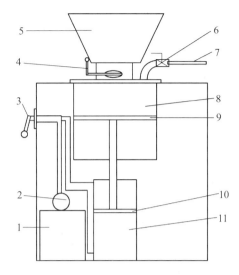

图9-9 活塞式灌肠机
1. 液压油箱 2. 液压油泵 3. 控制阀 4. 进料阀门
5. 盛肉料斗 6. 灌装阀门 7. 灌装嘴 8. 肉缸
9. 挤肉活塞 10. 液压活塞 11. 液压油缸

（2）按工艺要求选择合适的灌装嘴，冲洗干净后安装到出料口上。

（3）检查无误后，将肠衣套在灌装嘴上，开始灌装。灌装过程中要注意观察肠制品情况和料斗的肉馅情况，必要时补充肉馅和调整灌装量。

（4）生产结束后，要将机器内外清洗干净，如果不是每天使用，对机器进行简单密封。

（5）减速机的电机每年更换润滑油，有些部位（如挤肉活塞、泵内叶片等）要加注食品级润滑油。

（6）液压灌装机的传感器是高精度、高密封度器件，严禁撞击或超载，工作工程中不得接触，非检修需要不能拆卸。

二、熏制设备

熏制的目的是增加制品的风味和美观，使制品产生能引起食欲的烟熏气味，形成独特风味，提高制品的保存性。大部分西式肉制品如灌肠、火腿等需要烟熏，许多中国的传统肉制品如湘式腊肉、川式腊肉、沟帮子熏鸡等产品，也要经过烟熏加工。

熏制设备有直火式烟熏设备和间接式烟熏设备两类。

（一）直火式烟熏设备

这种设备是在烟熏室内燃着烟熏材料，使其产生烟雾，利用空气对流的方法，把烟分散到室内各处。常见的有单层烟熏炉、塔式烟熏室等。将肉制品吊在适当位置后，进行烟熏处理。这种设备由于依靠空气自然对流的方式，使烟在烟熏室内流动和分散，存在温度差、烟流不均匀、原料利用率低、操作方法复杂等缺陷，目前只在一些小型肉制品企业使用。

（二）间接式烟熏设备

这种设备不在烟熏室内发烟，而是将烟雾发生器产生的烟，通过风机和管道强制送入烟熏室内，对肉制品进行烟熏，故又称为强制循环式烟熏设备。这种设备提高了烟熏制品的质量，缩短了烟熏时间，适用于大规模生产。

发烟的方法较多，常用的有燃烧法、摩擦发烟法、湿热分解法和液熏法。

燃烧法即将木屑放在电热燃烧器上燃烧，靠风机将所产生的烟雾与空气一起送入烟熏室内。烟熏室的温度取决于烟的温度和混入空气的温度，烟的温度可通过木屑的湿度进行调节。发烟机与烟熏室应保持一定距离，以防焦油成分附着太多。

摩擦发烟法应用的是摩擦燃烧的发烟原理。其结构如图9-10所示。在硬木上压重石块，使硬木棒与带有锐利摩擦刀刃的高速转轮接触，通过摩擦发热使被削下的木片热分解产生烟，烟的温度由燃渣容器内水的多少来调节。

湿热分解法是将水蒸气和空气适当混合，加热到300~400℃，使高温热气通过木屑产生热分解。因烟和蒸汽是同时流动的，故变成潮湿烟。由于温度过高，需经过冷却器冷却后进入烟熏室，此时烟的温度约为80℃。冷却可使烟凝缩，附着在制品上，又称为凝缩法。其结构如图9-11所示。

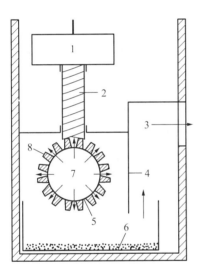
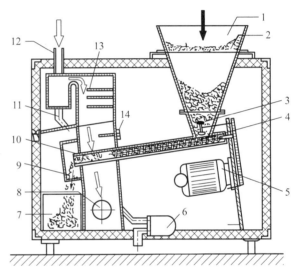

图9-10 摩擦发烟装置
1.重石块 2.硬木棒 3.烟
4.遮蔽板 5.摩擦转轮 6.燃渣容器
7.气流 8.摩擦刀刃

图9-11 湿热分解发烟装置
1.木屑 2.筛子 3.搅拌器 4.螺旋输送机 5.电动机
6.排水 7.残渣容器 8.出烟口 9.木屑挡板 10.气化室
11.凝缩管 12.蒸汽口 13.过热器 14.温度计

液熏法是将制造木炭干馏木材过程中的烟收集起来，制成浓缩的熏液。加热熏液使其蒸发吸附在制品上，或用熏液对制品进行浸渍，或将熏液作为风味添加剂加入到制品中，然后进行蒸煮干燥。

（三）全自动熏蒸炉

现代的烟熏设备具有多种功能，除烟熏外，还可用于蒸煮、冷却、干燥和喷淋等，故称为全自动熏蒸炉。

全自动熏蒸炉的结构如图9-12所示，主要由熏蒸室、熏烟发生器、蒸汽喷头、盘管散热器、循环风机、高压蒸汽电磁阀、低压蒸气电磁阀等组成。

熏蒸室用型钢焊接制成，内外用不锈钢板包裹，中间有良好的绝热层。风机设在室内顶部位置，当风机启动后在顶部形成增压区。熏烟发生器生成的烟由下而上吸入风机，经增压

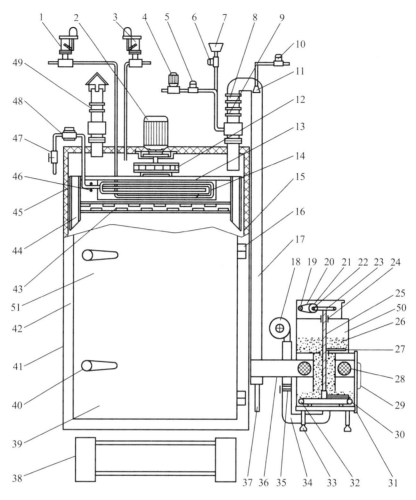

图 9-12 全自动熏蒸炉

1. 高压蒸汽电磁阀 2. 循环风机 3. 低压蒸汽电磁阀 4. 管道泵 5. 冲洗电磁阀 6. 清洗剂电磁阀 7. 清洗剂桶 8. 进烟蝶阀 9. 加空气蝶阀 10. 喷淋电磁阀 11. 喷头 12. 风机叶轮 13. 上隔板 14. 盘管散热器 15. 内壁包板 16. 门铰链 17. 输烟管道 18. 鼓风机 19. 送屑电动机 20. 三角皮带 21. 大皮带轮 22. 蜗杆 23. 蜗轮 24. 轴承座 25. 主轴 26. 木屑 27. 小拨叉 28. 滤网 29. 玻璃透窗 30. 大拨叉 31. 发烟室门 32. 电热管 33. 支架 34. 进风管道 35. 可调风门 36. 方形烟道 37. 排水管 38. 坡度板 39. 熏室门 40. 门把手 41. 外壁包板 42. 炉体 43. 隔板 44. 风管 45. 保温隔层 46. 法兰盘 47. 疏水阀门 48. 疏水器 49. 排气阀 50. 熏烟发生器 51. 熏蒸室

后再从两侧的喷嘴喷出,部分烟雾则从顶部防污染的过滤器排出。在增压区内还设有高压蒸汽电磁阀 1 和低压蒸汽电磁阀 3,控制加入蒸汽,以保证烟雾流动速度并保持一定湿度。在风机下部设有盘管散热器 14,供给干燥时的温风和冷却时的冷风。烟发生器设在烟熏室外部,产生的烟雾供给熏烟室。其气流循环原理如图 9-13 所示。

熏制车一般由型钢焊接而成,底部有 4~6 个小轮,便于进出熏蒸室,如图 9-14 所示。制品用吊杆吊挂在熏制车上。

控制器设在外部,用来控制烟雾浓度、烟熏时间、相对湿度、熏蒸室温度、物料中心温度和操作时间等,一般都设有程序控制系统(可编程序控制器 PLC)控制。该控制系统能

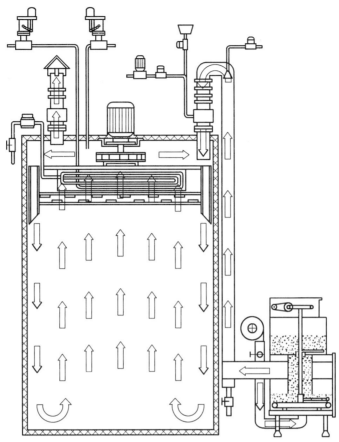

图 9-13 熏蒸炉气流循环原理

够存贮完整的操作程序,对于不同的产品,只要适当调整一些技术参数就能按所需的要求进行自动工作。

全自动熏蒸炉的特点:

(1) 全自动熏蒸炉容易操作,自动化程度高,只要正确设定好操作程序和参数,就可自动运行,加工出理想的肉制品。

(2) 全自动熏蒸炉能快速、均匀地达到工艺所要求的温度、湿度和烟雾浓度,确保加工制品质量稳定,具有优良的熏烟效果。

(3) 由于热风的温度能够控制在最佳状态,而且熏烟的质量也非常优越(无焦油污染),所以熏制出来的产品芳香可口,风味极佳。

(4) 运行费用较低,由于以蒸汽为热源,另外使用烟发生器,木材消耗大大减少,所以能够节省费用。

图 9-14 熏制车

(5) 由于该设备能够进行高精度的湿度控制,产品的成品率较高。

全自动熏蒸炉使用要求:

(1) 烟熏前要将制品的外表清理干净,并进行适当的干燥处理。

(2) 根据肉制品的种类和工艺要求,经过试验确定合理的程序和工艺参数(如温度、湿度、时间、烟雾浓度等）。

（3）每批次装入肉制品的量要符合熏蒸室的要求。超过容量要求，烟量和烟的循环会变差，易出现烟熏斑驳现象。

（4）烟熏结束后，必须立即从熏蒸室取出制品。如继续放在熏蒸室内冷却，就会引起制品收缩，影响外观。需要蒸煮的制品，烟熏后立即进入蒸煮工艺。

任务四 肉制品生产线简介

当肉制品的生产量较大时，把生产设备按照生产工艺流程，组成生产线。由于加工的产品不同，所用的生产设备也不完全相同，组成的生产线也不同。这里主要介绍午餐肉罐头生产线和香肠生产线。

一、午餐肉罐头生产线

午餐肉罐头生产工艺流程如图9-15所示。经过去皮去骨的猪肉分别加工为净瘦肉和肥瘦肉，并将净瘦肉、肥瘦肉分别切成小块加盐腌制2~3 d。

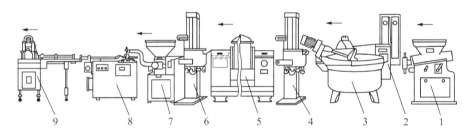

图9-15 午餐肉罐头生产工艺流程
1. 绞肉机 2. 控制柜 3. 斩拌机 4、6. 提升机 5. 真空搅拌机
7. 肉糜输送机 8. 肉糜装罐机 9. 肉糜刮平机

将腌制后的净瘦肉放入绞肉机、斩拌机等设备中制备肉糜。将绞肉机细绞后的肉糜再加入冰屑、淀粉等斩拌约3 min，然后将粗绞的肥瘦肉加入，斩拌20 s左右，再加盖在35~45 kPa真空度下，斩拌1 min。斩拌后的物料由提升机送入搅拌机内进行充分搅拌，再送入肉糜装罐机准备灌装。

午餐肉装罐有两种方式：传统的方法是用肉糜输送泵将肉糜压送至肉糜装罐机装罐，并经刮平机刮平定量或称量定量；另一种较先进的方法是采用定量装罐机，一次性完成肉糜的定量装罐。

午餐肉罐头均采用真空封罐机封罐，罐内保持真空度为55 kPa左右。杀菌时一般采用高压杀菌设备，杀菌温度为120 ℃左右。杀菌后的罐头经水冷却、干燥后，贴标签并打印生产日期、装箱出厂。

二、香肠生产线

共挤出香肠生产线可以生产消毒罐头或无菌袋包装的香肠。该生产线基本是全自动操作与控制，生产能力1 000 kg/h。共挤出香肠生产工艺流程如图9-16所示。

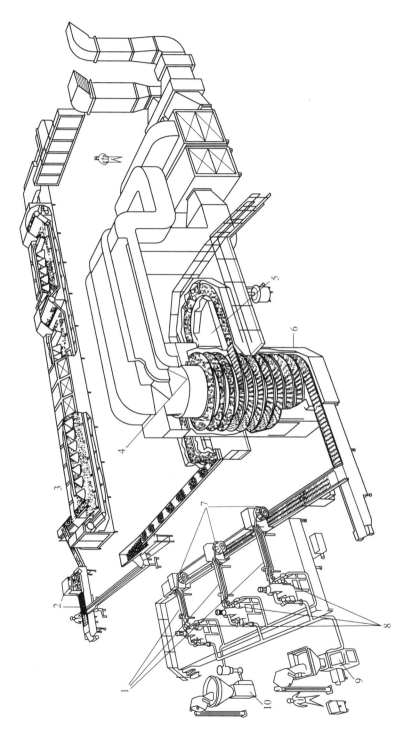

图9-16 共挤出香肠生产工艺流程

1.盐水浸泡池 2.包装 3.巴氏杀菌 4.后干燥 5.烟熏 6.预干燥 7.封口机 8.香肠肉馅和胶原纤维馅的共挤出 9、10.充填泵

先将肉块腌制，制成所需的肉糜，然后再进行灌制。共挤出香肠系统有两个充填泵，一个用于充填香肠肉，另一个用于充填纤维糊。胶质纤维糊作为外层，香肠肉作为夹心，两者同时从共挤出喷嘴挤出，这样就在直径一致的香肠肉上包裹一层均匀的胶质纤维糊。

离开共挤出喷嘴的香肠条由输送机牵引通过盐水浸泡池，并且预留足够的空间进行下一步工序的操作。从盐水浸泡池开始，香肠便进入一系列的切割成型器中。切割成型器逐渐合上，将香肠条切成所需长度的香肠，并使香肠两端部成型，这种成型方法能够保证每根香肠尾部都覆盖有胶质，并且表面光滑。

成型后的产品运送到连续干燥器中，以提高胶质纤维间的相互连接，并有助于水分的挥发，为烟熏工序做好准备。干燥器中，空气的温度、湿度和流动速度都需要精确控制，以保证产品表面干燥与内部热量间的平衡，以利于下一步加工。非烟熏产品（如早餐类）干燥后直接运送到包装间进行包装，需烟熏的产品运送到烟熏单元。要使色素和调味料达到最好的效果，可先对产品进行表面预干燥，然后进行液态烟熏，最后再干燥以改善烟熏风味。干燥和烟熏香肠均可以罐装或真空包装。

复习思考题

1. 说明绞肉机的构造和用途。
2. 说明斩拌机的构造、用途和操作要求。
3. 说明盐水注射机的构造、用途及盐水注射的目的。
4. 滚揉机的类型有哪些？说明其特点、用途和操作要求。
5. 灌肠机的种类有哪些？分别说明其构造和用途。
6. 烟熏设备常用的发烟方法有哪些？
7. 说明全自动熏蒸炉的构造、用途和特点。

实验实训　肉制品加工机械的观察与使用

一、目的要求

通过肉制品加工机械的观察与使用，使学生进一步了解肉制品加工机械的构造，弄清各种机械设备的基本工作原理和使用方法。

二、设备与工具

绞肉机、斩拌机、滚揉机、灌肠机、烟熏设备等（可根据具体条件选择在实验室或食品加工厂进行）。

三、实训内容和方法步骤

观察各种肉制品加工机械设备的构造，了解各部分的功能，弄清其基本工作原理，初步掌握各种肉制品加工机械设备的使用方法。

1. 绞肉机　拆下孔板、绞刀和螺旋，观察孔板孔的大小、孔板与绞刀的组合情况，并按相反的顺序安装好，然后通电试运转。
2. 斩拌机　打开机盖，观察斩拌刀的形状、数量和安装位置。观察转盘和出料机构的位置。检查斩拌刀尖与转盘之间的间隙。通电试运转，调整斩拌刀的转速和转盘的转速。

3. 滚揉机　打开滚筒盖，观察内部构造。观察运转机构和控制系统，了解其工作程序。

4. 灌肠机　打开机盖，观察活塞、肉缸及出料灌嘴结构，运转观察活塞和进料阀门的情况。

5. 烟熏设备　打开熏室门，观察全自动熏蒸炉的风机、进风喷嘴、加热器、排风管等，观察发烟器和控制系统的位置及控制功能。

四、能力培养目标

掌握肉品加工机械设备的类型、特点、用途及使用方法，并能根据具体的肉品加工工艺流程合理选用相应的机械设备。

项目十

乳制品加工机械与设备

【素质目标】
通过本项目的学习，培养学生科学严谨、实事求是的学习态度，爱岗敬业、精益求精的工匠精神，积极探索、举一反三的创新意识。

【知识目标】
了解典型乳品加工工艺流程及生产现状。深入了解分离机、均质机、奶油制造设备、乳粉生产设备等机械设备的用途、工作原理以及结构特点。熟练掌握常用乳品加工机械设备的操作规程、操作注意事项以及日常使用与维护等基础知识。

【能力目标】
能够正确操作分离机、均质机等机械设备，能正确处理常见故障并能分析原因排除故障。

任务一 概 述

近年来我国居民的各类乳制品（如液态乳、发酵乳、炼乳、乳粉和奶油等）的消费量越来越大。乳品加工机械与设备按加工的产品可分为净乳机械、分离机械、杀菌设备、发酵设备、浓缩设备、均质机械、干燥设备、奶油制造机以及输送设备等。为符合现代乳制品生产的需要，乳品加工设备要求构造简单、拆卸方便、便于清洗消毒、使用维护容易。在乳品加工中应尽可能采用机械化连续生产方式，尽量减少乳及乳制品与空气的接触次数，以减少污染的概率，保证卫生条件，提高乳制品的质量，保持鲜乳的风味。乳制品加工中所用的输送机械、杀菌设备、浓缩设备、干燥设备以及包装机械等，可参看本教材前六个项目有关内容，本项目主要介绍典型乳制品加工工艺流程及乳制品加工中所用的其他机械设备。

一、超高温瞬时灭菌乳生产工艺流程

灭菌乳就是杀死牛乳中微生物、使牛乳保持商业无菌的过程。商业无菌是指牛乳经过适度杀菌后，不含有致病性微生物，也不含有在通常温度下能在产品中繁殖的非致病性微生物。按照加工工艺，灭菌乳可分为两大类，超高温瞬时灭菌乳和保持灭菌乳。

超高温瞬时灭菌（UHT）就是采用高温、短时间，使液体食品中的有害微生物致死的灭菌方法，灭菌温度一般为130～150 ℃，灭菌时间一般为数秒。欧盟对UHT产品的定义：物料在连续流动的状态下，经135 ℃以上不少于1 s的超高温瞬时灭菌，然后在无菌包装状态下包装于微量透气容器中，以最大限度地减少产品在物理、化学及感官上的变化，这样生产出来的产品称为UHT产品。保持灭菌乳也叫二段灭菌乳，就是先将牛乳经过超高温瞬间处理，进行灌装、封合后再进行 105～120 ℃、10～30 min 保持灭菌。

超高温瞬时灭菌系统的加热介质为蒸汽或热水，有两种加热系统可用于牛乳的连续型超高温灭菌：即直接加热系统和间接加热系统。其中在直接加热系统中，原料乳首先通过间接式换热器被加热到 80～85 ℃，然后与过热蒸汽直接混合，立刻升温至灭菌温度 140～150 ℃。在间接加热系统中，产品与加热介质由不锈钢导热面隔开，产品与加热介质没有直接接触。根据换热器传热面的不同，间接加热系统分为板式热交换系统、管式热交换系统和刮板式加热系统。超高温瞬时灭菌乳工艺流程如图 10-1 所示。

1. 以板式换热器为基础的间接超高温瞬时灭菌设备 如图 10-2，约 4 ℃ 的牛乳由贮存缸泵送至超高温瞬时灭菌系统的平衡槽 1，由此经供料泵 2 送至板式换热器的热回

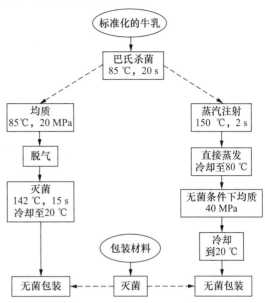

图 10-1 超高温瞬时灭菌乳生产工艺流程

收段。在此段中，牛乳被已经超高温瞬时灭菌处理过的乳预热至约 75 ℃，同时，杀菌过后的乳被冷却。预热后的牛乳随即在 18～25 MPa 的压力下均质。预热均质的产品继续到板式换热器的加热段被加热至 137 ℃，加热介质为一封闭的热水循环，通过蒸汽喷射头 5 将蒸汽喷入循环水中控制温度。加热后，产品流经保温管 6，保温 4 s。最后冷却分成两段进行热回收，首先牛乳与循环热水换热，随后与进入系统的冷牛乳换热，离开热回收段后，产品直接连续流至无菌包装机或流至一个无菌缸做中间贮存。

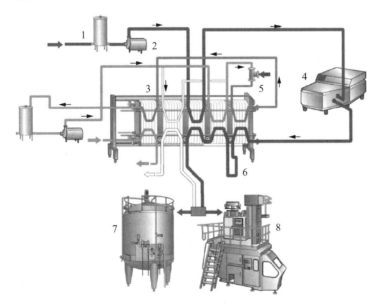

图 10-2 间接加热超高温瞬时灭菌乳生产线（板式换热器）
1. 平衡槽 2. 供料泵 3. 板式换热器 4. 均质机 5. 蒸汽喷射头 6. 保温管 7. 无菌缸 8. 无菌灌装

2. 以板式换热器和蒸汽注射为基础的直接超高温瞬时灭菌设备 如图 10-3 所示，由平衡槽提供的大约 4 ℃的产品通过供料泵 2 流至板式换热器 3 的预热段，在预热至 80 ℃时，产品经泵 4 加压后继续流动至蒸汽喷射器 5，蒸汽注入产品中，迅速将产品温度提升至 140 ℃。产品在超高温瞬时灭菌温度下于保温管 6 中保温几秒钟，随后闪蒸冷却。闪蒸冷却在装有冷凝器的蒸发室 7 中进行，由泵 8 保持蒸发室部分真空状态。控制真空度，保证闪蒸出的蒸汽量等于蒸汽最早注入产品的量。一台离心泵将超高温瞬时灭菌处理后的产品送入二段无菌均质机 10 中。由板式换热器 3 将均质后的产品冷却至约 20 ℃，并直接连续送至无菌灌装机灌装或一个无菌罐进行中间贮存以待包装。冷凝所需冷水循环由水平衡槽 1b 提供，并在离开蒸发室 7 后作经蒸汽加热器加热后的预热介质。在预热中水温降至约 11 ℃，这时，此水可用作冷却介质，冷却从均质机流回的产品。

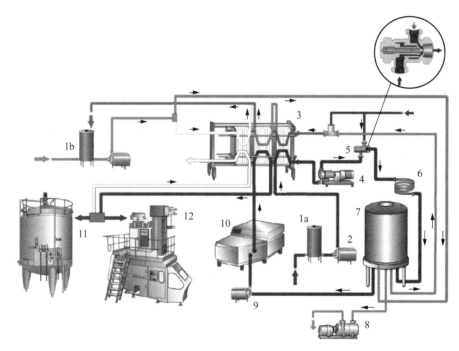

图 10-3 直接蒸汽喷射加热的超高温瞬时灭菌乳生产线（板式换热器）
1a. 牛乳平衡槽 1b. 水平衡槽 2. 供料泵 3. 板式换热器 4. 正位移泵 5. 蒸汽喷射器 6. 保温管
7. 蒸发室 8. 真空泵 9. 离心泵 10. 无菌均质机 11. 无菌罐 12. 无菌灌装

二、酸乳生产工艺流程

酸乳已成为我国发展最快的乳制品之一。根据 FAO 统计，世界年人均乳品消费量达到 100 kg，而在一些发达国家，人均乳品消费量更是达到了 300 kg。酸乳在我国也正成为大众化的乳制品。按成品的组织状态可分为两类：凝固型酸乳，其发酵过程在包装容器中进行，从而使成品因发酵而保留其凝乳状态；搅拌型酸乳，成品是先发酵后灌装而得。发酵后的凝乳已在灌装前和灌装过程中搅碎而成黏稠状组织状态。

酸乳以牛乳为主要原料，经过标准化、接种乳酸菌发酵剂、培养发酵而制成，其工艺流程如图 10-4 所示。无论是做凝固型酸乳还是搅拌型酸乳，牛乳的预处理都基本是一样的，均包括标准化、均质、杀菌、冷却。

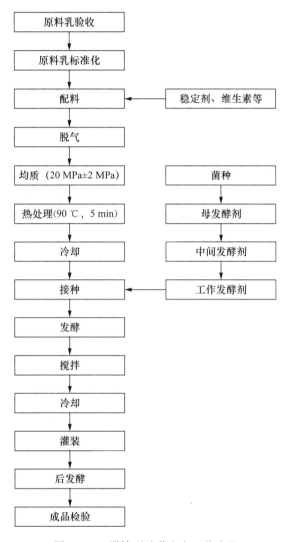

图 10-4 搅拌型酸乳生产工艺流程

图 10-5 是发酵乳制品的一般预处理生产线。牛乳从平衡罐出来，被泵到板式换热器 2，进行第一次热回收并被预热至 70 ℃左右，然后在第二段加热至 90 ℃。从板式换热器中出来的热牛乳送到真空浓缩罐 3，在此牛乳中有 10%～20%的水分被蒸发，蒸发出的一些水分被用于预热。在蒸发阶段，牛乳温度从 85～90 ℃下降到 70 ℃左右。蒸发后，牛乳被送到均质机 4 进行均质，经均质的牛乳回流到片式换热器 2 热回收段，再加热到 90～95 ℃，然后牛乳进入保温管 5，保温 5 min。巴氏杀菌后的牛乳要进行冷却。首先是在热回收段，然后用水冷却至所需接种温度，典型温度是 40～45 ℃。

图 10-6 是搅拌型酸乳典型的连续性生产线。预处理后的牛乳冷却到培养温度，然后进行接种，牛乳连续地与所需体积的生产发酵剂一并泵入发酵罐 2。典型的搅拌型酸乳生产的培养时间为 2.5～3 h，温度为 42～43 ℃。在培养的最后阶段，已达到所需的酸度时（pH

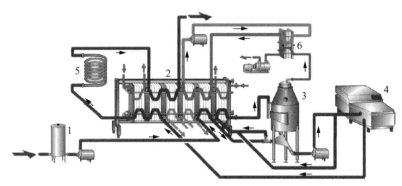

图10-5 发酵乳制品的一般预处理生产线
1. 平衡罐 2. 板式换热器 3. 真空浓缩罐 4. 均质机 5. 保温管

4.2~4.5），酸乳必须迅速降温至15~22℃。冷却是在具有特殊板片的板式换热器3中进行，这样可以保证产品不受强烈的机械扰动。一般冷却到15~22℃以后的酸乳先打入到缓冲罐4中，再进入包装机7进行包装。若需要生产调味酸乳，可在酸乳从缓冲罐到包装机的输送过程中加入果料和香料。

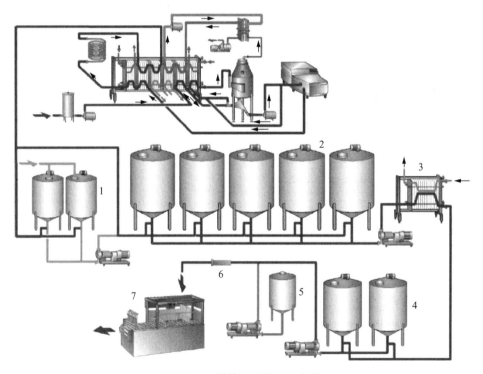

图10-6 搅拌型酸乳的生产线
1. 生产发酵剂罐 2. 发酵罐 3. 板式换热器 4. 缓冲罐 5. 果料/香料 6. 混合器 7. 包装机

三、奶油生产工艺流程

甜性奶油和酸性奶油是世界上产量最高、生产最普遍的奶油。酸性奶油在生产中比甜性奶油多一道添加发酵剂的工序，如图10-7所示。

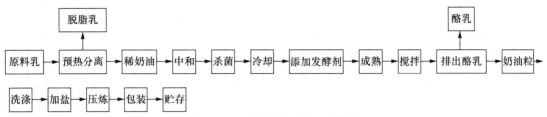

图 10-7 酸性奶油生产工艺流程

规模化的奶油制造过程包括较多步骤，图 10-8 是一条典型生产线。图 10-8 中包括了在搅拌压炼机中的间歇式生产方式，和在一台奶油制造机中连续生产的方式，现在间歇式搅拌机仍在使用，但是正被可连续生产的奶油制造机所取代。

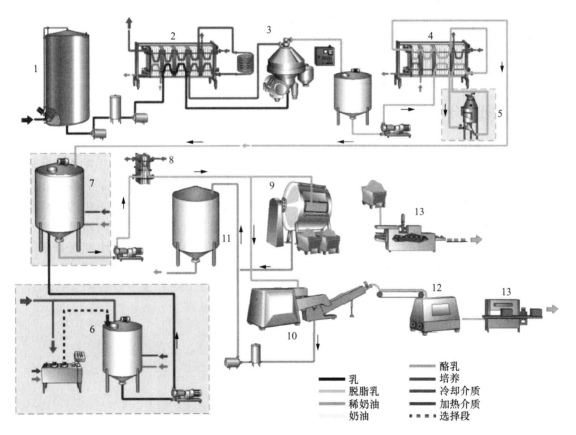

图 10-8 发酵奶油的间歇和连续化生产的一般生产步骤

1. 乳的验收 2. 乳的热处理和巴氏杀菌 3. 脂肪分离 4. 稀奶油的巴氏杀菌 5. 真空分离器 6. 发酵剂制备 7. 稀奶油的成熟和酸化（如果使用） 8. 温度处理 9. 搅拌操作（间歇式） 10. 搅拌操作（连续式） 11. 酪乳回收 12. 带有螺杆输送器的奶油仓 13. 包装机

全脂乳被分离之前要预热到 63 ℃ 进行巴氏杀菌，热的稀奶油进入稀奶油巴氏杀菌器之前经过一个中间缓冲贮罐，对稀奶油进行温和的处理方式，来自分离机的脱脂乳在被打入贮存罐之前要进行巴氏杀菌和冷却。稀奶油从中间贮存罐被送到 95 ℃ 或更高的温度下进行巴氏杀菌，目的是为了抑制乳中的酶和微生物。

如果稀奶油带有异常的挥发性气味或香味，生产线中也可增设真空脱气装置，可在巴氏杀菌前进行真空脱气。真空处理包括将稀奶油预热到所需的温度，然后进行蒸发冷却，放出带入的任何气体和挥发性物质。真空脱气后，稀奶油返回巴氏杀菌器来完成进一步处理后送往成熟罐，成熟通常要 12～15 h。

稀奶油从成熟罐被泵入连续奶油制造机或搅拌机；有时通过板式换热器将其温度提高到所需要的温度。在搅拌过程中稀奶油被剧烈摔打，以打碎脂肪球，使脂肪球聚合成奶油团粒，使剩余在液体即酪乳中的脂肪含量减少。这样稀奶油被分为两部分：奶油粒和酪乳。在传统的搅拌中，当奶油粒达到一定大小时，搅拌机停止并排除酪乳。在连续式奶油制造机中，酪乳的排放也是连续式的。

排出酪乳后，将奶油压炼成细微分散的脂肪连续相。如果奶油准备加盐，在间歇生产的情况下将盐撒在它的表面，在连续式奶油制造机中盐以盐水的形式加在奶油中。加盐以后，为了保证盐的均匀分布，必须强有力地压炼奶油以保证产品的香味、滋味、贮存质量、外观和色泽。最终的奶油被传送到包装设备然后冷却贮存。

任务二　奶油生产机械与设备

一、奶油分离机

（一）分离机的工作原理

分离机工作时，分离钵高速旋转，原料乳进入分离钵内，而后经碟片组上的垂直通孔从下而上上升，充满各碟片之间。当分离钵高速旋转时，带动碟片间的乳液旋转，在离心力作用下，使进入碟片中的乳液在碟片之间形成一层薄膜。如图 10-9 所示，牛乳中的颗粒和脂肪球根据它们相对于连续介质（即脱脂乳）的密度而开始在分离通道中径向朝里或朝外运动。碟片间密度小的脂肪球流向旋转轴，密度大的脱脂乳沿碟片向四周流动，机械杂质则沉淀在分离钵周围的壁上。分离后的脱脂乳沿上碟片外面流动，而稀奶油则沿上碟片的内面流动，从而分离机顺利地将稀奶油和脱脂乳分离开来。

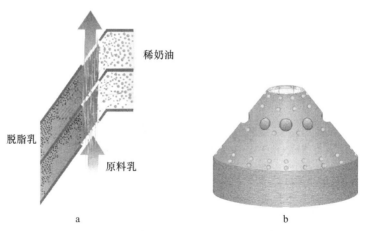

图 10-9　分离机碟片
a. 牛乳分离原理示意　b. 碟片组示意

(二) 分离机的结构

分离机的类型虽然不同,但其分离原理和构造基本是相同的,由传动装置、分离钵、容器和机架等组成。

1. 传动装置 传动装置的功用是将电动机的动力传递给分离钵。分离机的传动装置由两级增速装置组成。第一级为皮带将电动机的动力传递给蜗轮。第二级为蜗轮蜗杆把动力传递给分离钵,使分离钵作高速旋转。

2. 分离钵 分离钵是分离机的主要工作部件,将乳分离成稀奶油和脱脂乳。如图 10-10 和图 10-11 所示,分离钵主要包括分离钵底部、支柱、碟片组、顶罩等。

(1) 分离钵底部是整个分离钵的支持部分。原料乳沿中心管进入分离碟片中。

(2) 分离机的支柱与底座中心管可以连在一起,也可分开。支柱主要起到支持和固定分离碟片的作用,其外圆柱面带有数条沟槽,套在中心管的外面。

(3) 碟片组是离心机中的重要部件,其作用就是带动乳液高速旋转,并将乳液分离成稀奶油和脱脂乳。图 10-9b 为分离机碟片组,碟片的顶角一般为 60°～80°,碟片本身厚度一般在 0.5 mm 左右。在每个碟片上均固定有一定厚度的小凸台,可使碟片和碟片之间不致紧贴,形成 0.3～0.8 mm 的间距。每个碟片上都有小孔,可使稀奶油通过。

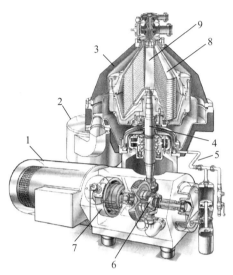

图 10-10 封闭式分离机
1. 电动机 2. 沉渣器 3. 顶罩 4. 空心钵轴
5. 操作水系统 6. 蜗轮 7. 制动装置
8. 碟片组 9. 支柱

不同的分离机,碟片的数目不同,数目越多则分离效果越好,分离能力也越大。

(4) 顶罩是整个碟片组的外罩,使分离钵成为锥形整体。顶罩主要起到密封分离碟片的作用,并与上碟片形成脱脂乳通道,使得脱脂乳顺顶罩的内侧向上流动,沿脱脂乳出口排出分离钵。

3. 机架 机架是整个分离机的支持部分,所有机件及受乳器都安装在它的上面。机架有卧式和立式两种。一般大型分离机都是立式机架。

4. 容器 容器包括脱脂乳收集器、稀奶油收集器、带有浮子的浮子室和装有开关的受乳器等。脱脂乳收集器和稀奶油收集器都固定在机架上,罩住了整个分离钵,利用其不同高度对准分离钵上的脱脂乳和稀奶油出口。

(三) 分离机的分类

分离机按结构形式可分为封闭式分离机、半封闭式分离机和开放式分离机。根据用途不同,可以分为用于分离乳中脂肪球的普通牛乳分离机和既能脱脂又能净化和标准化的多用分离机。这里重点介绍封闭式分离机和半封闭式分离机。

1. 封闭式分离机 如图 10-11 所示,封闭式分离机原料乳的进口、脱脂乳和稀奶油的出口都是封闭的,封闭式分离机的分离钵在操作过程中被牛乳完全充满,中心处没有空气,也就没有空气进入到脱脂乳和稀奶油中去,因此产品具有无泡沫的特点。分离机工作时,如

图10-11a所示，牛乳进入分配器后，被加速到与分离钵的旋转速度相同，然后上行进入碟片组间的分离通道，由于离心力的作用，牛乳向外甩出形成环状的圆柱形内表面。牛乳压力随着旋转半径的增加而逐渐增加，钵的内边缘处为压力最高值。较重的固体颗粒被分离出来，并沉积在沉降空间内，原料乳经分离后得到的脱脂乳及稀奶油分别排出。

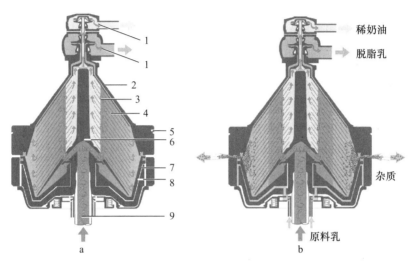

图 10-11 封闭式分离机分离钵示意
a. 分离 b. 排渣
1. 出口泵 2. 顶罩 3. 分配孔 4. 碟片组 5. 锁紧环 6. 分配器 7. 分离钵底部 8. 钵体 9. 空心钵轴

分离钵的沉降空间里收集的固体杂质有稻草、毛发、乳房细胞、白细胞、红细胞、细菌等，一般牛乳中的沉渣总量约为1 kg/10 000 L。若使用的是残渣存留型的牛乳分离机，必须经常把钵体拆开，定期人工清洗沉渣空间，但这需要耗费大量的体力劳动。现代化的自净型或残渣排除型的分离机配备了自动排渣设备，如图10-11b所示，可将沉积物按预定的时间间隔自动排除。分离机不再需要人工清洗。在牛乳分离的过程中，固体杂质的排出通常30～60 min进行一次，每次的排渣时间也很短。

2. 半封闭式分离机 半封闭式分离机也叫半开放式分离机。半封闭式分离机如图10-12所示，原料乳进口为开放式。原料乳通过顶部的进口管依靠重力进料，脱脂乳在离心机产生的压力下封闭出料。稀奶油出口有开放式，也有封闭式。牛乳进入分配器后，被加速到与分离钵的旋转速度相同，然后进入碟片组间的分离通道，稀奶油向转轴方向移动，并通过稀奶油的压力盘排出通道。脱脂乳从碟片组的外边缘离开，穿过顶钵片与分离钵顶罩之间的通道，通过脱脂乳压力盘排出。

由于半封闭式分离机在脱脂乳和稀奶油排出口安装有压力盘。乳在分离钵内做高速旋转运动，并通过压力盘把旋转动能转换为压力能，使脱脂乳能在压力作用下从分离钵中排出，所以排出的产品几乎没有泡沫。

在半封闭式的分离机中，稀奶油和脱脂乳的出口处都有一个特殊的出口装置——压力盘，如图10-13所示。所以半封闭式分离机通常也被称为压力盘式分离机。静置的压力盘边缘浸入到液体的转动柱内，从中连续地排出一定量的液体，旋转液体的动能在压力盘中转换成静压能。为了阻止产品中混入空气，产生泡沫，必须使得压力盘上始终覆盖充足的液体。

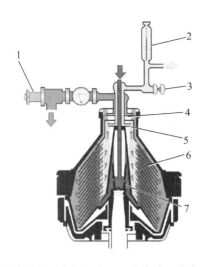

图 10-12 手动控制的半封闭式（压力盘式）分离机分离钵示意

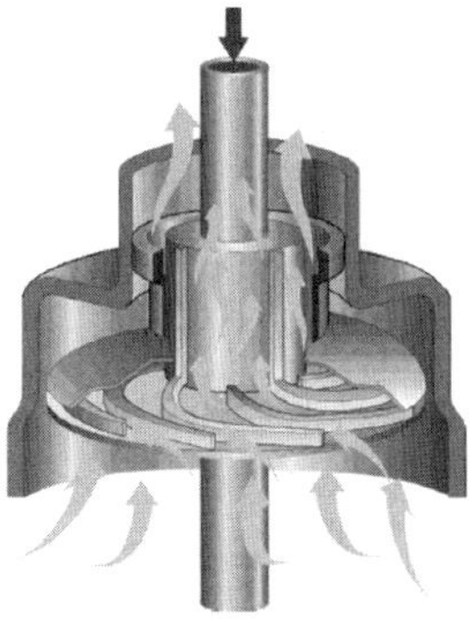

图 10-13 压力盘示意

1. 压力调节阀　2. 稀奶油流量计　3. 稀奶油节流阀
4. 脱脂乳压力盘　5. 稀奶油压力盘　6. 碟片组　7. 分配器

分离机中排出的稀奶油的含脂率可以用稀奶油出口处的节流阀 3 调节，如图 10-12 所示。如果该阀门逐渐地打开，从稀奶油出口排出的稀奶油量渐渐地增加，而其脂肪含量逐渐地减少，稀奶油的排出量与稀奶油的脂肪含量是相反变化的。脱脂乳的出口压力，应根据分离机的类型和牛乳的流量用调节阀 1 调节到适当的数值，稀奶油出口的节流阀也应调整到与所需脂肪含量一致的流量位置。

稀奶油排出量的任何变化都会导致脱脂乳等量但反方向的变化。所以脱脂乳的出口处安装了恒压装置，如图 10-12 中的脱脂乳压力调节阀 1 和图 10-14 中的脱脂乳出口处的自动压力调节阀，以保持出口的背压恒定，而与稀奶油流量变化无关。密闭式分离机上的恒压装置如图 10-14 所示，通过隔膜压缩空气来调节所要求的产品压力。在分离过程中，隔膜上承受恒压空气的压力，隔膜下面承受脱脂乳的压力。如果脱脂乳的压力降低，那么预定的空气压力将推动隔膜下移，与隔膜固定在一起的阀杆也跟着向下移动，通道变窄。这种节流使脱脂乳出口压力增到设定的值。当脱脂乳压力继续增加，

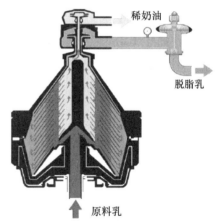

图 10-14 带自动恒压装置的封闭式分离机分离钵示意

阀杆反向运动，预定的压力又得以恢复，从而使得脱脂乳出口的背压维持恒定。

3. 开放式分离机　开放式分离机与前面介绍的两种不同，是指原料乳的进口、脱脂乳及稀奶油的出口都是没有遮盖，但是分离机的结构基本相似。

（四）分离机的操作与维护

1. 分离机的操作　分离机安装与工作前检查如下。

（1）分离机的安装。因分离机运转速度高，必须有坚实的基础，基础螺栓应深入地面以

下 10～30 cm。分离机主轴应垂直于水平面，各部件应精确安装。必要时，在地脚处配置橡皮圈，起缓冲作用。

（2）开机前必须检查传动机构及紧固件是否松动，转动方向是否正确，不允许反转，以防损坏机件。

（3）检查齿轮箱润滑油。润滑油量应保持在齿轮箱油位计线区间内。视润滑油质量决定换油期限，换油时应仔细清理油箱底部。

（4）先以清水试车，不能开空车。试车前先检查高速运转时是否产生振动和有无异常声音，其次检查是否有漏水现象。用水试车合格后，再用乳液试车合格后方可投入使用。

2. 分离机的使用

（1）分离机启动后，当分离机转速达到正常转速时，方可打开进乳口进行分离并收集离心后的料液。

（2）分离机运行中，应检查机器有无异常的振动和噪声，正常工作电流有无超过电动机额定值（排渣电流超载是正常现象）并需及时排除，严禁分离机带病运行。

（3）先关闭分离机，再关闭进料阀，待分离机完全停止后，关闭出料阀。

3. 分离机的维护

（1）分离机是高速旋转的设备，具有很高的危险性，启动前一定检查分离机是否正常，在操作时，岗位人员必须坚守岗位，及时发现问题，出现问题马上停车。

（2）封闭压送式分离机启动和停车时，均要用水代替牛乳，在启动后 2～3 min 取样鉴定分离情况。

（3）关注并时常检查泵与吸料管间的垫圈以及泵的轴封等处是否严密，防止空气混入。

（4）分离钵清洗后的安装。分离钵的拆装工作应谨慎细心。拆洗后必须把分离钵的机件由底部向上按顺序逐一安装，切勿装错。

（5）操作结束后，对直接与乳液接触的部件，应立即拆卸并用 0.5% 的碱水清洗，然后用 90 ℃ 以上的热水清洗消毒，最后擦干，以备下次使用。

二、奶油制造机

（一）间歇式搅拌器

稀奶油物理成熟后在适合的温度下可进行搅拌操作，稀奶油的搅拌操作可在搅拌器中完成。当稀奶油在搅拌时，利用机械冲击力破坏了脂肪球膜，使乳脂肪互相黏合形成奶油颗粒，同时可以将奶油中的酪乳分离出来。传统的搅拌器为木制的，现代工业生产中常用不锈钢材质。

1. 搅拌器的结构 间歇式搅拌器外形有圆柱形、锥形或长方形，如图 10-15 所示。不锈钢搅拌器装有转轴，两端用轴承支承。为了增加器壁与奶油间的摩擦力及改善奶油对壁面的黏着力，内壁经喷砂处理，使其毛糙。外壁经过抛光，表面光滑，便于清洗。搅拌器旋转时，稀奶油在搅拌器内由上而下以对角相撞，起到搅拌和压炼作用，搅拌器的

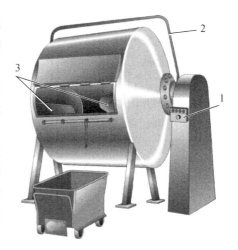

图 10-15 间歇式奶油搅拌器
1. 控制板 2. 紧急停止 3. 角开挡板

转动速度可调节,可根据奶油制造参数来选择适宜的速度。器壁装有观察孔,可观察奶油在搅拌时的成熟情况。

2. 搅拌器的使用维护

(1) 清洗消毒。搅拌器在使用前和每次工作结束后,都应对搅拌器进行彻底清洗、消毒。

(2) 搅拌参数选取。生产时稀奶油一般在搅拌器中占 40%～50% 的空间,以留出搅打起泡的空间。过多或过少都会延长搅拌时间。在搅拌和压炼时,要选择合适的搅拌转速和压炼转速。转速过高时,离心力大,稀奶油附着在器壁上旋转,不能起到搅拌的作用。

(3) 使用维护。搅拌时应经常观察稀奶油透明度的变化,防止造成搅拌过度或不足。搅拌时间一般不超过 45 min。对传动机构定期进行润滑和保养。

(二) 连续式奶油制造机

奶油连续化生产的方法是在 19 世纪末采用的,但当时应用得非常有限。20 世纪 40 年代末,这种方法得到了发展。生产过程中,稀奶油从成熟罐连续加入奶油制造机进行搅拌与压炼。压炼的目的是使奶油粒变为组织致密的奶油层,使水滴分布均匀,食盐完全溶解,并均匀分布于奶油中,同时调节奶油中的水分含量。现代较大型工厂都采用连续压炼机压炼的方法。压炼结束后,奶油含水量要在 16% 以下,水滴呈极微小的分散状态,奶油切面上不允许有水滴,普通压炼会使奶油中有大量空气,使奶油质量变差。通常奶油中含有 5%～7% 的空气,采用真空压炼使空气含量下降到 1%,显著改善了奶油的组织状态。图 10-16 为一台奶油连续制造机的截面。

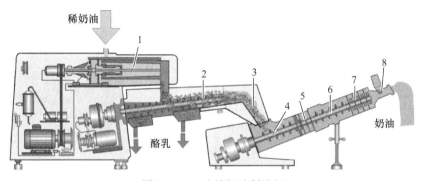

图 10-16 连续奶油制造机

1. 搅拌筒　2. 压炼区　3. 榨干区　4. 第二压炼区　5. 喷射区　6. 真空压炼区　7. 最后压炼区　8. 水分控制设备

稀奶油首先加到双重冷却的装有搅打设施的搅拌筒 1 中,搅打设施由一台变速电动机带动。在搅拌筒中,进行快速搅拌,当转化完成时,奶油粒和酪乳通过分离口 2,即第一压炼区,在此奶油与酪乳分离。奶油粒在此用循环冷却酪乳洗涤。在分离口,螺杆对奶油进行压炼,同时也把奶油输送到下一道工序。

随后离开压炼工序时,奶油通过一锥形槽道和一个打孔的盘,即榨干区 3 以除去剩余的酪乳,奶油颗粒继续到第二压炼区 4,每个压炼区都有自己不同的电动机,使它们能按不同的速度操作以得到最理想的结果。一般情况下,第一阶段螺杆的转动速度是第二阶段的两倍。紧接着最后压炼阶段可以通过高压喷射器将盐加入到喷射区 5。

真空压炼区 6 和一个真空泵连接,在此处可将奶油中的空气含量减少到和传统制造奶油的空气含量相同。

最后压炼区 7 由四个小区组成,每个小区通过一个多孔的盘相分隔,不同大小的孔盘和不同形状的压炼叶轮使奶油得到适宜的处理。第一小区也有喷射器用于最后调整水分含量,一旦经过调整,奶油的水分含量变化限定在 0.1% 范围内保证稀奶油的特性保持不变。水分控制设备 8 可感应水分含量、盐含量、密度和温度,配备在机器的出口对上述这些参数可进行自动控制。

最终成品奶油从该机器的末端喷头呈带状连续排出,进入奶油仓,再被输送到包装机。

任务三 乳粉加工机械与设备

一、离心净乳机

牛乳在采集运输的过程中可能会混杂一些环境中的杂质和牛体中的上皮细胞、白细胞等,离心分离机的工作原理是将牛乳通入一个高速旋转的分离钵内,利用离心力将这些密度不同的物质分离开来。因此,在乳制品的生产过程中,离心分离机可用来对原料乳进行净化处理。

1. 离心净乳机的工作原理 在净乳机中,牛乳由进料管进入高速运转的分离钵,在碟片间的通道呈薄层流动,在离心力的作用下,牛乳中高密度的固体杂质迅速沉降于分离机的四周,并汇集于沉渣空间,净化乳则沿碟片上表面向中间流动,并由出液口排出。

2. 离心净乳机的结构 离心净乳机的结构与奶油分离机基本相似,主要由传动装置、分离钵、容器和机架等组成。如图 10-17 所示,在离心净乳机的转鼓中,装有许多互相保持一定间距的锥形碟片,牛乳由碟片组的外侧边缘进入碟片间,并在碟片间通道呈薄层快速流动,进而可将牛乳中密度较大的杂质分离出来。由于牛乳沿着碟片的半径宽度通过,所以流经所用的时间足够将非常小的颗粒分离开来。净化后的牛乳由一上部出口排出,流经碟片组的途中固体杂质被分离出来并沿着碟片的下侧被甩回到净化钵的周围,在此集中到沉渣空间。

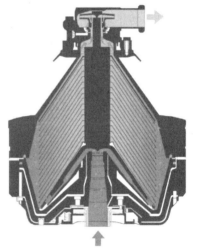

图 10-17 离心净乳机结构

离心净乳机和奶油分离机最大的不同在于碟片组的设计。净乳机的碟片上没有分配孔,且只有一个净化乳出口;而奶油分离机的碟片上有分配孔,同时有稀奶油和脱脂乳两个出口。

3. 离心净乳机的操作与维护

(1) 离心净乳机的操作。

① 开机前检查。离心净乳机为高速运转设备,操作中应注意安全,设备必须有坚实的基础,基础螺栓应固定在地面。开机前应检查齿轮箱润滑油,润滑油量应保持在齿轮箱油位计线区间内。同时检查传动机构及紧固件是否松动,转动方向是否正确。

② 启动。检查高速运转时有无异常声音,先以清水试车,严禁空转。

③ 运行。离心净乳机启动后,当分离机转速达到正常转速时,方可打开进乳口进行分离并收集离心后的料液。运行中应检查机器有无异常现象,发现问题及时排除,严禁设备带

病运行，避免酿成严重后果。

④ 停机。先关闭分离机，再关闭进料阀，并用清水冲洗转鼓直至合格为止。待分离机完全停止后，关闭出料阀。当转鼓旋转速度下降到规定速度时，可使用制动器制动。

（2）离心净乳机的维护。

① 定期检查设备。对设备主要零件及时检查测定磨损腐蚀情况，若发现变形、裂纹等情况时应及时更换，且每次更换零件或拆卸设备后应重新进行动平衡测试。

② 对传动部分也要定期检查维护，发现磨损、裂纹等情况应及时维护更换，重要轴承应定期更换。

③ 清洗分为每日清洗和定期清洗两种。每日工作结束后需用清水洗净；离心净乳机工作一段时间后碟片及其他零件会黏附沉渣或结垢，应定期拆下清洗。清洗后安装分离钵的工作应谨慎认真，防止装错，损坏设备。

二、均质机

均质机是食品精加工中常用到的机械，均质机械的品种虽然很多但就其原理来说，都是通过机械作用或流体力学效应造成高压、挤压冲击、失压等，使物料在高压下挤压，在强冲击下发生剪切，在失压下膨胀，在这三重作用下达到细化和混合均质的目的。食品加工中常用到的均质机按构造可分为高压均质机、离心均质机、超声波均质机和胶体磨均质机（简称胶体磨）等。以下主要介绍应用广泛的高压均质机和胶体磨。

（一）高压均质机

1. 高压均质机的工作原理及结构

（1）高压均质机工作原理。高压均质机的均质作用是由以下三个因素协同作用产生的（图10-18）：物料以高速通过均质头中阀芯与阀座之间所形成的环形窄缝，从而产生了强烈的剪切作用，并使物料中的液滴变形和粉碎；物料经高压柱塞泵加压后由排出管进入均质阀，物料在均质阀内发生由高压、低流速向低压、高流速的强烈的能量转化，物料在间隙中加速的同时，静压能瞬间下降，产生了空穴作用，从而产生了非常强的爆破力；自环形缝隙中流出的高速物料猛烈冲击在均质环上，使得已经破碎的粒子进一步得到分散。

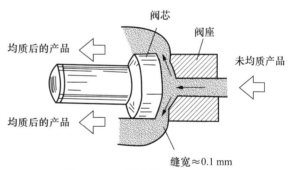

图10-18 均质阀工作原理示意

（2）高压均质机结构。高压均质机主要由柱塞泵、均质阀等部分组成，图10-19为高压均质机的结构和外形。

常用柱塞泵为三缸柱塞泵，由3个互不相连的工作室、3个柱塞、3个进料阀和3个出料阀等组成。如图10-19所示，通过曲轴连杆机构和变速箱将电动机高速旋转运动变成低速往复直线运动。由活塞带动柱塞，在泵体内做往复运动，完成吸料、加压过程，然后进入集流管。进料管和排料管相通，在料液的排出口装有安全阀，当压力过高时，可使料液回流到进料口。曲轴设计使得连杆相位差为120°，这样可以使排出的流量基本平衡。

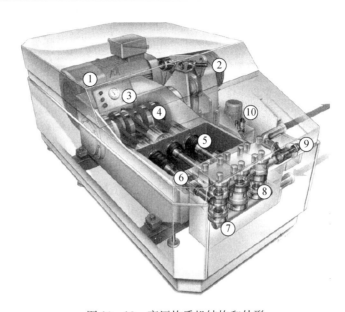

图 10-19 高压均质机结构和外形
1. 主驱动轴 2. V形传动带 3. 压力显示 4. 曲轴箱 5. 柱塞 6. 柱塞密封座
7. 固体不锈钢泵体 8. 均质阀 9. 均质装置 10. 液压设置系统

在料液的排出口安装有均质阀。高压液料由集流管输送至均质阀,使得料液颗粒度降低、分布均匀。均质阀有两级均质阀及两级调压装置,可完成超微粉碎、乳化等,如图 10-20 所示。阀中接触料液的材质必须符合无毒、无污染、耐磨、耐冲击、耐腐蚀等条件。现代工业用均质机中大多采用双级均质阀。双级均质阀实际上是由两个单级均质阀串联而成。流体进入均质阀并冲向阀芯,通过一个由阀座与阀芯构成的窄小的缝隙。自隙缝出来的高速流体最后撞在外面的均质环上。例如当均质牛乳时,一级均质阀往往仅使脂肪颗粒破裂成小滴径的颗粒,但经一级均质后的小液滴并没有均匀分散开来,这些小液滴仍有相互并成大液滴的可能,因此需要经第二道均质的进一步均质处理,这样可以使得小乳脂肪颗

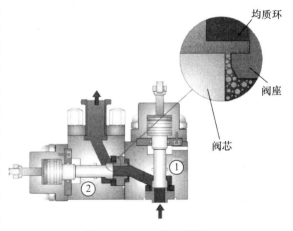

图 10-20 二级均质阀
1. 一级均质 2. 二级均质

粒均匀地分布在牛乳中。一般物料经第一级均质后总压下降 85%~90%,而经第二级均质后总压降为 10%~15%。

2. 高压均质机的操作与维护

(1) 操作。

① 开机准备。首先检查电动机转动方向和传动箱内润滑油的油位。开启冷却水,保证调压手柄处于旋松、完全无压力状态(放松手柄 1~2 圈),打开进料阀和出料阀。

② 启动。主电动机在无负荷的情况下运转几分钟,使设备各部件能充分润滑,同时可

将泵体内空气排尽。待出料口出料正常后,旋动调压手柄。先缓慢调节二级调压手柄,再调节一级调压手柄,缓慢将压力调至使用压力。

③ 关机。先缓慢放松一级调压手柄,再缓慢放松二级调压手柄卸压,当压力为零时再关主电动机,最后关冷却水。

(2)维护。

① 定期检查油位,以保证润滑油量充足。定期在机体连接轴处加些润滑油,以免缺油,损坏机器。

② 启动设备前应检查各紧固件及管路等是否紧固。启动前应先接通冷却水,保证柱塞往复运动时能充分冷却。

③ 严禁带载启动,工作中严禁断料,设备不得空转。

④ 调压时,需十分缓慢地加压和泄压。

⑤ 停机前须用净水洗去工作腔内残液。

⑥ 不能用高浓度、高黏度的料液来均质。禁止粗硬杂质进入泵体。

3. 高压均质机常见故障分析及排除

(1)不出料或流量不足。

① 原因分析:检查是否断料或设备进入空气;检查传动皮带的松紧度;是否所加入的物料黏度太大,流动性差;检查阀芯是否被黏住;检查密封件是否完好;严重磨损也可能导致流量不足。

② 故障排除:及时加料,排除漏气处;调紧传动皮带;若物料流动性差可以加压送料或稀释物料后再均质;用工具拨动阀芯;旋紧压紧螺母或更换密封件;研磨修复或更换泵体阀芯或阀座。

(2)物料破碎不匀。

① 原因分析:均质压力选择不当;物料未经处理或处理不良;物料配方不当导致破碎不均;阀芯、阀座、阀柱及冲击挡圈磨损也有可能使得物料破碎不匀。

② 故障排除:按物料性能,选定最佳均质压力和处理工艺;及时调整物料的配方;也可以用300粒以上金刚砂或在磨床上研磨修复,或者换上新零件。

(3)压力表指针摆幅大。

① 原因分析:物料通道里有空气,缺料或供料不足导致压力不稳;可能是阀杆手柄未旋紧;当有一组或几组阀芯、阀座磨损,或有异物卡住,单向阀关不严时也可能出现压力表指针摆幅大的情况。

② 故障排除:将工作阀卸荷,排尽管道内空气,加足物料,放大进料管;旋紧阀杆手柄,但不得太紧,指针应稍有摆动即可;研磨修复或更换阀芯、阀座,若有异物进入则应立刻清洗排除异物。

(4)机器有负荷声,但压力表指针上不去。

① 原因分析:压力表损坏;表座内缺少黄油。

② 故障排除:修复或更换新压力表;将表座内加满黄油。

(5)传动部分有撞击声。

① 原因分析:检查是否某处螺钉松动;零件在轴上或轴在机座上松动严重,出现撞击声;零件严重磨损,间隙增大或润滑不好;曲轴左右窜动发出撞击声。

② 故障排除：拧紧松动的螺钉、螺母；调整并紧固零件位置；调换严重磨损的零件；更换机油或加油；对曲轴端盖加垫调节。

（6）油温过高或润滑油呈乳白色。

① 原因分析：冷却水量太大或管路不通使得水槽积水，渗到油箱；润滑油进水失效，导致油温过高；某处油路不通，冷却困难；润滑油中杂质太多。

② 故障排除：使冷却水量适当；检查进水原因，排除积水；检查并排除不通油路；过滤或换新油。

（7）均质压力调不上去。

① 原因分析：物料流量严重不足；均质阀密封处有杂质或均质阀损坏；弹簧作用力不够；压力表损坏；传动皮带太松。

② 故障排除：及时充足进料；检查、修复或更换泵体阀件及更换柱塞密封件；检查、修复或更换均质阀件；更换压力表或加注有机硅油；调紧传动皮带。

（二）胶体磨

1. 胶体磨的工作原理及特点 胶体磨是一种依靠剪切力作用，使流体物料得到精细粉碎的微粒处理设备。由一可高速旋转的磨盘（转动件）与一固定的磨面（固定件）所组成。两表面间有可调节的微小间隙，被加工物料通过本身的重量或外部压力加压产生向下的螺旋冲击力，透过定、转齿之间的间隙，从而使物料受到强烈的剪切摩擦和湍动影响，产生微粒化、分散化作用，使物料达到超细粉碎及乳化的效果。

胶体磨结构简单，设备保养维护方便，与高压均质机不同，胶体磨适用于较高黏度以及较大颗粒的物料。但是由于转、定子和物料间高速摩擦，故易摩擦生热，使被处理物料温度升高而有可能发生变性；表面较易磨损，而磨损后，会使粉碎效果显著下降。

2. 胶体磨的基本结构 胶体磨的外形及结构如图10-21、图10-22所示。

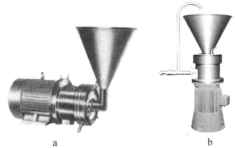

图 10-21 胶体磨外形
a. 卧式胶体磨 b. 立式胶体磨

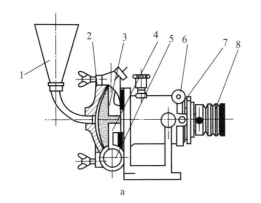

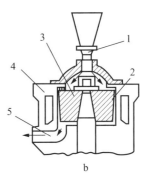

图 10-22 胶体磨结构
a. 卧式胶体磨 b. 立式胶体磨
1. 进料口 2. 工作面 3. 转动件 4. 固定件 5. 卸料口 6. 锁紧装置 7. 调整环 8. 皮带轮

3. 胶体磨的操作与维护

(1) 操作。

① 使用前，用手转动胶体磨，检查胶体磨是否灵活，及时更换或补充润滑油。

② 胶体磨空转时间不可超过 5 s，开机前拧下胶体磨泵体的引水螺塞灌注引水。

③ 同时开启冷却水阀门。

④ 点动电动机，试看电动机转向是否正确。

⑤ 开动电动机，调整定转子的加工间隙，调整环顺时针旋转，定转子间隙变小，物料粒度变细；调整环逆时针旋转，定转子间隙变大，物料粒度变粗。根据加工物料的细度和产量要求，选择最佳定转子间隙。

⑥ 胶体磨使用后，应彻底清洗机体内部，勿使物料残留在体内，以免机械密封及其他部件黏结而损坏。

(2) 维护。

① 加工物料绝不允许有石英、碎玻璃、金属屑等硬物质混入其中，否则会损伤动、静磨盘。

② 在使用过程中，如发现胶体磨有异常声音应立即停车检查原因。

③ 胶体磨为高精度机械，运转速度快，线速度高达 20 m/s，磨片间隙极小，检修后装回必须用百分表校正壳体内表面与主轴的同轴度，使误差≤0.5 mm。

④ 修理机械时，在拆开、装回调整过程中，决不允许用铁锤直接敲击，应用木槌或垫上木块轻轻敲击，以免损坏零件。动、静磨片均有拆卸专用工具。

⑤ 胶体磨在运行过程中，轴承温度不能超过环境温度 35 ℃，最高温度不得超过 80 ℃。

⑥ 胶体磨长期停用，需将泵全部拆开，擦干水，将转动部位及结合处涂以油脂装好，妥善保管。

三、乳粉生产线

一般意义上，乳粉（俗称奶粉）是指仅以原料乳为原料，经净化、杀菌、浓缩、干燥制成的粉末状产品。但是从更广泛意义上讲，乳粉是指以生鲜乳或乳粉为原料，添加或不添加食品添加剂和食品营养强化剂等辅料，经脱脂或不脱脂、杀菌、浓缩、干燥或干法工艺制成的粉末状产品。

全脂乳粉生产工艺流程如图 10-23 所示。用于生产乳粉的原料乳首先要经过预处理，包括原料乳验收、净乳、冷藏、标准化、均质、热处理等。用于生产乳粉的牛乳需进行浓缩，即除去牛乳中的一部分水分，使牛乳的干物质含量提高。在全脂乳粉生产中，牛乳必须浓缩成含乳固形物为 48%～50% 的浓牛乳才能进行喷雾干燥。如图 10-24 所示，经喷雾干燥处理后得到的就是乳粉，随

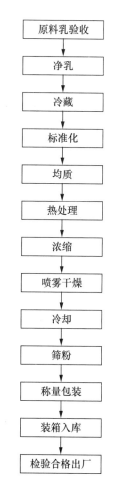

图 10-23 全脂乳粉生产工艺流程

后还需进行冷却、筛粉等处理。最后将乳粉进行包装即得到成品。

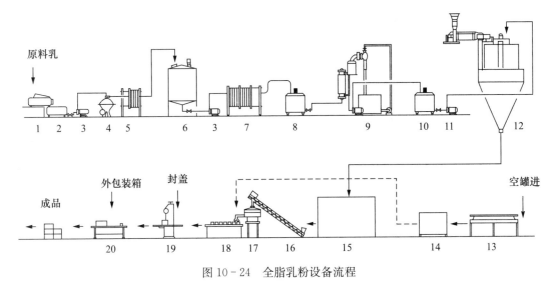

图 10-24 全脂乳粉设备流程
1. 磅乳槽 2. 受乳槽 3. 乳泵 4. 净乳机 5. 冷却器 6. 贮乳罐 7. 预热器 8. 暂存罐 9. 蒸发器
10. 浓缩乳暂存罐 11. 乳泵 12. 喷雾干燥塔 13. 洗罐机 14. 烘干机 15. 冷却室
16. 螺旋输送机 17. 筛粉机 18. 定量包装台 19. 封盖机 20. 成品

乳粉生产基本设备流程主要有一段式喷雾干燥、两段式喷雾干燥和三段式喷雾干燥。

1. 一段式喷雾干燥　喷雾干燥是利用雾化器将溶液、乳浊液、悬浊液或含有水分的膏糊状物料在热风中喷雾成细小的液滴，在液滴下落的过程中，水分被蒸发而成为粉末状或颗粒状的产品。

一段式喷雾干燥典型设备流程如图 10-25 所示。物料首先由泵泵入塔顶内部的雾化器，雾化后与同时进入的热风进行充分的热交换，雾滴在干燥室内与热空气相遇，以并流方式自上而下运动，水分蒸发。颗粒落入塔底的锥形部分，由星形阀排出干燥塔。

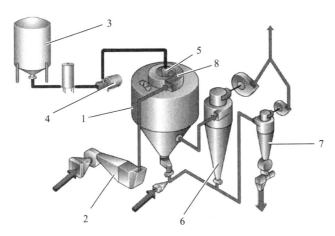

图 10-25 一段式喷雾干燥乳粉生产线
1. 干燥室 2. 空气加热器 3. 牛乳浓缩缸 4. 高压泵 5. 雾化器
6. 主旋风分离器 7. 旋风分离输送系统 8. 热空气分配室

工作时，新鲜的空气经空气过滤器除去杂质后，被进风机送入空气加热器加热至130～160℃，再被送到塔顶的热空气分配室，经热空气分配室均匀地吹入塔内，与雾化器形成的雾滴进行充分的热交换，蒸发出来的水蒸气及热风形成废气，带着细粉的废气进入旋风分离器，细粉被旋风分离器回收，废气通过排风机排出。由旋风分离器回收的细粉经下部的鼓形阀排出。

2. 两段式喷雾干燥 两段式喷雾干燥方法如图10-26所示，第一段干燥为喷雾干燥，第二段干燥为流化床干燥。与一段式喷雾干燥相比，两段式喷雾干燥可以进一步除去乳粉中的水分，使其含水量达到要求。流化床干燥器的作用就是进一步除去奶粉中多余水分并最终将乳粉冷却下来。

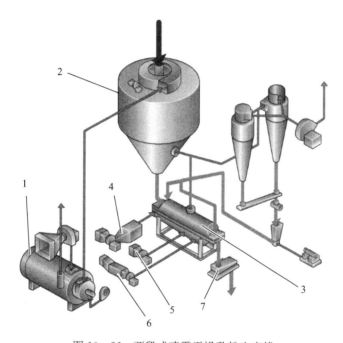

图10-26 两段式喷雾干燥乳粉生产线
1. 空气加热器 2. 干燥室 3. 振动流化床 4. 用于流化床的空气加热器 5. 用于流化床的周围冷却空气 6. 用于流化床的脱湿冷却空气 7. 振动筛

3. 三段式喷雾干燥 三段式喷雾干燥中第二段干燥在喷雾干燥室的底部进行，而第三段干燥位于干燥塔外进行最终干燥和冷却。其主要有两种三段式干燥器：一是具有固定流化床的干燥器；二是具有固定传送带的干燥器。

其中，具有固定传送带的干燥器的工作原理如下：如图10-27所示，它包括一个主干燥室3和三个小干燥室8、9、10，可用于结晶（如生产乳清乳粉时）、最后干燥和冷却。

第一段干燥，产品经主干燥室顶部的喷嘴雾化，液滴自喷嘴落向干燥室底部，乳粉在传送带上沉积或附聚成多孔层。

第二段干燥，进行的是经进一步干燥后落入传送带上的乳粉。刚落在传送带7上时，乳粉的水分含量随产品不同为12%～20%，经第二段干燥乳粉水分含量可减至8%～10%。

第三段干燥，主要是对脱脂或全脂乳浓缩物的干燥，在8、9两个室内进行，进口温度高达130℃的热空气，对8、9两室中传送带上的乳粉层进行干燥，随后乳粉在最后干燥室

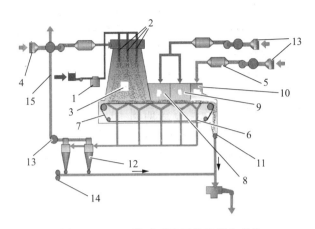

图 10-27　三段式喷雾干燥乳粉生产线

1. 高压泵　2. 喷头装置　3. 主干燥室　4. 空气过滤器　5. 加热器/冷却器　6. 空气分配器　7. 传送带
8. 保持干燥室　9. 最终干燥室　10. 冷却干燥室　11. 乳粉排卸　12. 旋风分离器
13. 鼓风机　14. 细粉回收系统　15. 热回收系统

10 中冷却。若是生产乳清乳粉，则此时不再向 8 室送入空气，以使其保持 10% 的较高的水分含量，第三段干燥在干燥室 9 进行，冷却仍在干燥室 10 中进行。

四、速溶乳粉生产设备

速溶乳粉是采用特殊的工艺和设备所制成的，有速溶脱脂乳粉和速溶全脂乳粉之分。速溶乳粉是一种溶解（复原）特别快的乳粉，即使在较低温度的水中也能迅速溶解。其溶解指标等均达到一定要求。速溶乳粉速溶的主要原因是乳粉经过了速溶化处理，乳粉颗粒经处理后形成更大一些的多孔的附聚物。

生产速溶乳粉的一种常见方法即将干乳粉颗粒再循环返回到主干燥室中。一旦干燥颗粒被送入干燥室，其表面即会被蒸发的水分所润湿，颗粒开始膨胀，毛细管和孔关闭，并且颗粒表面就会变黏，其他乳颗粒黏附在其表面上，使颗粒黏结在一起，形成附聚。

流化床比较有效的速溶化可经如图 10-28 所示的流化床获得。流化床连接在主干燥室底部，由一个多孔底板和外壳构成。外壳由弹簧固定，并有马达，可使之振动，当一层乳粉分散在多孔底板上时，振动乳粉以匀速沿壳长方向运送。

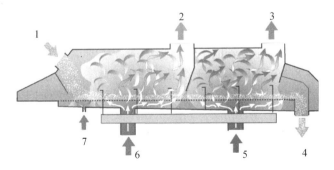

图 10-28　速溶乳粉流化床

1. 乳粉　2、3. 废气　4. 产品　5. 冷空气　6. 热空气　7. 热蒸汽

自干燥室下来的乳粉首先进入第一段,在此乳粉被蒸汽润湿,振动将乳粉传送至干燥段。在此,温度逐渐降低的空气穿透乳粉及流化床,干燥的第一段颗粒互相黏结发生附聚。水分在乳粉经过干燥时从附聚物中蒸发出去。乳粉在经过流化床时达到要求的干燥度。

任何大一些的颗粒在流化床出口都会被滤下并被返回到入口。被滤过的和速溶的颗粒由冷风带至旋风分离器中,在其中与空气分离后包装。来自流化床的干燥空气与来自喷雾塔的废气一起送至旋风分离器,以回收乳粉颗粒。

五、乳粉生产设备常见故障分析及排除

1. 干燥室内壁到处都有黏着湿粉现象

(1) 原因分析:进料量太大,不能充分蒸发;喷雾开始前干燥室加热不足;开始喷雾时,进料量调节过大;加入的料液未成稳定细流或进料量过大或过小。

(2) 排除方法:适当减少进料量;适当提高进出口温度;在开始喷雾时,流量要小,逐步加大,调至适当为止;检查管道是否堵塞;调整物料含固量,保证料液的流动性。

2. 蒸发量降低

(1) 原因分析:整个系统的空气量减少;热风的进口温度偏低;设备有漏风现象。

(2) 排除方法:检查进、排风机转速是否正常;检查进、排风调节阀是否正确;检查空气过滤器及加热器管道是否堵塞;检查加热器压力是否符合要求;检查加热系统是否功率正常;检查设备,同时修补损坏处,特别注意各组件连接处的严密性。

3. 成品杂质过多

(1) 原因分析:空气过滤器效果不佳;积粉混入成品;料液纯度不高;设备清洗不彻底。

(2) 排除方法:过滤器使用时间太长,应立即更换或清洗;检查热风入口处是否有焦粉情况;喷雾前将料液过滤;重新清洗设备。

4. 高速雾化器剧烈振动发出噪声

(1) 原因分析:电动机高速运转中润滑不良所致;喷雾盘上有残存物质;轴产生永久的弯曲变形。

(2) 排除方法:检测电动机转子同轴度并做动平衡试验,在电动机后轴承座处加装一波纹弹簧,预紧压缩量1.5mm,使轴承的轴向位移得到补偿。当电动机转子受热变化时,轴承内圈随之移动,消除轴承过量游隙;检查并清洗喷雾盘;更换新的轴。

5. 产品得率低,跑粉现象严重

(1) 原因分析:旋风分离器效果差(其分离效率和粉末的比重和粒度的大小有关);某些物料可据需要增加第二级除尘;袋滤器接口松脱或袋穿孔。

(2) 排除方法:检查旋风分离器是否由于敲击、碰撞而变形;提高旋风分离器进出口的气密性;检查其内壁及出料口是否有积料、堵塞现象;修好接口,定期检查更换布袋。

6. 产品太细

(1) 原因分析:料液固形物含量太低;进料量太少。

(2) 排除方法:提高料液固形物含量,适当浓缩;加大进料量,相应增加进风温度。

7. 产品含水量高

(1) 原因分析:料液雾化不均匀,喷出的颗粒太大;进料量太大;排出孔废气的相对湿度太高。

(2) 故障排除方法：提高离心机转速，提高高压泵压力，发现喷嘴有线流时应及时更换；适当改变进料量；提高进风温度，相应地提高排风温度。

8. 喷雾机速率波动较大

(1) 原因分析：通常是由于电动机缺陷，造成喷雾机和电动机的机械共振现象。
(2) 排除方法：严密检查电动机工作是否正常。

复习思考题

1. 高压均质原理的三种学说是什么？
2. 高压均质机的工作原理是什么？
3. 对比讨论高压均质机与胶体磨的特点及适用对象。
4. 简述真空浓缩设备的常见故障、原因分析与排除方法。
5. 当生产乳粉时出现焦粉现象可能是什么原因导致的？应如何处理？
6. 设计一个生产乳粉的生产车间设备流程。

实验实训一　稀奶油分离机的使用、调整与维护

一、目的要求

通过对稀奶油离心分离机的观察与使用，掌握稀奶油分离机的工作原理、类型、特点、构造、使用与维护，并能按照要求调整稀奶油的含脂率。

二、设备与工具

稀奶油分离机、专用工具、鲜牛乳。

三、实训内容和方法步骤

(1) 按照正确方法拆卸稀奶油分离机，掌握设备结构、特点及工作原理。
(2) 清洗离心分离机，进行消毒处理，并安装分离机。
(3) 开机前，检查分离机的各部件是否精确安装，地脚处配置橡皮圈，检查传动机构及紧固件是否松动，转动方向是否正确，齿轮箱润滑油是否符合要求。
(4) 以清水试车。试车前先检查高速运转时是否产生振动和有无异常声音，其次检查是否有漏水现象。
(5) 分离机启动后，当分离机转速达到正常转速时，方可打开进乳口进行分离，并收集离心后的料液。
(6) 停机后，调整稀奶油调整螺钉。对比两次分离的稀奶油的含脂率，分析稀奶油含脂率是否发生变化。
(7) 先关闭分离机，再关闭进料阀，待分离机完全停止后，关闭出料阀。
(8) 将分离机拆卸，清洗分离机碟片和其余部件，并擦拭干净。分离钵的拆装工作应谨慎细心。待各零部件晾干后，将分离机装配好。

四、能力培养目标

能够根据稀奶油产品的不同要求，调整奶油的含脂率，同时能够安全、合理地使用和维护稀奶油离心分离机。

实验实训二　高压均质机的使用、调整与维护

一、目的要求

通过对高压均质机的实训，使学生掌握高压均质机的工作原理、特点、构造、使用与维护，并能正确调整均质机。

二、设备与工具

高压均质机、专用工具、鲜牛乳、显微镜。

三、实训内容和方法步骤

（1）检查传动皮带的松紧程度，即在两带中间位置压皮带，以手指能压下 10 mm 左右为好。注意电动机转动方向需与所标记方向一致。检查电动机转动方向和传动箱内润滑油的油位。

（2）开机前，在保证切断电源的情况下，用手将皮带轮盘转几圈，应百顺利无卡咬或碰撞的感觉。

（3）开启冷却水，保证调压手柄处于旋松、完全无压力状态；打开进料阀和出料阀。在以上条件满足后，方可开启电源。

（4）电动机启动后，在无负荷情况下运转几分钟，声音应正常，观察出料口出料充足并无明显的脉动情况下，方可加压。加压的顺序是先顺时针方向缓慢旋转二级调压手柄，再用同样方法调节一级调压手柄。调压时，当手感觉到已经受力时，需十分缓慢地加压。

（5）运转正常后，加入鲜乳，进行均质。均质物料的温度以 65 ℃左右为宜，不宜超过 85 ℃。进口物料的颗粒度对软性物料在 70 目以上，对坚硬颗粒在 100 目以上。禁止粗硬杂质进入泵体。

（6）在显微镜下观察均质后的奶油颗粒与均质前的奶油颗粒的变化情况。

（7）关机前先将调压手柄旋到放松状态，严禁带载启动。然后关主电动机，最后关冷却水。设备运转过程中，严禁断冷却水。

（8）将未均质的奶油颗粒与均质后的奶油颗粒在显微镜下对比，观察不同状态下奶油颗粒的变化情况，并得出均质物料颗粒与压力或间隙之间的关系。

（9）将均质机拆卸，清洗高压泵、均质阀或定、动磨盘及其他部件，待各零部件晾干后，将均质机重新装配。均质阀组件为硬脆物质，装拆时不得敲击。停机前需用净水洗去工作腔内残液。

四、能力培养目标

通过本次实训的练习，能够正确认识高压均质机的结构及原理，同时能够安全、合理地使用和维护高压均质机，会对均质机进行日常保养。

项目十一

果蔬制品加工机械与设备

【素质目标】
通过本项目的学习，培养学生树立诚实守信的规范意识，增强团结协作创新创业的意识，弘扬勇于创新的工匠精神。
【知识目标】
了解典型果蔬产品的加工工艺流程。
掌握清洗、分级分选切割、去皮、打浆、榨汁、过滤与脱气机械与设备的种类、结构与工作原理、使用与维护。
【能力目标】
能够根据果蔬加工的目的和生产量选择合适的生产机械与设备。
能够初步掌握果蔬制品加工机械与设备的使用与维护。

任务一 概 述

果蔬加工是利用现代手段对果蔬进行制汁、杀菌、包装等处理，克服新鲜果蔬保藏时间短、不耐运输等缺点，打破果蔬供应的季节限制和地域限制。目前，果蔬加工产品门类繁多，有新鲜果蔬、腌制品、干制品、罐头制品、脱水蔬菜、速冻果蔬、果蔬汁、果蔬粉等深加工产品。

近年来，我国果蔬加工水平有了很大的发展，形成了不少能与外资食品企业竞争的果蔬加工企业。这些企业的出现带动了我国果蔬加工技术如生物技术、膜分离技术、高温瞬时杀菌技术、真空浓缩技术、微胶囊技术、微波技术、真空冷冻干燥技术、无菌贮存与包装技术、超高压技术、超微粉碎技术、超临界流体萃取技术、膨化与挤压技术及相关设备的发展和进步。

果蔬原料不同，加工工艺不同，所得产品也不同。一般果蔬加工中所用的机械设备基本上可分为原料清洗、分级分选、破碎切割、分离过滤、杀菌、果汁脱气、灌装和冷冻干燥等设备。把这些机械设备按照一定的工艺要求用输送设备连接起来，就组成了不同的果蔬制品生产线，可生产出不同的果蔬制品。

一、糖水橘子罐头生产线

以糖水橘子罐头为例，简述如下：

1. 工艺流程

原料分级→热烫→剥皮、去络分瓣→去囊衣→漂洗→整理、分选→装罐→排气密封（或真空密封）→杀菌→冷却

糖水橘子罐头生产线如图 11-1 所示。

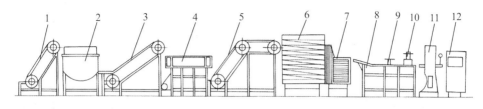

图 11-1 糖水橘子罐头生产线
1. 刮板提升机　2. 烫橘机　3. 划皮升运机　4. 剥皮去络分瓣　5. 分瓣运输机　6. 连续酸碱槽　7. 橘瓣分级机
8. 去籽整理机　9. 装罐称量　10. 加汁机　11. 真空密封　12. 常压连续杀菌机

2. 操作要点

（1）原料分级：原料橘子首先应按品种和大小进行分级，其目的是保证成品的品质优良、色泽、形态、大小均匀一致。

（2）清洗：经分级的橘子放进水槽中洗净表面尘污后，再放入 0.1% 高锰酸钾溶液或 600 mg/L 漂白粉溶液中浸渍 3～5 min，以减少其表面微生物的污染。

（3）热烫：为了便于剥落柑橘的果皮，常采用烫橘处理，将清洗过橘子于 95～100 ℃ 水中浸渍烫 30～90 s，趁热剥去橘皮、橘络，并按大小瓣分放。目前，该工序尚无理想的设备，基本上是手工操作。

（4）去囊衣、漂洗：分瓣后的橘子浸入盐酸处理机中常温浸泡 20 min 左右，其盐酸浓度为 0.09%～0.12%，清水洗涤后，再进行碱处理，碱液浓度为 0.07%～0.09%，温度为 40～44 ℃，时间 5 min 左右，以大部分囊衣脱落，橘肉不软烂、不破裂、不粗糙为准，然后放漂洗槽，流水清洗 30 min 左右，再置于去籽整理机上进一步分选、装罐、称量。

（5）装罐：主要指糖液的罐注，常采用加汁机进行，加汁时，温度一般在 80 ℃ 左右。

（6）真空密封：为保证罐内真空度，加入糖汁后应趁热封罐。罐头食品厂都设有配套的真空封罐系统，如常采用真空自动封罐机及配套真空泵。

（7）杀菌、冷却：密封后应及时杀菌，密封与杀菌之间的间隔时间不能超过 20 min。为保证食品罐头的理化及微生物指标合格，必须严格按工艺要求进行常压杀菌，并及时冷却。

二、番茄酱生产线

1. 工艺流程

原料选择→清洗→修整→热烫→破碎、打浆→调配（加热浓缩）→装罐→密封→杀菌→冷却→成品

番茄酱生产设备流程如图 11-2 所示。

2. 操作要点

（1）原料选择：选择皮薄肉厚、汁液少、干物质含量高的品种。

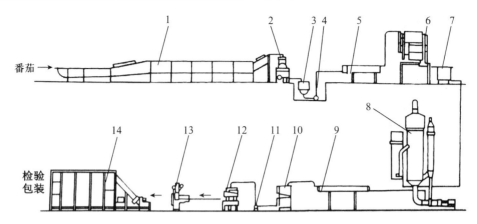

图 11-2 番茄酱生产线

1. 番茄浮洗机 2. 番茄去籽机 3. 贮槽 4、11. 泵 5. 预热器 6. 三道打浆机 7. 贮桶 8. 双效浓缩锅 9. 杀菌器 10. 贮浆桶 12. 装罐机 13. 封罐机 14. 常压连续杀菌机

（2）清洗、修整：番茄应进行严格的洗涤，以除去表面附着的微生物和农药。常用的洗涤方法有浸渍洗涤法、化学洗涤法、气泡洗涤法、喷雾洗涤法、超声波洗涤法等。

（3）破碎、打浆：把番茄倒入打浆机中打浆，同时去除种子、果皮和果蒂部分，要求浆体均匀细腻。

（4）调配：把番茄酱倒入带搅拌器的夹层锅中，加入30%的白砂糖、1%～2%的柠檬酸，打开蒸汽阀门，边搅拌边加热浓缩，果酱的颜色越来越红。浓缩至总固形物为75%以上时，果酱呈现鲜红、透明、浓稠的膏体状，即可灌装。

（5）装罐、密封、杀菌、冷却：将浓缩番茄酱趁热于85℃条件下装罐，密封后再将罐置于90℃热水中杀菌30 min后迅速冷却。如采用玻璃瓶，冷却时要逐步降温，以免温差太大，玻璃瓶爆裂。

（6）包装、检验、出厂：将杀菌后的产品擦干，贴上标签装箱入库，检验合格后出厂。个体企业生产番茄酱可人工灌装，用普通锅杀菌，这样节约投资，见效快，效益高。

三、蘑菇罐头生产线

1. 工艺流程

原料选择→清洗→护色处理→预煮→冷却→挑选、修整分级→分级、切片、装罐、加汁→排气、密封→杀菌、冷却→成品

蘑菇罐头生产设备流程如图11-3所示。

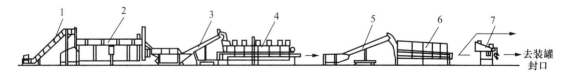

图 11-3 蘑菇罐头生产设备流程

1. 斗式提升机 2. 连续预煮机 3. 冷却升运机 4. 带式检验台 5. 升运机 6. 蘑菇分级机 7. 定向切片机

2. 操作要点

（1）清洗：原料蘑菇首先经过清水清洗，然后一般用流送槽流送至带孔的斗式提升机进

料口,一方面把水漏排,一方面把洗净的原料蘑菇提升至预煮机的进料口。

(2) 预煮:蘑菇预煮要快速升温煮沸,时间以煮透为准。一般预煮时加入0.07%~0.1%柠檬酸液,沸透5 min,蘑菇与溶液之比为1:1.5。采取这些工艺措施的目的,是为了防止蘑菇褐变,稳定蘑菇色泽。

(3) 冷却:蘑菇预煮后要快速、及时冷却。一般用冷水加入冷却升运机中进行。

(4) 挑选、修整:将预煮冷却后的蘑菇升运至带式检验台,在检验台上将带泥根的、菇柄过长或起毛的、有病虫害的蘑菇、斑点菇拣出来进行修整。

(5) 分级、切片、装罐:修整后的蘑菇通过升运机运至蘑菇分级机分级。大号菇倒入定向切片机,纵切成3.5~5.0 mm厚的片状蘑菇,淘洗一次装罐。同一罐内片菇的厚薄应均匀。把颜色淡黄、具弹性、菌盖形态完整、修削良好、整菇装入整罐。不同级别的整菇需分身装罐,要求同一罐内色泽、大小、菇柄长短保持均匀一致。把不规则的碎片块,装罐成碎片菇罐。蘑菇装罐一般为人工。

(6) 加汁、密封、杀菌:蘑菇装罐后,用2.3%~2.5%的沸盐水配入0.05%柠檬酸过滤成汤水,用加汁机加入或用高位罐自流加入均可。同时,也应保证汤水的温度,及时封罐。封罐机真空度保持在45~55 kPa。最后采用杀菌锅反压冷却。采用高温短时杀菌。开罐食用时汤汁色泽较浅,菇色较稳定,组织也较好,空罐腐蚀轻。

四、果汁生产线

果汁产品的种类很多,有纯果汁、浓缩果汁、果汁饮料等原料浓度上的差别,有澄清果汁与混浊果汁之分,但各种果汁的生产工艺流程及其生产设备是大体一致的。图11-4为一个比较典型的果汁生产线示意。

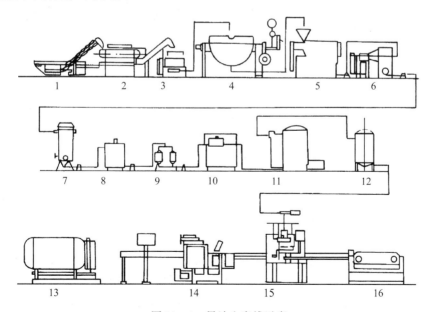

图11-4 果汁生产线示意

1. 洗果机 2. 检果机 3. 破碎机 4. 夹层锅 5. 打浆机 6. 离心过滤机 7. 真空脱气罐 8. 调配罐 9. 双联过滤器 10. 高压均质机 11. 超高温瞬时灭菌器 12. 中转罐 13. 卧式杀菌锅 14. 自动封罐机 15. 自动灌装机 16. 洗瓶机

1. 工艺流程

原料清洗→原料分选→破碎与榨汁→预煮→取汁→过滤与澄清→脱气→调配→均质→杀菌→装罐、密封

2. 操作要点

（1）原料清洗：一般采用鼓风式清洗机。该机用鼓风机把空气送进洗槽中，使清洗水产生剧烈翻动，物料在空气对水的剧烈搅拌下进行清洗。也可采用刷果机、浮洗机等形式的洗果机。

（2）原料分选：一般采用半自动的检果机。其实质是一条缓慢传动的输送带，工人在输送带两侧进行检选操作，从生产线上剔除有病虫害的、腐烂变质的原料或其他杂质。

（3）破碎与榨汁：苹果、梨等原料一般要先经破碎机进行简单的切块，而后再进行预煮、打浆或榨汁。

（4）预煮：在打浆或榨汁之前还要进行预煮，有利于提高出汁率。生产量大的可选用螺旋式预煮机，小型生产线则多选用夹层锅来预煮。

（5）取汁：本道工序可选择打浆机、螺旋式榨汁机或大型带式榨汁机，一般根据原料特点、生产量进行选择。

（6）过滤与澄清：果汁的过滤一般有粗滤、精滤及澄清过滤。

目前使用的很多打浆机、榨汁机及带式压滤机中一般都带有粗滤装置，使取汁与粗滤工序合在一起，不需另加粗滤器。当然也有单机操作的。粗滤设备一般为筛滤机，包括水平筛、回转筛、圆筒筛、振动筛等。

若要求生产澄清果汁，则在粗滤后要进行澄清及精细的过滤。澄清可采用各种方法，如自然澄清法、加明胶及单宁澄清法、瞬时加热澄清法、加酶澄清法等。澄清果汁的过滤可采用各种加压过滤机，如板框式过滤机、硅藻土过滤机、叶滤机等，以及减压机、鼓式真空过滤机等。此外，还可用离心式过滤机。

（7）脱气：果汁的脱气必须采用专门的脱气装置，一般采用真空脱气罐。该机使果汁在一定的真空条件下被分散成水膜或水雾而脱去大部分的空气，可有效抑制果汁氧化，避免杀菌与装罐时的起泡，延长果汁的保质期。

（8）调配：果汁的调配一般采用专门的调配罐。该设备有利于果汁的糖酸比例调整或与其他配料调配。调配罐有的带有搅拌装置，有的附带夹层以进行冷却等操作。

（9）均质：果汁的均质可采用高压均质机，也可采用胶体磨，具体根据产品的要求及产量选用。

（10）杀菌：果汁的杀菌方式有常压杀菌、高温短时杀菌和超高温瞬时灭菌等。但一般应采用超高瞬时灭菌器，内部结构有管式及板式等。该方法可完好的保持果汁的色、香、味及营养成分。

（11）装罐、密封：根据灌装容器、自动化程度、生产量等方面的不同，果汁的灌装设备分为很多类型，从传统的二次杀菌灌装、热罐装逐渐发展到无菌冷灌装。二次杀菌灌装，不仅需要配备洗瓶机、制罐机等，还需要配备杀菌锅以进行灌装后成品的杀菌。热灌装则是在杀菌温度下进行灌装，与二次杀菌灌装一样都使果汁营养成分、色泽、口感及香味有所下降。而近的来迅速发展的无菌冷灌装则采用无菌净化空间技术，在无菌空间内进行 PET 瓶消毒、冲洗，然后进行无菌灌装、无菌封盖，是一种较为理想的灌装方案。

在典型果汁生产线的基础上,生产浓缩果汁还需要增添相应的浓缩设备,一般可采用双效降膜式真空浓缩器;若生产果酱,则无需精滤、澄清等设备,而要增加真空浓缩锅;若生产果汁饮料,则要增添水处理设备;若要生产碳酸果汁饮料,则要增添碳酸化设备等。总之,先进生产工艺的执行是通过与之相适应的配套设备来实现的。配套设备需要满足生产工艺的特殊要求。

任务二 清洗机械

一、果蔬清洗机械

果蔬原料在生长、成熟、运输及贮藏过程中,经常会受到环境的污染,包括残留的农药,附着或混入的尘埃、沙土、微生物及其他污染物。因此,加工前必须进行清洗。清洗的目的是清除这些污染物,保证产品的质量。同时,果蔬产品包装容器,如各种罐装容器和原料贮箱等,也必须仔细清洗。因而,清洗机械包括原料的清洗和容器的清洗两部分。清洗机械分连续式和间歇式的。前者一般为大型连续化生产设备,后者常为中小型设备。

(一)鼓风式清洗机

鼓风清洗是在清洗槽内安置管道,在管道上开有一定数目的小孔,然后通入高压空气形成气泡,在空气对水的剧烈搅拌下,使物料在水中不断地翻滚,黏附在物料表面的污染物被加速脱离下来。由于剧烈的翻滚是在水中进行的,因此物料不容易受到损伤,是最适合果品蔬菜原料清洗的一种方法。

鼓风式清洗机的结构如图 11-5 所示,主要由洗槽、输送机、喷水装置、空气输送装置、支架、电动机、传动系统及张紧装置等组成。

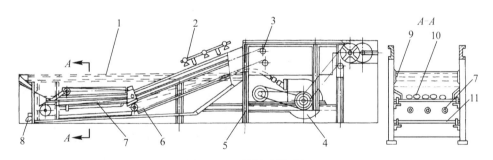

图 11-5 鼓风式清洗机
1. 洗槽 2. 喷水装置 3. 压轮 4. 鼓风机 5. 支架 6. 链条
7. 吹泡管 8. 排污水管 9. 斜槽 10. 物料 11. 输送机

清洗槽的截面为长方形。送空气的吹泡管设在洗槽底部,由下向上将空气吹入洗槽中的清洗水中。原料进入洗槽,放置在输送带上。输送带的类型视不同原料而异,如块状原料可选用金属网带,水果类原料常用平板上装有刮板的输送带。

原料的清洗程序分三段进行:第一水平输送段,该段处于洗槽之上,原料在该段上进行检查和挑选;第二水平输送段,该段处于洗槽水面之下,用于浸洗原料,原料在水中搅动翻滚,洗去泥垢;第三倾斜输送段,原料在这段上接受清水的喷洗,从而达到工艺要求的清洗目的。污水由排水管排出。

（二）刷洗式清洗机

刷洗式清洗机是一种以浸泡、刷洗和喷淋联合作用的小型洗果机，为中小型企业理想的果品清洗机。它适用于苹果、柑橘、梨、番茄等果蔬的清洗，清洗效果较好，洗净率达99%，对物料损伤不超过2%，生产能力可达2 000 kg/h。刷洗式清洗机效率高，清洗质量好，破损率低，结构紧凑，造价低，使用方便，是目前国内一种较为理想的果品清洗机械。

刷洗式清洗机的结构如图11-6所示，主要由洗槽、刷辊、喷水装置、出料翻斗、机架及传动装置等组成。

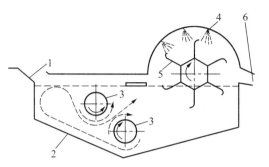

图 11-6 刷洗式清洗机
1. 进料口　2. 洗槽　3. 刷辊
4. 喷水装置　5. 出料翻斗　6. 出料口

工作时，物料从进料口进入清洗槽内，由于两个装有毛刷的刷辊相对向内旋转的作用，一方面将洗槽中的水搅动形成涡动环流，使物料在涡流中得到清洗；同时又由于两刷辊之间水流流速较高而压力降低，在此压力差的作用下，物料自动向两刷辊间流动而被刷洗，物料被刷洗后向上浮起，由翻料斗翻上去，沿圆弧面移动，经水泵加压后的高压水喷淋冲洗，最后由出料口流出到集料箱中。

操作过程中，注意调整刷辊的转速使两刷辊前后造成一定的压力差，以迫使被清洗的物料通过两刷辊刷洗后能继续向上运动到出料翻斗处，被捞起出料。

（三）滚筒式清洗机

滚筒式清洗机具有结构简单，生产效率高，清洗彻底，对产品损伤小的特点，在食品工厂里多用于清洗苹果、柑橘、马铃薯、豆类等质地较硬的物料。滚筒式清洗机是将物料置于清洗滚筒中，利用清洗滚筒的转动，使原料不断的翻转，同时利用高压水的冲洗翻动的物料，达到清洗的目的。

滚筒式清洗机的结构见图11-7，主要由水槽，喂料斗、栅条滚筒、出料口、传动装置、机架等构成。

栅条滚筒是滚筒式清洗机的主要工作部件。滚筒的直径一般为1 000 mm，滚筒长度约3 500 mm。滚筒两端的两个金属滚圈用支承滚轮支承，与地面成50°左右的倾角。工作时，由电动机带动皮带轮和齿轮转动。滚筒的转速为8 r/min左右。为了保证物料能充分的翻转，滚筒根据物料的不同而设计成不同类型：有的是在金属板上布满筛孔；有的用钢

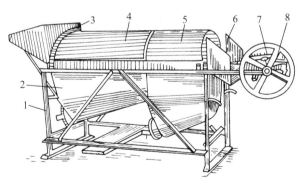

图 11-7 滚筒式清洗机
1. 机架　2. 水槽　3. 喂料斗　4、5. 栅条滚筒
6. 出料口　7. 传动装置　8. 传动皮带

条排列成圆形；还有的在滚筒内部装设阶梯或制造成多角形。有的滚筒式清洗机为了增加对物料的摩擦，还在滚筒中部安置了上、下、左、右皆可调节的毛刷辊。

滚筒式清洗机一般都设有喷淋装置，喷水嘴一般沿滚筒的轴向分布，以使物料在整个翻转移动的过程中都能受到冲洗。一般喷头间距离为150～200 mm，喷洗的压力为0.15～0.25 MPa。

滚筒式清洗机的工作过程：为使物料能较均匀地进入进料斗，要求所用带式运输机与滚筒式清洗机配套。物料进入滚筒后，由于滚筒的转动使物料不断地翻转，物料与滚筒表面以及物料与物料表面，都相互产生摩擦。与此同时，由喷头喷射高压水来冲洗物料表面，清洗后的污水和泥沙透过滚筒的孔隙流入清洗机的底槽，从底部的排污口排入下水道。

物料在清洗过程中，不断地翻转，同时由于滚筒的倾斜，使物料受重力作用从高处向低处缓慢地移动，最后从出料口排出。物料在滚筒内的清洗时间决定于物料从进料口到出料口的流动速度，这个速度取决于滚筒的倾斜度。倾斜越大，则清洗的速度越快。如果滚筒直径为 1 000 mm，筒身长 3 500 mm，倾斜角度为 50°时，物料在滚筒内停留的时间为 1～1.5 min。

（四）螺旋式清洗机

螺旋式清洗机是一种以浸泡和喷淋联合作用的小型洗果机。它适用水果及块根、块茎蔬菜类的清洗。螺旋式清洗机构造如图 11-8 所示，主要由喂料斗、螺旋推运器、喷头、滚刀、泵、滤网及电动机等组成。

工作时螺旋推进器 2 将物料向上输送，在此过程中物料与螺旋面、外壳以及物料之间产生摩擦面使污染物松动或除掉污染物。机器上、中部装有多个喷头 3，喷出的高压水流冲洗物料。污水通过推进器下部的滤网 7 漏入到水槽。有的机器上部还装有滚刀 4，可将物料切成小块。

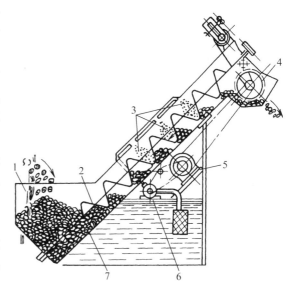

图 11-8　螺旋式清洗机
1. 喂料斗　2. 螺旋推运器　3. 喷头
4. 滚刀　5. 电动机　6. 泵　7. 滤网

（五）组合式清洗机

最好的洗涤设备是将上述的洗涤装置中的两种或多种组合起来使用，且通常把洗涤程序与原料进入设备的运动相结合。例如，可把洗涤和提升结合起来。利用带有挡板的水槽，其中的水流可以把物料从一个工序输送到另一个工序的同时，还可以浸泡掉一部分污染物；把喷嘴与其他洗涤装置配合使用，通常可以提高清洗性能。

图 11-9 所示的组合式清洗机就采用 2 个浸泡工序、1 个喷水工序、1 个去水工序及 1 个干燥工序。在浸泡槽中可放入杀菌药品及能除去残留农药的药品。最后还可安装几排刷子为果品上蜡。

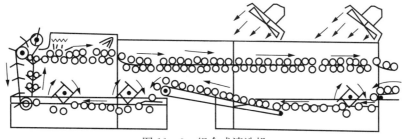

图 11-9　组合式清洗机

二、包装容器清洗机械

果蔬生产所用的玻璃瓶、马口铁罐等容器,在生产、运输及贮放过程中,都会受到各种物质的污染;特别是一些回收瓶,既要除去商标纸,又要将瓶内的剩余食品除去。因而在灌装前必须对包装容器进行清洗。

(一) 旋转圆盘式清洗机

旋转圆盘式清洗机是以热水冲洗和蒸汽杀菌联合作用的清洗机械,其结构如图 11 - 10 所示。它主要由机壳、进罐槽、星形轮、蒸汽管道、喷嘴、出罐槽、排水管及传动装置等组成。

工作时空罐从进罐槽进入逆时针旋转的星形轮 10 中,热水通过星形轮中心轴八个分配管把水送到喷嘴 9,喷出的热水对空罐内部进行冲洗。当星形轮转过约 315°时,空罐进入星形轮 4 中,同理各罐被通入蒸汽进行消毒。当星形轮 4 转过约 225°时,空罐又进入星形轮 5,然后排入出罐槽。空罐在回转清洗中应有一点倾斜,以便使罐内水流出。污水由排水管 7 排入下水道。空罐从进去到出来的清洗时间为 10~12 s。机壳 2 由铸铁铸成,前面的盖固定在环 12 上。

操作时应注意空罐必须连续均匀进入,而且全部罐口对准喷嘴。摩擦部位应经常做好润滑工作,定期检查各封漏装置,随时调节送水量和送汽量。

旋转圆盘式清洗机结构简单,生产率高,占地少,易操作,水及蒸汽用得少,但对不同罐形适应差。

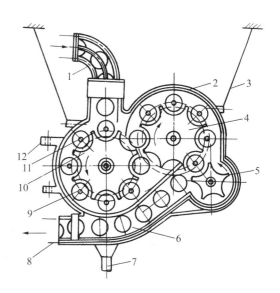

图 11 - 10 旋转圆盘式清洗机
1. 进罐槽 2. 机壳 3. 连接杆 4、5、10. 星形轮
6. 下罐坑道 7. 排水管 8. 出罐槽 9. 喷嘴
11. 空罐 12. 固定盖的环

(二) 半机械式洗瓶装置

半机械式洗瓶装置在小型果汁厂使用较为广泛。它主要由浸泡槽、刷瓶机、冲瓶机、沥干器等组成。每一部分都可独立使用。

1. 浸泡槽 浸泡槽是用来浸泡脏瓶的。在一定的温度(40~50 ℃)、一定浓度(4%~5%)的碱液中浸泡一定的时间后,碱液的化学能和热能软化、乳化或溶解了附着在玻璃瓶中的脏物,有利于后序工序的进行。

浸泡槽结构见图 11 - 11,在水槽上设一转轴,其上装有 5~6 个无底的转斗,瓶子不断被放进转斗中,当转斗被装满后,用手将左边的转斗向下压,转斗转过一个角度,其中的瓶也随斗浸入碱液中。同时将右边露出液面的转斗中的瓶子取出,倒出碱液。进入下道工序,空斗则被翻到左边,继续放瓶。随着洗瓶的延续,液体被瓶子带走的越多,液面将会下降,下降到一定程度,需补充碱液。碱液的温度由通入的蒸汽来维持。也有一些厂家利用增加浸泡时间来代替对碱液加热。

2. 刷瓶机 刷瓶机见图11-12，结构简单，制造方便，用来进一步刷去残留于瓶内的污染物。

在转刷机头的两边一般成对的安装毛刷。毛刷杆插入转刷套的孔中。然后用套杆上的螺钉将毛刷杆固定紧，从而固定毛刷。

刷瓶机上的防护罩是为保护操作人员而设置的。在刷瓶过程中，要求操作人员注意力必须集中，以防出现瓶子被甩出的情况。

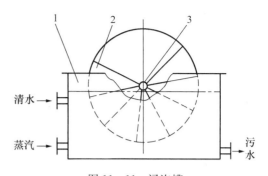

图 11-11 浸泡槽
1. 碱水槽 2. 浸瓶转斗 3. 转轴
4. 自来水管 5. 蒸汽管

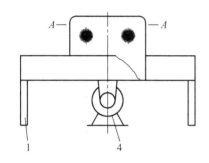

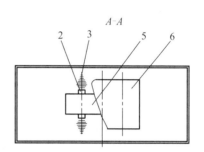

图 11-12 刷瓶机结构示意
1. 机架 2. 转刷套 3. 毛刷
4. 电动机 5. 转刷机头 6. 防护罩

3. 洗液槽 洗液槽主要是将经刷洗后的瓶子再进行高锰酸钾、氯水浸泡。浸泡目的是消毒和去除刷下的污染物，浸泡时间较短。洗液槽为一短形槽的结构，在短形槽上设置进水管和排污管，并定时、定量的加入漂白粉或高锰酸钾。

4. 冲瓶机 冲瓶机结构如图11-13所示，主要是将瓶中的洗液冲净。

利用人工将瓶子倒置于冲瓶机圆盘架的锥孔中，喷嘴伸入瓶口部。冲瓶时，喷嘴与圆盘一起在电动机的带动下缓慢转动，并在分配器的控制下使喷嘴在一定的转动角度范围内，对瓶进行喷射冲洗。瓶子在冲洗干净后靠人工取出。

5. 沥干器 冲净的瓶子倒置于沥干器上，使瓶内残留水分控制在一定的范围内。沥干

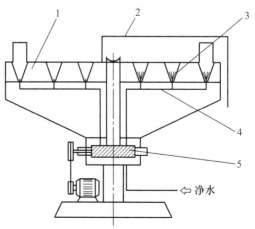

图 11-13 冲瓶机结构原理
1. 转动圆盘 2. 防水罩 3. 喷头
4. 水管 5. 蜗轮蜗杆减速器

器结构比较简单,一般有两种形式。一种是输送式:水平输送机的传动链条上连接着瓶托,瓶子倒置于中间有锥孔的瓶托上,边输送边沥干。另一种是圆盘式:在一立柱上置一圆盘,圆盘上有与冲瓶机圆盘上相同的锥孔,圆盘在转动过程瓶子被沥干。圆盘转动可以由机械或人工做动力。

(三) 全自动洗瓶机

全自动洗瓶机是靠多次洗液浸泡和多次喷射,或者间隔地多次浸泡和喷射来获得满意的洗净效果。瓶子一般经过预浸泡、多次洗液浸泡、洗液喷射、热水喷射、温水喷射、冷水及净水喷射。外形多为箱式。瓶子一般经过预浸泡、洗液浸泡、洗液喷射、热水喷射、温水喷射、冷水及净水喷射等过程清洗干净。

图 11-14 和图 11-15 分别为双端式和单端式全自动洗瓶机。双端式洗瓶机是指瓶子由一端进去从另一端出去,也叫直通式洗瓶机;单端式洗瓶机瓶子的进、出端都在洗瓶机的同一侧,也叫来回式洗瓶机。双端式洗瓶机需两个人操作,它的瓶套自出瓶处回到进瓶处为空载,洗瓶空间的利用不及单端式充分;而单端式洗瓶机只需一个人操作,但单端式的脏瓶与净瓶在同侧,距离较近,易造成净瓶的污染,影响洗瓶的质量。

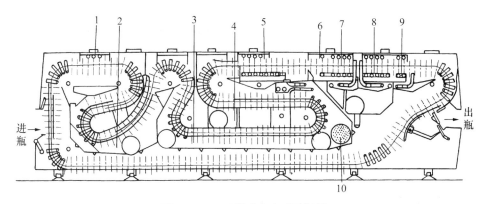

图 11-14 双端式全自动洗瓶机

1. 预洗刷 2. 预泡槽 3. 洗涤剂浸泡槽 4. 洗涤剂喷射槽 5. 洗涤剂喷射区
6. 热水区预喷区 7. 热水喷射区 8. 温水喷射区 9. 冷水喷射区 10. 中心加热器

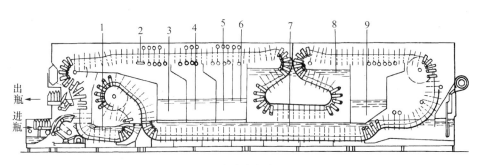

图 11-15 单端式全自动洗瓶机

1. 预泡槽 2. 新鲜水喷射区 3. 冷水喷射区 4. 温水喷射区 5. 第二次热水喷射区 6. 第一次热水喷射区
7. 第一次洗涤剂浸泡槽 8. 第二次洗涤剂浸泡槽 9. 第一次洗涤剂喷射槽

全自动洗瓶机，按照进瓶和瓶子在机器中的输送来分，又可分为连续式和间歇式两种类型。连续式全自动洗瓶机的输送带连续运动，无停止时间，这样所需驱动力低，同时能够避免间歇式运动造成瓶子在瓶罩内来回地碰撞，从而减少瓶子母线的磨损及瓶子破裂，但其结构较为复杂。间歇式全自动洗瓶机指一排瓶套由链带带动进瓶时，有一个短时间的停留，在此静止时间喷头冲洗瓶子，这种洗瓶机结构简单，动作准确，但是由于瓶套的负荷重，运动时的冲击较大。

以下是以单端式全自动洗瓶机为例介绍其主要结构。

1. 进、出瓶装置 进、出瓶装置（图 11-16）的设立，可以有效地使输送带送来的瓶子平稳顺利、准确无误的进入瓶罩，或者使瓶子从瓶罩出来，没有冲击（或很少冲击）地进入输送带上，以避免瓶子的损坏。

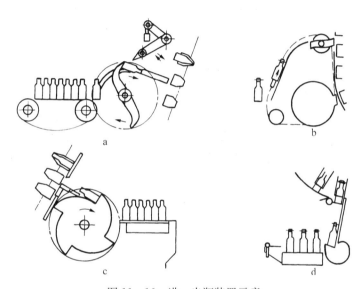

图 11-16 进、出瓶装置示意
a. 进瓶装置（1） b. 进瓶装置（2） c. 出瓶装置（1） d. 出瓶装置（2）

2. 瓶罩 瓶罩（图 11-17）有肩承式和口承式两大类，其作用是使瓶子在洗瓶机中运动时保持正确位置的装置。

3. 滤标装置 滤标装置（图 11-18）是为了防止大量的废商标在洗瓶过程中沉积于浸泡槽或某些接收槽，而堵塞管道，影响洗瓶效果而设置的。

4. 水及热能的回收利用 在自动洗瓶机中，水的循环使用及热能的回收是非常重要的，要最大限度地降低水的消耗量及能源的消耗量。其利用率取决于该机器的水（洗液）分配及热量传送系统。

洗瓶机的水及热能利用示意见图 11-19。

水的循环使用一般是采用水与瓶子逆向的方法。净水从机外泵入，对瓶子进行最后喷射，回收后，作为冷水对瓶进行喷射。再回收进入热水池，经滤标处理及对瓶进行

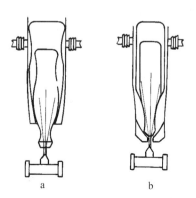

图 11-17 瓶罩形式
a. 肩承式 b. 口承式

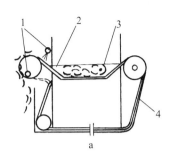 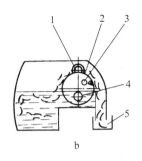 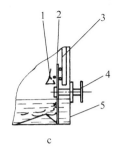

图 11-18 滤标装置示意
a. 带式滤标装置：1. 废标接收槽 2. 圆盘形滤网 3. 空气喷射管 4. 链带
b. 轮盘式滤标装置：1. 小齿轮 2. 大齿轮机圆柱形滤网 3. 空气喷管 4. 洗液回流管 5. 废标箱
c. 转盘式滤标装置：1. 空气喷嘴 2. 浸泡槽 3. 废标 4. 滤网 5. 箱体

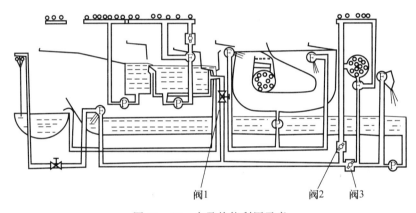

图 11-19 水及热能利用示意
P. 泵　F. 经滤标处理后的管道

热水喷射后，一部分回收到预浸泡槽，另一部分仍回到热水池。浸泡槽两端的洗液，也是循环使用的。

热能的利用主要是通过需要冷却的瓶中的热量传给需加热的瓶子。如预浸泡槽中的热量主要来自热水池（预浸泡槽有溢流管通出机外）。而热水池的热量主要来自瓶本身（第二次浸泡的槽的温度较高）。另外，将两个加热器布置在机器的中心部，可以减少对周围的传热及辐射的热量损失。

为保证各水池及浸泡槽的温度，一般都设有温度自动控制系统，保持机器的正常工作。

5. 外洗机　若回收的瓶外部太脏，且为一些不易除去的脏物，可以在洗瓶机前设置一台预洗机（外洗机）。其结构示意如图 11-20。

外洗机工作时，由输送机将脏瓶送入后，上方的喷头对瓶冲洗，同时侧面的旋转刷不断地将脏物刷下。这种外洗机可利用洗瓶机的清洗水作为水源。

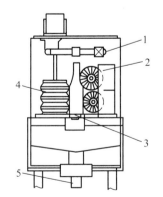

图 11-20 外洗机结构示意
1. 喷嘴 2. 旋转刷 3. 固定导轨
4. 回转带轮 5. 污水排放管

(四) 实罐表面清洗机

实罐表面清洗机又称洗油污机，是罐头生产设备之一。装罐前空罐本身是干净的，但经过装罐、排气、封口和杀菌等工序后，实罐表面常常黏附着很多油脂、汤汁及罐头的内容物，这些物质经过高压杀菌后会呈现暗黑色或黏性油腻的条纹和斑点。如果在杀菌过程中出现坏罐，其内容物及汤汁渗出会弄脏完好的罐头表面。因而，实罐必须进行清洗，否则会使成品引起油商标等质量事故。

图 11-21 是一种带烘干机的实罐表面清洗机。它主要由碱液池、清水池和烘干机等部分组成，由传动系统及输送装置连接成一体。

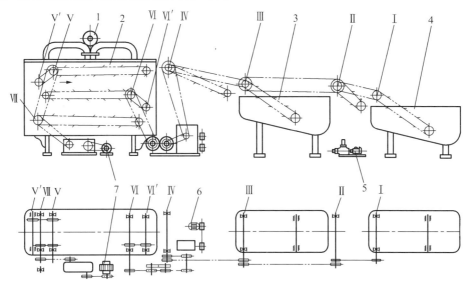

图 11-21 实罐表面清洗机
1、5、6、7. 电动机 2. 烘干机 3. 清水池 4. 碱液池
Ⅰ、Ⅱ、Ⅲ、Ⅳ、Ⅴ、Ⅴ′、Ⅵ、Ⅵ′、Ⅶ. 轴

实罐表面清洗机工作过程是：实罐先进入碱液池浸洗，然后进入清水池过净，最后经烘干机烘干。在碱液池与清水池间有喷淋装置，来保证实罐表面的碱液在进入清水池前就大部分被冲洗掉。在清水池和烘干机之间设一个气吹装置，使罐头在进入烘干机前吹去表面上的部分水分，这样可有效提高烘干效率，减少烘干时间。

该机具有结构比较紧凑，操作管理方便，去污能力强，机械性能好，生产能力大，清洗过程连续化，改变罐型时调整比较方便，造价低等优点；缺点包括需要人工进、出罐，碱液浓度和温度不能自动控制、波动较大，烘干效率有待进一步提高等。

任务三 果蔬分级分选机械与设备

原料是否要进行分级分选，应根据加工的目的和要求确定。一般用于果汁、果酱生产的原料不需要按大小分级，而用于罐头和一些果脯等产品生产的原料，则应按大小、重量、色泽等不同要求，进行分组分选。用机械进行分级分选后，能够降低产品加工过程中的原料损耗率，提高原料的利用率，降低产品的成本，提高劳动生产率，并有利于生产的连续化和自动化，从而保证产品的质量标准和加工工艺的规范一致性。

一、滚筒分级机

滚筒式分级机是在转动的圆形筒上开有不同尺寸的孔眼，把进入的物料随滚筒转动并向出口移动，在移动中按滚筒孔眼尺寸大小实行分级。该机可用于青豆、蘑菇、枣、山楂、柑橘等果蔬原料的分级。

（一）结构与传动系统

滚筒式分级机见图 11-22，主要结构由机架、滚筒、摩擦轮（托辊）、铰链和转动系统等部分组成。其主要构件滚筒是用厚度为 1.5～2 mm 的不锈钢板冲孔后，卷成圆柱形筒状筛。为了制造方便，可将滚筒分成几节筒筛，筒筛之间用角钢作为加强圈。如用摩擦轮传动，则又作为传动的滚圈。滚筒用托轮支承在机架 7 上，机架用角钢或槽钢焊接而成。集料斗 6 设在滚筒下面，料斗的数目与分级的数目相同。

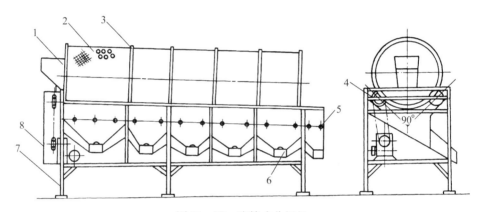

图 11-22 滚筒式分级机

1. 进料斗 2. 滚筒 3. 滚圈 4. 摩擦轮 5. 铰链 6. 集料斗 7. 机架 8. 传动系统

驱动滚筒转动包括中心轴式传动、齿轮传动和摩擦轮传动三种方式。由于摩擦轮传动方式简单可靠、运转平稳，因而目前采用较多就是该传动方式。摩擦轮传动工作时，由电动机将动力经过减速器、链传动至摩擦轮 4。摩擦轮装在一根长轴上。滚筒两边均有摩擦轮，并且互相对称，其夹角为 90°，长轴一端（主支轴）与传动系统相连；另一端装有托轮，不与传动系统相连。主支轴带动摩擦轮转动，摩擦轮紧贴滚圈 3，因而摩擦轮与滚圈互相间产生摩擦力驱动滚筒转动。

物料在分级机中的移动方式受物料的滚动性不同而异。若物料为滚动性较差的，可在滚筒内装置螺旋卷带来推动物料向出口移动；若物料为滚运动性好的圆形或近圆形物料，则可将滚筒倾斜安装，使其向出口方向有一倾角。

在运转时，滚筒的孔眼往往被原料堵塞而影响分级效果。因而，常常在滚筒外壁安装木制滚轴，其轴线平行于滚筒的中心轴线，用弹簧使其压紧滚筒外壁，可将堵塞孔眼的原料挤进滚筒中，以提高机器的工作效率。

（二）滚筒分级机的优缺点

1. 优点

（1）滚筒分级机工作时转速低，没有不平衡的运转部分，因此工作时很平稳。

（2）对物料的损伤小，产品质量好，生产效率高，适宜果蔬厂家使用。

2. 缺点

（1）机器占地面积大，在同等生产能力时，其尺寸比平面筛大的多，相对金属耗量较大。

（2）机器调换筛筒较为困难，因而对原料的适应性差。

（3）滚筒筛面利用率低，因为物料升高主要靠滚筒转动和物料与滚筒内壁的摩擦力，因而升角只有40°~45°。这样，滚筒直径虽大，但只利用1/6~1/8的面积。

（4）滚筒筛的筛孔易堵塞，需要及时清理。

（5）摩擦轮传动虽然好处多，但滚圈与摩擦轮之间因摩擦会产生铁屑掉入滚筒内，直接污染产品，设计时必须充分考虑这点。

二、摆动筛

摆动筛又称为摇动筛，在食品工厂中常称为振动筛，属于外形尺寸分级机。它利用筛面孔径大小将物料分成若干级别。按其运动方式，分为摇动筛、振动筛、回转筛等几种。

摆动筛结构见图11-23，常用于圆形的水果和蔬菜的分级。食品工厂的摆动筛不同于选矿和粮食部门的振动筛，后者物料较坚固，可以在筛面上剧烈跳动，其振动频率较大，振动次数在800~1 500次/min；前者产品则不能损伤，物料在筛面以直线往复运动为主，而以振动为辅，一般振动次数在600次/min以下。由于果蔬原料种类繁多，分级要求各异，各食品工厂根据自己需要制造摆筛分级机。

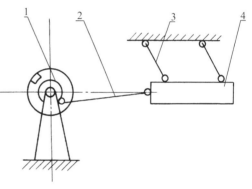

图11-23 摆动筛结构
1. 曲柄 2. 连杆 3. 吊杆 4. 筛体

（一）摆动筛构造

摆动筛主要由机架、进料斗、筛体、振动摇摆机构、分级集料斗、传动装置等组成。

筛体是摆动筛主要的工作部分，设计的好坏直接影响分级效果。筛体一般有三种形式：一种是由一根根平行安置的具有一定断面钢棒所制成，称栅筛，其结构如图11-24a所示，常用于马铃薯、洋葱、苹果等直径较大的物料；一种由耐腐蚀，有较好的强度和柔软性的金属丝或丝线编织而成的编织筛，其孔的形状有方孔和矩形孔两种，适用于大多物料，其结构如图11-24b所示；还有一种是在薄钢板冲（钻）孔制成的板筛，常用于山楂、青豆等直径较小的物料，其结构如图11-25所示。

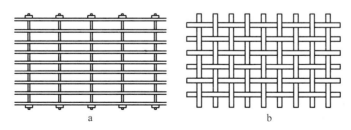

图11-24 栅筛与编织筛
a. 栅筛 b. 编织筛

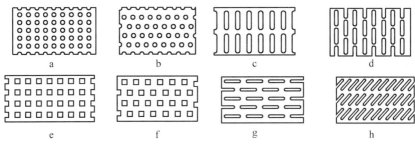

图 11-25 板 筛
a. 正方形排列圆孔筛　b. 正三角形排列圆孔筛　c. 长方形排列长圆孔筛　d. 三角形排列横向长圆孔筛
e. 正方形排列方孔筛　f. 正三角形排列方孔筛　g. 三角形排列纵向长圆孔筛　h. 长方形排列斜长圆孔筛

筛孔的形状有圆形、长圆形和方形等几种。为了减少堵塞筛孔的现象，把筛孔做成圆锥形最理想，孔由上向下逐渐增大，其圆锥角以 70°为宜。筛孔的尺寸应稍大于物料所需分级的尺寸：对于圆孔，是物料尺寸的 1.2～1.3 倍；对于正方形孔，是物料尺寸的 1.0～1.2 倍；对于长方形孔，是物料尺寸的 1.1 倍。

筛孔在筛面的排列方式最好交错成正三角形排列，其有效面积比正方形排列可增加 16%。有效面积系数指筛孔的总面积对整个筛面面积的比值，是评定筛子质量的重要指标，比值大，分级效率高，一般以 50%～60% 为宜，过高会影响筛子的强度。正三角形排列还有一个好处是筛孔错开排列，物料在筛面上运动过程中过筛的机会多。

为了便于筛面上的物料向排料端移动，筛面通常设有一向下的角度，该角度一般为 10°～50°，倾角过小，物料移动速度慢，影响生产效率；倾角过大，物料移动速度加快，降低分级效率。滚动性能差的物料，倾角取高限，相反则取低限。

（二）工作原理

电动机通过皮带轮传动使偏心轮回转，偏心轮带动曲柄连杆机构使筛体沿一定方向做往复运动。筛体用支杆吊挂在机架上与出料方向有一倾角，筛体的运动方向垂直于支杆的中心线。由于筛体的摆动和倾角的存在，使筛面上的物料以一定的速度向排料端移动。筛体是多层装置，各层筛孔根据物料的分级规格，由上至下缩小孔径，最大的物料留在最上层筛中，最小物料穿过各层落到底部集料斗，上面每层筛子留下的物料都属于同一级，从筛子末端排出分别进入各级集料斗中。

（三）影响筛分效果的因素

1. 料的形状　原料的几何形状不同，影响其在筛面上的流动，因而分级效果也不同。一般球形物料比扁平、不规则的颗粒容易筛落；细微物料不如大颗料物料容易筛分，如青豆比蘑菇的分级效果要好。

2. 料层厚度及筛落速度　料层越薄，筛下物料通过此层的时间越短，每一物料接触到筛面的机会越多，筛分效果就越好。物料被筛落的速度越快，筛下物料的百分数越高，筛分效果就越好。

3. 物料的含水量　物料的干湿程度对分级效果也有影响，特别是粉状物或细小的物料更是如此。因为湿的物料散落性差，易结成团堵塞筛孔，而影响自动分级。

此外，筛孔的形状、筛面种类、生产能力、筛分的运动方式、加料量及均匀程度都会影响筛分效果。

三、三辊筒式分级机

三辊筒式分级机属于尺寸分级。它是利用改变升降辊筒间距的方法而获得不同大小的间隙使物料分级。它适用于苹果、柑橘、番茄和桃子等球形体或近似球形体的蔬果原料分级。三辊筒式分级机的结构如图 11-26 所示，全机主要由升降导轨、出料输送带、理料辊、辊筒输送链及机架等组成。

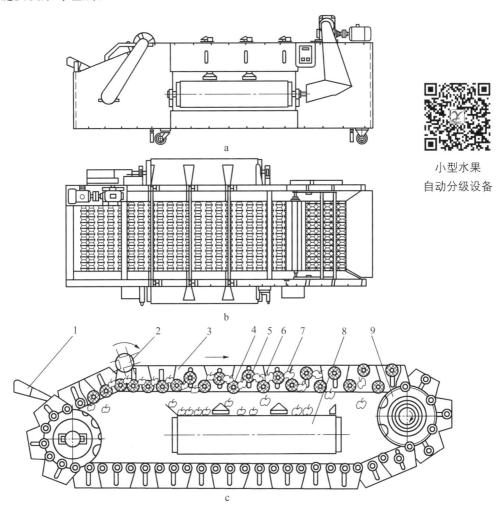

小型水果
自动分级设备

图 11-26 三辊筒式分级机
a. 主视图　b. 俯视图　c. 工作原理图
1. 进料斗　2. 理料辊　3. 驱动链　4、6. 固定辊筒　5. 升降辊筒　7. 物料　8. 出料输送带　9. 驱动轮

理料辊是一个带有四个 U 形叶片的辊轮。它通常安装在进料输送带的上方，距进料入口稍有一段距离。它的转动方向与输送带方向相反。其作用是把堆积的物料拨平，整理成单层，使之均匀排列在分级辊中，以提高分级效率。

分级结构是一条由其轴向剖面带梯形槽的分级辊筒组合成的输送带。每两根辊筒之间设有一个升降辊，辊上带有同样的梯形槽，此三根辊轴形成两组分级孔，水果正处在此分级孔中。输送带上各个辊都顺时针方向转动，每个水果都有机会把其最小尺寸对准辊轴之间的菱形孔。

工作时，水果进入输送带，最小的水果则从两相邻辊之间的菱形孔中落到集料斗里，其余水果通过理料辊被整齐地排列成单层进入分级段。在驱动链轮的牵引下，输送带上各辊因与轨道之间的摩擦作用而顺时针向前滚动，升降辊在上升轨道上逐渐上升，二辊间的菱形孔也逐渐增大。每个孔中只有一个水果，水果在转动辊的摩擦带动下也转动，这样其最小外径总有机会对准菱形孔，当外径小于孔时，落下，并被出料输送带沿横向送出机外；而大于孔的水果继续随带前进，随着菱形的增大而在带的不同位置上落下，从而分成若干等级。若升降辊上升至最高位置而水果仍不能从孔中落下，则最后掉入末端的集果斗中，属于特大水果。

这种水果分级机分级准确，水果损伤少，但结构复杂，造价较高。

任务四　原料切割机械与设备

在食品加工过程中，经常需要对原料进行切片、去端等处理，以适应各种不同类型罐头食品质量要求。

切割过程是使物料和切刀产生相对运动，达到将物料切断、切碎的目的。相对运动的方向基本上可分为顺向和垂直两种。为了使物料有固定的形状和规格，在设备中要有物料定位的机构。由于原料品种产品的要求不同，故一般切割设备均为专用设备。

一、蘑菇定向切片机

蘑菇定向切片机主要用于生产蘑菇罐头，可将外形小而质地柔软的蘑菇切成厚薄均匀、切向一致的薄片。该机具有切片效果好，简单可靠，操作方便等特点。

蘑菇定向切片机结构如图 11-27 所示，它主要由定向华倾斜板、铰板、机架等组成。

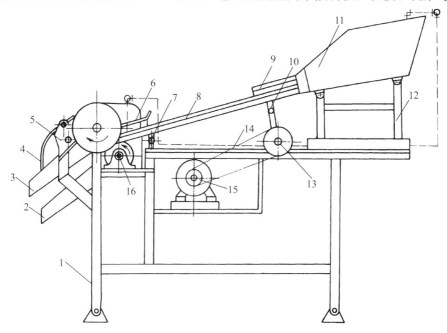

图 11-27　蘑菇定向切片机

1. 机架　2. 边片出料斗　3. 正片出料斗　4. 护罩　5. 挡板轴承　6. 下压板　7、11. 铰板　8. 定向滑斜板　9. 水管　10. 上压板　12. 进料斗　13. 加料斗架　14. 摆偏轴　15. 电动机　16. 垫辊轴承

1. 圆刀切片装置 在一个轴上装有几十片圆刀，轴的转动带动圆刀旋转，进行切片。圆刀之间的距离可以调节，以适应切割不同厚度蘑菇片的需要。还有与圆刀相对应的一组挡梳板，它安装于两刀之间，挡梳板固定不动。刀则嵌入橡胶垫辊之间，当圆刀和垫辊转动时，即对蘑菇进行切片。切下的蘑菇片由挡梳板挡出，落入出料斗中，挡梳板、垫辊及圆刀的装配关系，如图 11-28 所示。

2. 定向定位装置 以蘑菇定位切割为例，其原理是因为蘑菇具有菇盖和菇柄，菇盖的体积和重量均大于菇柄，在一定的条件下，较重的一头应该朝下或朝前运动，因而在水力作用和具有轻微振动条

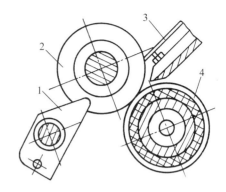

图 11-28 挡梳板、垫辊及圆刀的装配关系
1. 挡梳板 2. 圆刀 3. 下压板 4. 垫辊

件下，菇盖很容易朝下或朝前运动。弧槽滑料板由进料口向切刀倾斜安装，底部设有偏摆装置使弧槽产生轻微振动，并利用水管供水使蘑菇在漂移过程中定向定位。

机器操作时，首先开启水管阀门，向弧槽供水，然后开动机器，最后启动升送机送料。送料时，要求送料均匀，以减少堵塞现象出现。圆刀间的间距小且刀片又薄，故不能掉进硬物，以免损坏刀片，因而使用前后均应认真对机器进行清洗。清洗时，松开挡轴两端的螺栓，将挡梳片退出洗净，然后用水冲洗机器。清洗完毕，安装挡轴，挡梳片和刀轴之间的间隙在 2~5 mm 为宜。

二、菠萝切片机

菠萝切片机可将已经去皮、通心（或未通心）、切端的菠萝果筒或其他类似的物料切成厚 9~15 mm 的薄片，每分钟可切片 1 200 片。具有切片外形规则，厚度均匀，切面组织光滑，结构简单，调整方便，易于清洗和生产率高的特点。

菠萝切片机主要由输送带、刀头箱、电气控制、传动系统等组成，如图 11-29 所示。

1. 刀头箱 刀头箱主要由进料套筒、导向套筒、左右送料螺旋、切刀、出料套筒及传动系统等组成。果筒从进料输送带送至导向套筒后，由送料螺旋夹住并往前推进。送料螺旋与切片的厚度大体相同，导向套筒的内径刚好等于菠萝果筒的外径，切片时可给予必要的侧面支撑。送料螺旋每旋转 1 圈，果筒就前进一个螺距，高速旋转的刀片旋转 1 圈就切下一片菠萝圆片。切好的菠萝圆片由出料套筒连续排出。

2. 传动系统 传动系统如图 11-30 所示。进料输送带为普通橡胶带。由电动机通过蜗轮减速器和链轮传动驱动输送带。输送带的线速度比刀头箱中送料螺旋推动菠萝果筒的速度快 10 倍左右，以保证连续送料和使果筒顺利地从输送带过渡到送料螺旋中去。若切片厚度需要改变时，输送带的速度也应改变，此时可以通过调换链轮的方式满足速度要求。

三、青刀豆切端机

青刀豆的切端，是生产青刀豆罐头的前处理工序。过去，手工切端，生产效率低，感官质量差。为适应青刀豆罐头生产线连续化作业，目前已广泛采用青刀豆切端机。

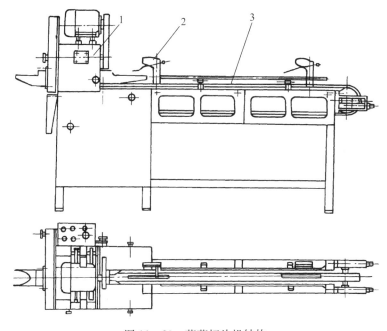

图 11-29 菠萝切片机结构
1. 刀头箱 2. 电气控制 3. 进料输送带

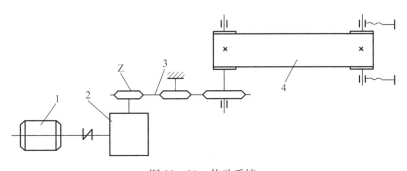

图 11-30 传动系统
1. 电动机 2. 蜗轮减速器 3. 链传动 4. 输送带

青刀豆切端机结构如图 11-31 所示，主要由三部分组成：第一部分为送料装置，包括刮板式提升机和入料斗；第二部分是主体部分，由转筒、刀片和导板等组成；第三部分由出料输送带和传动系统组成。

全机由一台电动驱动，通过蜗轮减速器 14 和两只改向滚筒 9 而使各部分运转。转筒 7 的转动是靠一对齿轮传动，其中传动齿轮 3 就装在入料端的转筒圆周上。为了制造方便和加强转筒强度，把转筒分为 5 节，每节之间用法兰连接，法兰由托轮支撑。转筒内装有两块可调节角度的木制挡板 4，靠近转筒内壁焊上一些薄钢板，每块钢板互相平行，其上钻有小孔。在转筒内还有铅丝网 5，铅丝穿过钢板上的小孔而固定，相邻两个铅丝孔高度不同，相邻两块钢板上的小孔错开，由此形成不同平面和错开的铅丝网，使青刀豆竖立起来插进转筒的孔中。

转筒上钻有带锥度的孔（图 11-31，$A-A$ 剖视），每节转筒外部下侧对称安装有两把

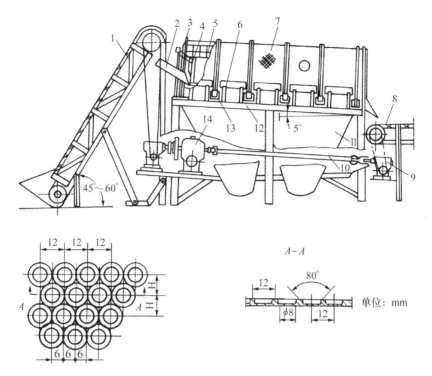

图 11-31 青刀豆切端机
1. 刮板式提升机 2. 入料斗 3. 传动齿轮 4. 挡板 5. 铅丝网 6. 刀片 7. 转筒 8. 出料输送带
9. 改向滚筒 10. 转动轴 11. 漏斗 12. 机架 13. 托轮 14. 蜗轮减速器

长形刀片 6，由于弹簧的压力，刀片的刀口始终紧贴转筒的外壁，从而保证露于锥孔外的豆端顺利地被切除。在运行中，如果在第四节转筒上基本切端完毕，则第五节转筒上的刀片可卸去，以避免重复切端，影响原料利用率。

青刀豆切端机的关键是青刀豆直立进入锥孔中，但由于各地青刀豆粗细、长短和形状等不同，虽用同样切端机，但切端效果不同。因而设备选型时应加以注意。

任务五 原料分离机械与设备

食品厂所用的原料，并不是全都能加工成成品，必须去掉不能食用和不适合加工的部分。去掉的部分，可作综合利用或作废渣等处理。由于原料和加工用途及方法等不同，分离设备也多种多样，甚至同一用途的分离设备，规格和类型也非常多。现在就将经常使用的介绍如下：

一、果蔬原料去皮机

去皮机一般包括两类，一类是用于块根类原料去皮，另一类是用于果蔬的去皮。不同种类的去皮机，差异很大，现选择常见的擦皮机和碱液去皮机等去皮机械作较详细的介绍。

（一）擦皮机

擦皮机常用于胡萝卜、马铃薯等块根类原料的去皮。但去皮后，原料的表面不光滑，仅能用于切片或制酱的罐头中,不使用于整块蔬菜罐头的生产。

擦皮机如图 11-32 所示。由工作圆筒 5、旋转圆盘 4、进料斗 6、出料口 11、排污口 13 及传动系统等部分组成。

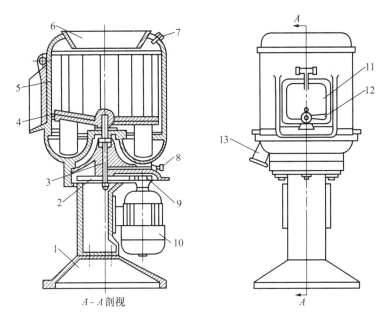

图 11-32 擦皮机结构
1. 机座 2. 齿轮 3. 轴 4. 旋转圆盘 5. 工作圆筒 6. 进料斗 7. 喷嘴 8. 加油孔 9. 齿轮
10. 电动机 11. 出料口 12. 把手 13. 排污口

工作圆筒内表面是粗糙的,圆盘表面呈波纹状,波纹角为 20°～30°。二者大多采用金刚砂黏结表面,均为擦皮工作表面。圆盘波纹状表面除有擦皮功能外,还用来抛起物料,当物料从进料斗落到圆盘波纹状表面时,因离心作用被抛向两侧,并在那里与筒壁粗糙表面摩擦,从而达到去皮的目的。擦去的皮用水从排污口冲走。去过皮的物料,利用本身的离心力作用,从打开闸门的出料口自动排出。为了保证机器的正常工作,在擦皮工作时,既要能将物料被抛起,使物料在筒内呈翻滚状态,又要保证物料被抛至筒壁,物料表面被均匀擦皮,因而旋转圆盘必须保持较高的转速;还要求料筒内物料不得过多,一般物料填充系数为 0.5～0.65。

工作过程中,水是通过喷嘴注入工作圆筒内部。出料口在擦皮过程中用把手封住。在装料和卸料时,电动机都运转,因此,卸料前就关闭水管,停止注水,防止出料口打开后水从出料口溅出。

(二) 碱液去皮机

碱液去皮机广泛用于桃子、李子、巴梨等水果的去皮。碱液去皮是将果蔬在一定温度的碱液中处理适当的时间,果皮即被腐蚀,取出后立即用清水冲洗或搓擦,外皮即脱落,并洗去碱液,从而达到去皮的目的。碱液去皮处理后的果实不但外皮容易去除,而且果肉的损伤较少,可提高原料的利用率。缺点是碱液去皮用水量较大,去皮过程产生的废水多,尤其是产生大量含有碱液的废水。

碱液去皮机的结构如图 11-33 所示,主要由回转式输送带、淋碱、淋水装置和传动系统等构成。传动系统是安装在机架上带动链带回转。碱液去皮机总体分为进料段、淋碱段、腐蚀段和冲洗段。该机的特点是淋碱、腐蚀等碱液蒸汽隔离效果较好，去皮效率高，机构紧凑，操作方便，但是需人工进料，碱液浓度和温度因未实现自动控制而不稳定。

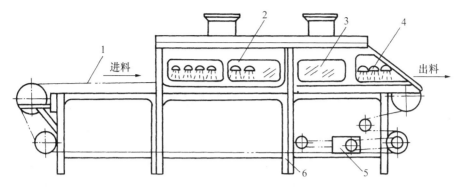

图 11-33 碱液去皮机
1. 输送带 2. 淋碱段 3. 腐蚀段 4. 冲洗段 5. 传动系统 6. 机架

桃子的去皮是将切半去核后的桃子，切面朝下放置在输送装置上，使之通过各工作段，首先喷淋热稀碱液 5~10 s，再经过 15~20 s 进行腐蚀，最后用高压冷水喷射冷却和去皮。对于不同原料或同一原料而品种、成熟度等不同时，就注意调整输送带的速度，以适应不同淋碱时间的需要。

任何类型的碱液去皮机，其碱液都要进行加热和循环使用。碱液循环系统如图 11-34 所示。将调整好浓度的碱液，放入碱液池内，由循环（防腐）泵送到加热器中进行加热，具有一定温度的碱液进入碱液去皮机的淋碱段、腐蚀段和冲洗段。碱液自碱液去皮机进入碱液池再次进入下一轮循环。

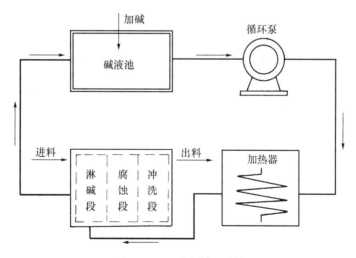

图 11-34 碱液循环系统

（三）干法去皮机

干法去皮机适用于经碱液或其他方法处理后表面松软的桃子、杏、巴梨、苹果、马铃薯及红薯等多种果蔬原料的去皮。同碱液去皮相比，具有结构简单、去皮效率高、节约用水及污染少等优点。

如图 11-35 所示，去皮装置用铰链和支柱安装在底座上，呈倾斜状。为达到 30°～45°的合适倾斜角，可通过调整支柱的长度，即将调节螺柱插进所选位置内，而改变去皮装置的倾斜度。

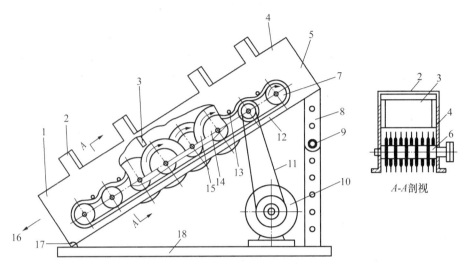

图 11-35　干法去皮机

1. 去皮装置　2. 桥架装置　3. 挠性挡板　4. 进料口　5. 侧板　6. 轴　7. 摩擦传动轮　8. 支柱　9. 销轴　10. 电动机　11. 传动皮带　12. 皮带　13. 压轮　14. 夹板　15. 橡胶圆盘　16. 出料口　17. 铰链　18. 底座

去皮装置的两侧为一对侧板，侧板上安装多根主轴。每根主轴上都装有随轴旋转的数对夹板，每对夹板之间夹着薄橡胶制成的柔软而富有弹性的圆盘。每根轴上的圆盘与相邻轴上的圆盘错开排列，即一根轴上的圆盘处于另一轴的两个圆盘之间。

该机器操作过程是：由碱液处理后表皮松软的果蔬，从进口处进入去皮机构，物料靠自身的重力向下移动，并靠自身的重量将圆盘压弯（图 11-36），在圆盘表面与物料之间形成接触面，由于物料下落的速度低于圆盘旋转速度，因而产生相对摩擦，结果在不损伤果肉的情况下把皮去掉。随着物料的下移，与圆盘接触位置不断变化，最后将全部表皮去除。去皮后的果蔬从出料口卸出，皮则从装置落下，收集于盘中。

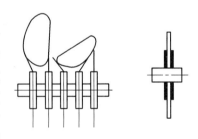

图 11-36　去皮示意

为了增强去皮效果，在两侧板上装有一组桥式构件，每一构件上悬挂有挠性挡板，用橡胶或织物制成。这些挡板对物料有阻滞作用，强迫物料在圆盘间通过来提高去皮效果。

原料进入去皮机前的碱液预处理条件为：碱液的温度为 65～100 ℃。浓度根据不同原料而异。对桃杏的浓度一般为 3%～5%，马铃薯为 15%～30%。番茄只用蒸汽喷淋，不用碱液处理。苹果和梨因皮质厚，用蒸汽处理与碱液处理相结合。

二、打浆机

打浆机主要用于番茄酱、果酱罐头的生产中。它可以将水分含量较大的果蔬原料擦碎成为浆状物料。

打浆机的结构如图 11-37 所示。打浆机主要由机架、进料斗、螺旋推进器、圆筒筛、刮板、出料漏斗、传动轴等装置组成。

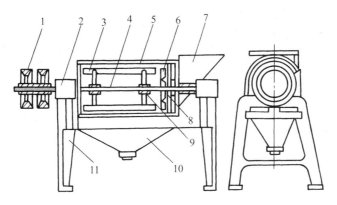

图 11-37 打浆机
1. 传动轮 2. 轴承 3. 刮板 4. 传动轴 5. 圆筒筛 6. 破碎浆叶 7. 进料斗
8. 螺旋推进器 9. 夹持器 10. 出料漏斗 11. 机架

打浆机主要构件是一个两端开口的圆筒筛，水平安装在机壳内。筒身由较薄的不锈钢板弯曲成圆后焊接而成。筛筒两端焊上加强圈增加强度。也有用两块钢板冲压成两个半圆，用螺钉连接成筛筒的。夹持器安装在两个轴承上。它的右端装有螺旋推进器。在整个圆筒筛里，在传动轴上安装有两块用于控碎物料用的刮板。刮板实际上是两块长方形的不锈钢板，刮板与轴线有一夹角，这个夹角称导程角。刮板通过夹持器和螺栓安装在轴上，刮板与圆筒筛内壁之间距离可通过螺栓调节。为了保护圆筒筛不被刮板碰破，有时还在刮板上装有耐酸橡胶板。

圆筒筛安装在机架上，物料从进料斗进入筛筒，电动机通过传动系统，带动刮板转动。由于刮板转动和导程角的存在，使物料在刮板和筛筒之间，沿着筒壁向出口端移动，移动轨迹为一条螺旋线。物料移动过程中由于受离心力作用，汁液和浆状肉质从圆筒筛孔眼中流出，在出料漏斗 10 的下端流入贮液桶。物料的皮和籽等下脚料则从圆筒筛靠近传动系统的一端卸下，从而达到分离目的。

为了保证打浆质量，很多场合，如番茄酱生产流水线中，把 2～3 台打浆机串联起来使用，这叫打浆机联动，常称二道（或三道）打浆机。图 11-38 是 GT6F5 三道打浆机外形。

三道打浆机的每道打浆机和单机生产时不同，它们只进行打浆，没有破碎物料用的浆叶，其破碎专门由前道工序的破碎机进行。各台打浆机的筛孔大小不同，前道筛孔比后道筛孔大，即一道比一道打得细。轴的转速也不一样，前道打浆机轴的转速比后两道打浆机轴转速慢。全机由一台电动机驱动，三道打浆机同装于一个机架上，通过三角皮带轮传动各轴。

三道打浆机的工作过程为：破碎后的物料用螺杆泵送至第一道打浆机 1 中，经打浆后汇集于底部，经管道进入第二道打浆机 2 中，同第一道打浆机一样，汁液是由其本身的重力经管道流入第三道打浆机。因此，由第一道至第三道打浆机是自上而下排列的，第一道与第二道打浆机，第二道与第三道打浆机之间均有一定的高度差，这样才能保证浆液的流动。

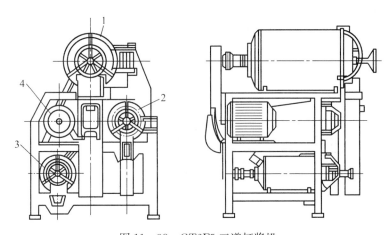

图 11-38 GT6F5 三道打浆机
1. 第一道打浆机 2. 第二道打浆机 3. 第三道打浆机 4. 电动机

三、榨汁机械

在果蔬的破碎、提取汁液的工艺上，有机械榨取、理化和酶法提取三种方法。机械式榨取果蔬汁液的方法广泛应用在番茄、菠萝、苹果、柑、橙的压榨上。

榨汁机是利用压力把固态物料中所含的液体压榨出来的固液分离机械。榨汁机按工作方式分为间歇式和连续式两大类。榨汁过程中包括加料、榨汁、卸渣等工序，有时为了提高榨汁效率需对物料进行必要的预处理，如破碎、热烫、打浆等。出汁率是榨汁机的主要性能指标之一，出汁率除与榨汁机有关外，还取决于物料的性质和操作工艺等因素。

（一）螺旋式榨汁机

螺旋式榨汁机属于连续式榨汁机械，该设备在压榨过程中，进料、压榨、卸渣等工序均是连续进行的。它具有结构简单、外形小、榨汁效率高、操作方便等特点。该机的不足之处是榨了的汁液含果肉较多，要求汁液澄清度较高时不宜选用。螺旋式榨汁机，主要用于压榨葡萄、番茄、菠萝、苹果、梨等果蔬的汁液。

该机主要由压榨螺杆、压力调整装置、传动装置、圆筒筛、离合器、汁液收集斗和机架组成，如图 11-39 所示。

压榨螺杆由两端的轴承支承在机架上，传动系统带动螺杆在圆筒筛内做旋转运动。为了使物料进入机后尽快受到压榨，螺杆随着螺杆内径增大而螺距减小，使得螺旋槽容积逐渐缩小，螺距小则物料受到的轴向分力增加，径向分力减小，有利于物料的推进。圆筒筛一般由不锈钢板钻孔后卷成，为了便于清洗及维修，通常做成上、下两半，用螺钉

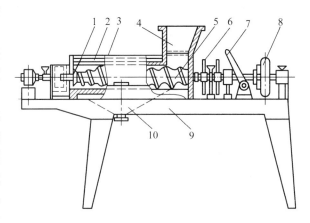

图 11-39 螺旋式榨汁机
1. 环状出渣口 2. 圆筒筛 3. 罩壳 4. 进料斗
5. 压榨螺杆 6. 调整装置 7. 离合器手柄
8. 皮带轮 9. 机架 10. 汁液收集斗

连接安装在机壳上。圆筒筛孔径一般为 0.3~0.8 mm，开孔率既要考虑榨汁的要求，又要考虑筛体的强度。螺杆挤压产生的压力可达 1.2 MPa 以上，筛筒的强度应能承受这个压力。

操作时，先将出渣口环形间隙调至最大，以减少负荷。启动正常加料，物料就在螺旋推力作用下沿轴向，朝出料口移动，同时，由于螺距减小，螺旋内径减小，对物料产生预压力。然后逐渐调整出渣口环形间隙，以达到榨汁工艺要求的压力。

（二）爪杯式柑橘榨汁机

爪杯式柑橘榨汁机采用整体压榨工艺，利用瞬时分离原理，将柑橘皮等残渣尽快分开，防止橘皮及籽粒中所含的苦味成分进入果汁，损害柑橘汁的风味及在贮藏期间引起果汁变质和褐变，影响产品的质量。

国外常用的新型柑橘榨汁机如图 11-40 所示。这种榨汁机具有数个榨汁器，每个榨汁器用上下两个多指形压杯组成。上下两个多指形压杯在压榨过程中能相互啮合，可托护住柑橘的外部以防止破裂。工作时，固定在共用横杆上的上杯靠凸轮驱动，上下往复运动；下杯则固定不动。榨汁器的上杯顶部有管形刀口的上切割器，可将柑橘顶部开孔，使橘皮和果实内部组分分离。下杯底部有管形刀口的下切割器，可将柑橘底部开孔，以使柑橘的全部果汁和其他组分进入下部的预过滤管。

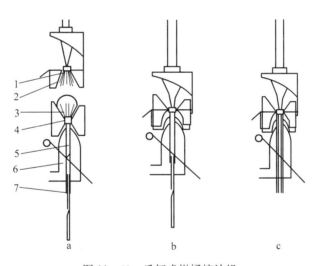

图 11-40　爪杯式柑橘榨汁机
a. 开始榨汁　b. 通孔管开始上升　c. 通孔管上至最高处
1. 上切割器　2. 上压杯　3. 下压杯　4. 下切割器　5. 预过滤器　6. 果汁收集器　7. 通孔管

压榨时，柑橘送入榨汁机，落入下杯内，上杯压下来，柑橘顶部和底部分别被切割器切出小洞。榨汁过程中，柑橘所受的压力不断增加，从而将内部组分从柑橘底部小洞强行挤入下部的预过滤管内。果皮从上杯及切割器之间排出；预过滤管内部的通孔管向上移动，对预过滤管内部的组分施加压力，迫使果肉中的果汁通过预过滤管壁上的许多小孔进入果汁收集器；与此同时，大于预过滤管壁上小孔的颗粒，如籽粒、橘络及残渣等自通孔管口排出。通孔管上升至极限位置时，一个榨汁周期即完成。

改变预过滤管壁上的孔径或通孔管在预过滤管内的上升高度，均能改变果汁产量和清浊程度。由于两杯指形条的相互啮合，被挤出的果皮油顺环绕榨汁杯的倾斜板流出机外。由于果汁与果皮能够瞬时分开，果皮油很少混入果汁中，从而可以制取高质量柑橘汁。

由于这种榨汁器对于柑橘尺寸要求较高，工业生产中一般需配置多台联合适用，分别安装适于不同规格尺寸柑橘的榨汁器，并且在榨汁之前进行尺寸分级。

任务六　果汁过滤与脱气设备

一、果汁过滤设备

榨汁机榨出的果汁中常含有果皮碎片、囊衣、粗的果肉浆等。不同榨汁方法所含的杂物也不相同，一般都要进行过滤，以去除这些杂物。对果汁产品的要求不同，过滤的方式及过程也不同。

果汁的过滤一般有粗滤、精滤及澄清过滤。粗滤又称筛滤，是将果汁中较粗大的颗粒先去除掉。目前使用较多、较为先进的榨汁机中一般都带有粗滤装置，使榨汁与粗滤工序合在一起，不需另设粗滤器，如前面提到的螺旋式榨汁机等。当然也有单机操作的。粗滤设备一般为筛滤机，如水平筛、回转筛、圆筒筛、振动筛等。

若要求生产澄清果汁，则在粗滤后要进行澄清及精细的过滤。通过澄清和过滤工作，不仅要除去新榨汁中的全部悬浮物，而且还要除去容易产生沉淀的胶粒。

澄清可采用各种方法，如自然澄清法、加明胶及单宁澄清法、瞬时加热澄清法、加酶澄清法等。澄清果汁的精滤可采用各种加压过滤机，如板框式过滤机、硅藻土过滤机、叶滤机等，或采用真空鼓式等减压过滤机。常用的过滤材料有帆布、不锈钢丝布、纤维或石棉、棉浆、硅藻土等。此外，还可用离心过滤机通过离心分离法除去果汁中的沉淀物。

对混浊型果汁来说，粗滤后即进行精滤。精滤一般是用筛网，使果汁含有一定的微细果肉。适量的微细果肉将给予果汁良好的色泽和浊度。

上述部分常用的过滤及澄清设备的构造可参阅前面有关内容。这里只介绍果汁生产中两种常用的过滤机。

（一）刮板过滤机

刮板过滤机属于圆筒筛网式的过滤机。它适用于柑橘类果汁的过滤，也可过滤其他类似的果汁。

这种过滤机是通过旋转的刮板与不动的过滤网之间的相对运动，把柑橘鲜汁中的较粗杂物除去，得到含有一定果肉的柑橘鲜汁。

其主要构件如图 11-41 所示。刮板由紧固螺钉固定在中心轴上，并随中心轴一起放置。刮板与圆筒筛网间要保持一个很小的间隙，这个间隙可通过刮板与支杆间的螺栓调节。刮板与筛网中主轴线（中心轴轴线）成一定的小角度，以便将渣、核等排出。这个角度可通过紧固螺钉调整。调整方法：松开一端的紧固螺钉，将套在中心轴上并和支杆固连的圆环转过一定的角度，然后再拧紧螺钉。由于有这一角度存在，刮板与筛网贴近的一边有一定的圆弧度。壳体对水平面具有一定的倾斜度，以使果汁顺利流出。所有的部件都安装于机架上。

工作时，经破碎或切半榨汁机后的物料，由壳体侧面半圆形的进料口 8 进入壳体 7 内，通过旋转着的刮板作用，料紧贴在滤网的内表面，并使物料中的汁水部分及小于滤网小孔直径的果肉通过网孔流入壳体中，然后经出汁管流出。粗渣和核等通过刮板旋转推进到出渣口位置，排出机外。

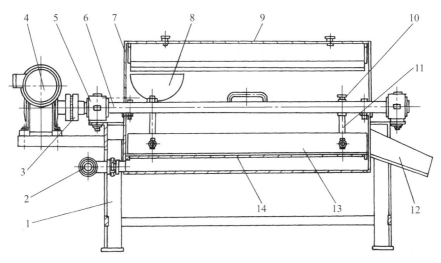

图 11-41 刮板过滤机
1. 机架 2. 出汁管 3. 联轴节 4. 电动机及减速器 5. 轴承座 6. 中心轴 7. 壳体
8. 进料口 9. 罩盖 10. 紧固螺钉 11. 支杆 12. 出渣斗 13. 刮板 14. 滤网

刮板过滤机可以换不同网孔直径的网来获得不同程度的过滤。另外，可根据工艺要求（如出汁率等）调整刮板与筛网间的间隙及刮板扭转角度。

（二）硅藻土过滤机

硅藻土过滤机是采用硅藻土作为助滤剂附着在织物介质上完成过滤操作的过滤设备。硅藻土是由沉积的海中硅藻类的遗骸，经粉碎加工制成的一种松散粉粒状微粒，主要成分是二氧化硅。这种粒子形状规则，所形成的饼空隙率大，具有不可压缩性，加之在酸碱条件下性能稳定，因而是优良的过滤介质，同时也是优良的助滤剂。

硅藻土过滤机有很多优点，诸如性能稳定、适用性强、能用于很多液体的过滤、物料经过滤后风味不变、无悬浮物和沉淀物、液汁澄清透明、滤清度高、液体损失少、清洗方便、占地面积小、轻巧灵活、移动方便等。

较常用的一种硅藻土过滤机的结构如图 11-42 所示。壳体与支座用卡箍相连，两者间有密封圈，拆卸清洗方便。过滤网盘用不锈钢薄板冲孔后焊成形似铁饼的空心结构，外包过滤网布。网盘和胶圈相间排列，套在空心轴上并用螺母紧压密封。空心轴一端与支座固定并与滤液出口连通。空心轴和网盘断面结构见图 11-42。过滤网盘的数量由所需的生产能力而定，数量多，过滤面积大，生产能力高。

该机工作时，一般要配一个回流缸，在回流缸中按滤盘总过滤面积向原液中加入硅藻土助滤剂，搅匀后由进口进入过滤机，同时打开排气阀 5、7，排气完毕立即关掉排气阀，使机内充满液体。在压力推动下，滤液通过滤布、过滤网盘，随后进入空心轴的长槽中，通过槽中的孔进入空心轴，再由出口排入回流缸，一直循环到硅藻均匀涂布在滤布上为止（从视筒观察滤液清澈）。硅藻土涂层在滤布上形成后，杂质便被截留，滤液从微细孔道经过，达到过滤的目的。该机应连续运行，若中途临时停机应先关出口阀再关入口阀，保持机内的正向压力，以防硅藻土涂层裂口或脱落，影响再次启动后滤液的质量。

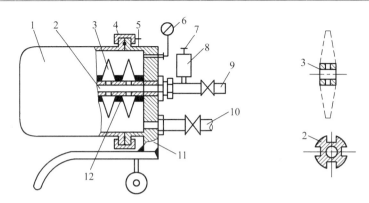

图 11-42 硅藻土过滤机
1.壳体 2.空心轴 3.过滤网盘 4.卡箍 5、7.排气阀 6.压力表 8.玻璃视筒
9.滤液出口 10.原液出口 11.支座 12.密封胶圈

二、果汁脱气设备

果汁进行脱气处理的目的主要是除去果汁中溶解的空气和附着于浆质粒子表面的气体，抑制粒子的浮起，保证产品的色泽和口感，防止灌装及杀菌时起泡，减少对缸内壁的腐蚀等。

(一) 真空脱气罐

喷雾真空脱气罐如图 11-43 所示，主要由真空罐、喷嘴及真空系统等组成。

脱气时，先启动真空泵，然后果汁由泵控制阀进入喷雾嘴并被喷射出，成雾状的物料在具有一定真空度的罐体内落下，在此过程中被脱气。脱气果汁集于罐底部，由出料口排出下道工序。真空罐内的物料液面由控制阀的浮子控制，液面上升，浮子也升高，使控制阀关小，进液量减少，反之亦然。

真空脱气的效果取决于罐内真空度、果汁温度、果汁的表面积、脱气时间等。

使用真空脱气，可能会造成挥发性芳香物质的损失，为减少这种损失，必要时可进行芳香物质的回收，并加回到果汁中去。

(二) 齿盘式排气箱

齿盘式排气箱容量较大，适用于产量较大的工厂。它主要用于排除罐头产品的

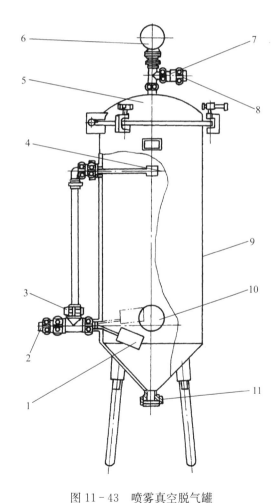

图 11-43 喷雾真空脱气罐
1.浮子 2.果汁进口 3.控制阀 4.喷嘴
5.真空罐盖 6.压力表 7.单向阀 8.真空系统接口
9.真空罐 10.窥视孔 11.出料口

空气。齿盘式排气箱的构造如图11-44所示，由箱体、支架、齿盘、导轨、传动装置及加热管道等组成。

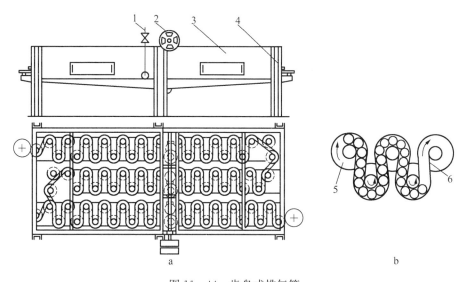

图11-44 齿盘式排气箱
a. 结构简图　b. 罐头运行路程图
1. 加热管道　2. 传动装置　3. 箱体　4. 支架　5. 齿盘　6. 导轨

箱体外形呈长方形，用6 mm厚的钢板焊成，两端开有矩形孔，供进、出罐用。为了使箱盖上的冷凝水不致滴入罐头中，把箱盖做成坡式。为了能随时观察设备内各部分的工作情况，箱盖分为几个小盖，可以打开任何一个小盖。箱体底部边缘及箱在一周都有沟道槽，以便排除冷凝水及起水封作用。由于热交换过程中总有部分蒸汽尚未冷凝，为了防止这部分蒸汽从两端矩形孔中逸出弥漫车间，采取在箱盖两端加排气罩的方法，使蒸汽从排气罩排到车间外，大部分蒸汽经热交换冷凝成水后，从箱底中部排出机外。

箱体内共有55～77个齿盘，分成三组，每组二排，箱外两端用支架各装一个作进、出罐用。所有齿盘都必须安装在同一个平面上。相邻两组的齿盘不啮合而同一组中的齿盘则错开相啮合，见图11-44b。为了使罐头在齿盘上顺利运行和增加运行的距离，在齿盘上装有铝片做的导轨。

传动装置如图11-45所示，均安装在箱体中部下面的架子上。电动机通过变速箱把动力传到皮带轮，带动主轴旋转，主轴上装有三个齿轮，使三根轴旋转。由于齿轮两边安装的位置相同而中间的相反，因此轴两边逆时针旋转，中间则顺时针旋转，带动齿轮转动，为排气箱中部两排齿盘的转动提供动力；而两边的齿轮的转动为两旁共四排齿盘提供动力。

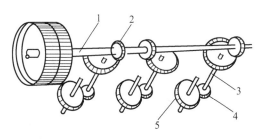

图11-45 齿盘传动装置
1. 主轴　2. 圆锥齿轮　3. 轴　4、5. 齿轮

加热系统由进气管、分配管、沿箱体长度方向上的三根管（上面有小孔，蒸汽由上直接喷到箱体中）等组成。

复习思考题

1. 综合分析各类清洗机械的优缺点。
2. 分析影响摆动筛分级的因素，指出如何提高分级的效果。
3. 简述滚筒分级机的优缺点。
4. 去皮机有哪些类型，各具有什么特点？
5. 使用离心擦皮机时，为什么不能装满物料？
6. 体会人们削皮时的动作，分析其原理及可能机械实现的办法。
7. 在蘑菇定向切片机上，蘑菇是如何被定向切片的？
8. 简述打浆机的工作过程。
9. 在一家带果肉的果汁厂，出现瓶装果汁沉淀，试从机械角度分析，哪部分机械出现了问题，如何解决。

实验实训一　螺旋式榨汁机的使用

一、目的要求

通过此次实训，使学生熟悉螺旋式榨汁机的构造，掌握螺旋式榨汁机的正确使用方法与步骤，并能正确调整出汁率。

二、设备与工具

（1）螺旋式榨汁机 2 台。
（2）专用工具 2 套。
（3）水果 40 kg。

三、实训内容和方法步骤

（1）清洗螺旋式榨汁机，并进行消毒处理。
（2）接通螺旋式榨汁机电源，并进行试运行。
（3）运转正常后，加入 20 kg 水果，开始榨汁。
（4）停机后，调节调整装置，改变出汁率。
（5）再加入 20 kg 水果进行榨汁。
（6）对比两次榨出的果汁和果渣，观察出汁率是否有变化、果汁的质量是否有变化、果渣的含汁率是否有变化。
（7）将螺旋式榨汁机拆卸，清洗筛筒和其余部件，并擦拭干净。
（8）待各零部件晾干后，将螺旋式榨汁机装配好。

实验实训二　参观果蔬制品加工厂

一、目的要求

通过参观当地的果蔬制品加工厂或跟班实训，使学生了解果蔬制品的生产工艺流程和所需设备。

二、实训内容和方法步骤

参观果蔬制品加工厂，请厂家有关技术人员介绍建厂情况、生产规模、生产任务、生产设备等,对所参观的果蔬制品加工厂有一个初步的认知。

拟参观项目并依次进行。

(1) 观察果蔬制品加工厂的厂址选择、设备购置与安装及工艺设计等,总结设备选择和安装存在的问题、经验及教训。

(2) 查看果蔬制品加工工艺和生产设备配套情况。

(3) 了解各设备的生产厂家、生产能力及运行情况。

(4) 了解并掌握果蔬制品生产的主要设备的操作过程。如在厂家参与实践锻炼,应学会部分设备的维修。

三、实训任务

(1) 参观果蔬制品加工厂,在规定的时间内绘制出果蔬制品加工厂的生产工艺设备流程图。

(2) 书写实训报告,总结参观果蔬制品加工厂的收获与感想,发现问题并提出改进建议或方案。

参考文献

崔建云，2004. 食品加工机械与设备 [M]. 北京：中国轻工业出版社.
胡继强，1999. 食品机械与设备 [M]. 北京：中国轻工业出版社.
胡继强，2004. 食品工程技术装备 [M]. 北京：科学出版社.
刘晓杰，2004. 食品加工机械与设备 [M]. 北京：高等教育出版社.
刘一，2006. 食品加工机械 [M]. 北京：中国农业出版社.
南庆贤，2003. 肉类工业手册 [M]. 北京：中国轻工业出版社.
邱传惠，等，2014. 活塞式制冷压缩机技术现状及发展趋势 [J]. 制冷与空调 (4)：1-5.
邱礼平，2011. 食品机械设备维修与保养 [M]. 北京：化学工业出版社.
任发政，2009. 食品包装学 [M]. 北京：中国农业大学出版社.
唐丽丽，2014. 食品机械与设备 [M]. 重庆：重庆大学出版社.
魏庆葆，2008. 食品机械与设备 [M]. 北京：化学工业出版社.
肖旭森，2000. 食品加工机械与设备 [M]. 北京：中国轻工业出版社.
许学勤，2008. 食品工厂机械与设备 [M]. 北京：中国轻工业出版社.
杨公明，2015. 食品机械与设备 [M]. 北京：中国农业大学出版社.
殷涌光，2006. 食品机械与设备 [M]. 北京：化学工业出版社.
曾庆孝，2007. 食品加工与保藏原理 [M]. 北京：化学工业出版社.
张军合，2010. 食品机械与设备 [M]. 北京：化学工业出版社.

图书在版编目（CIP）数据

食品加工机械/提伟钢，刘一主编．—2版．—北京：中国农业出版社，2018.9（2024.12重印）
高等职业教育农业部"十三五"规划教材
ISBN 978-7-109-24262-3

Ⅰ.①食… Ⅱ.①提… ②刘… Ⅲ.①食品加工机械-高等职业教育-教材 Ⅳ.①TS203

中国版本图书馆CIP数据核字（2018）第137338号

中国农业出版社出版
（北京市朝阳区麦子店街18号楼）
（邮政编码100125）
责任编辑　彭振雪

北京通州皇家印刷厂印刷　新华书店北京发行所发行
2006年6月第1版　2018年9月第2版
2024年12月第2版北京第5次印刷

开本：787mm×1092mm 1/16　印张：16.75
字数：399千字
定价：43.00元

（凡本版图书出现印刷、装订错误，请向出版社发行部调换）